科学出版社"十四五"普通高等教育本科规划教材

地理信息系统实习教程

(第四版)

宋小冬　钮心毅　编著

科学出版社

北 京

内 容 简 介

本书共九篇,每篇针对地理信息系统(GIS)的一类功能或一种数据结构进行介绍;篇中分章,每章为若干相对独立的练习,除了通用的查询、显示、分析,还包括数据输入、编辑、维护,使初学者通过循序渐进的练习掌握 GIS 基本功能、数据类型,对 GIS 产生兴趣,进而理解 GIS 原理。所有练习以美国环境系统研究所公司(ESRI)的软件 ArcGIS Desktop 10.8.1 中文界面为蓝本,有专门的练习数据相配套。内容包括:空间、属性信息查询,专题地图显示,属性数据管理,地图布局,空间数据的输入、编辑,空间参考、坐标系转换,空间校正,空间插值,考虑成本的空间距离,缓冲分析,叠合分析,邻域分析,空间统计,不规则三角网、三维多面体的生成,视线、视域分析,网络分析,地图注记,制图综合,基于元数据的搜索和维护,模型构建器,等等;涉及 GIS 各种数据模型、处理功能,并有综合练习帮助学习者加深体验和理解。本书末尾有专用词汇索引。

本书可供初学者、自学者使用,既可作为高等院校地理信息系统、地理学、城乡规划、测绘工程、土地资源管理、市政工程、交通运输、环境保护、公共管理、国土空间规划等专业本科生、研究生的教材,也适合相关专业的技术人员、管理人员参考使用。

审图号: GS 京(2023)0656 号

图书在版编目(CIP)数据

地理信息系统实习教程 / 宋小冬,钮心毅编著. —4 版. —北京:科学出版社,2023.7

科学出版社"十四五"普通高等教育本科规划教材

ISBN 978-7-03-075374-8

Ⅰ. ①地… Ⅱ. ①宋… ②钮… Ⅲ. ①地理信息系统–实习–高等学校–教材 Ⅳ. ①P208-45

中国国家版本馆 CIP 数据核字(2023)第 061736 号

责任编辑:杨 红 郑欣虹 / 责任校对:杨 赛
责任印制:赵 博 / 封面设计:陈 敬

科 学 出 版 社 出版

北京东黄城根北街 16 号
邮政编码:100717
http://www.sciencep.com

保定市中画美凯印刷有限公司印刷

科学出版社发行 各地新华书店经销

*

2004 年 8 月第一版 开本:787×1092 1/16
2007 年 6 月第二版 印张:23 1/2
2013 年 10 月第三版 字数:573 000
2023 年 7 月第四版 2025 年 1 月第三十八次印刷

定价:79.00 元

(如有印装质量问题,我社负责调换)

第四版前言

第三版出版发行近 10 年，内外条件至少有四方面的变化：

(1) 地理信息系统(GIS)应用从基础数据的供应、维护，向多专业、多学科渗透，非 GIS 专业关注 GIS 技术的人士越来越多，包括在校学生、在职技术和管理人员。

(2) 作者在教学、研究、应用中，对 GIS 技术、方法的认识、理解有提高，原版本中若干不完善之处需要改进、补充。

(3) 在校学生使用计算机的门槛不断降低，操作计算机的能力在提高，这对普及 GIS 有利。但是，下载数据，会操作软件，就可做出专题地图的这部分学生不一定重视原理，会影响到未来的实践。

(4) 本书依托的软件平台 ArcGIS Desktop 版本有升级，ESRI 公司虽然已经将桌面产品重心转向 ArcGIS Pro，但尚未形成稳定的市场。

综合考虑上述因素，除了继承原来的特点：应用为导向，通过练习了解原理，适合自练、自学，第四版在如下四方面有所考虑：

(1) 增强文字说明的通俗性，贴近原理，并提醒读者，不要满足于练习的完成，还要关注数据、工具的局限性。

(2) 调整章节顺序，某些基础性的知识点适当提前。实践中使用频率较低、对理解原理影响不大的内容适当简化。

(3) 练习所用的数据更接近现实，处理过程兼顾不同专业背景。

(4) 以最近的 ArcGIS Desktop 10.8.1 为平台，契合 ESRI 软件产品的发展趋势，为第五版更换软件做好准备。

宋小冬　钮心毅

同济大学城市规划系

2023 年 1 月

注：本书附带的练习数据获取路径：登录 http://www.ecsponline.com 网站，通过书号、书名或作者名检索找到本书，在图书详情页"资源下载"栏目中下载。如有问题可发邮件到 dx@mail.sciencep.com 咨询。

第三版前言

本教材最初以 ArcView 3.x 为平台,1998 年初在同济大学城市规划专业教学中试用,经扩充后于 2004 年 8 月在科学出版社出版,为地理信息系统(geographic information system,GIS)初学者提供一系列循序渐进式的练习。2007 年 6 月完成了第一次改编,软件平台为 ArcGIS Desktop 9.1。本次改编,软件平台升级为 ArcGIS 10.1 for Desktop,操作界面改为中文,调整了练习顺序,精简了部分内容,增加了空间统计、选址配置、制图综合及模型构建器等内容,使学生、教师、在职人员有更大的选择余地;加强了原理的文字解释,降低理解难度,进一步向非 GIS 专业倾斜。

对于初学者,只要对着教材,按部就班做练习,就可产生直观感受,体验 GIS 的功能、数据组织。做完练习后再阅读文字解释,可将体验上升为理解。

对于稍有基础的读者,可将练习内容和 GIS 一般原理相对照,再进一步和相关专业知识联系起来,从体验、模仿走向自主应用。

对于在校教师,可按所教专业的特点选取书中练习,也可适当重组,还可采取先做练习、后讲原理的逆向授课方式。为了培养兴趣,可要求学生做完练习后自述相关原理、应用价值。

个别练习综合性较强,涉及知识点较多,读者第一次接触时,不必过分追求结果正确,更应关注 GIS 的处理功能、数据组织及逻辑关系,初步了解后重做,可以获得更全面、更深刻的体会。

认识、理解 GIS 是本教材的首要目的,其次才是掌握软件平台。操作计算机是学习的途径,操作和阅读原理教科书相互穿插、适当循环,可以提高学习质量。在实际工作中,往往先想到 GIS 可以做什么,然后是怎样做成、如何做好。知道了方法,有了合适的软件、数据,要做成某件事并不难。从 GIS 原理到软件功能,再到专业知识,在三者之间建立联系是学好 GIS 的关键。

如果对专用名词感到陌生,可利用末尾的词汇索引查找相关解释。

如果对原理有兴趣,可将操作界面自行调整为英文。

宋小冬　钮心毅

同济大学城市规划系

2013 年 6 月

第二版前言

2004 年 8 月，科学出版社出版了以 ArcView 3.x 为平台的《地理信息系统实习教程》，为地理信息系统(geographic information system，GIS)的学习者提供了一系列循序渐进式的练习，使他们通过练习掌握 GIS 的基本功能，特别是通用的查询、分析功能。该教材旨在加强 GIS 教学中理论和实践的联系，缩短学生掌握 GIS 基本原理、常用功能的过程，提高学生自学的兴趣和应用的能力。因受软件平台的限制，数据输入、更新、维护、管理方面的内容较简单，二次应用开发未涉及。在该教材的基础上，本书采用 ArcGIS 9.x(Desktop)软件，除了弥补上述不足，查询、分析、制图等内容也有扩充，章节的编排做了调整，更适合初学、自学者。

各院校、各专业 GIS 教学内容、要求、过程不同，学生的知识背景也不同，为了便于自学，提高学生的兴趣，本书的章节顺序和一般 GIS 原理教科书不完全对应(例如，特意将空间数据的输入、维护安排在后面)。教师可以根据自己的经验、要求选择练习，组织教学，可以在讲授原理时，用练习来举例，也可以鼓励学生自己将练习过程和原理相对照，帮助学生在 GIS 原理、计算机软件功能、相关专业知识三者之间建立起联系。

没有教师指导的初学者可以直接照本书做练习，从前往后，按部就班，使自己产生直观感受，有了感受再阅读原理方面的教科书，了解原理再做练习，就可产生切实体会，可以靠自学在 GIS 原理、常用软件功能、相关专业知识三者之间建立起联系。操作计算机和阅读原理教科书相互穿插、适当循环是提高学习效率、质量的途径，这种方式对在校学生也合适。

初次做复杂、综合练习时，不必过分追求结果的正确性，更应关注 GIS 的功能、数据组织、处理过程。初学者对专用名词会感到生疏，可经常查阅末尾的索引。认识、理解、体验 GIS 是学习的基本要求，知道 GIS 可以做什么是关键，其次才是如何做成、做好。在很多情况下，先想到做什么，再考虑如何去做，知道了方法，有了合适的软件、数据，要做成某件事，往往不难。入了门，有了经验，可以做得更好。

以 ArcView 3.x 为平台和以 ArcGIS 9.x 为平台的两本教材各有所长，前者容易入门，后者内容较全、范围较广。

计算机平台要求和练习数据的安装可参考附录一(本书附带的数据仅供读者练习，不得用于其他业务)。

地理信息系统的应用领域在不断扩展，实现技术的途径、各种软件产品也在不断变化，但是基本原理、常用功能具有相对的稳定性，希望读者在掌握基本原理和常用功能的基础上，再通过其他途径进一步学习、应用、探讨。

本书的编写得到同济大学教材出版基金的支持。编写过程中，易嘉协助对原教材的部分内容进行了改编，张昆参与起草地图投影、拓扑规则说明和前期教学，刘颂参与起草遥感影像显示。感谢清华大学党安荣教授提出的修改意见。

采用本书作为教材，需要寻求软件方面的帮助，可以与 ESRI 中国(北京)有限公司联系。

宋小冬　钮心毅

同济大学城市规划与设计现代技术实验室

2007 年 1 月

第一版前言

本教程旨在向地理信息系统(GIS)的学习者提供一系列循序渐进式的练习，使学习者通过练习掌握 GIS 的基本功能，特别是通用的空间分析功能。本教程不深入讨论地理信息系统的一般原理，尚不了解原理的初学者，应通过其他途径学习。本教程也不专门讨论练习所反映的现实问题，但在多年教学中发现，只要学习者对地理、空间事物有兴趣，对练习中的现实问题，不会有理解上的障碍。

根据笔者的经验，操作练习和学习原理相互穿插、适当循环可提高学习效率。初学者先做一般性的练习(如第一、二篇)，带着练习中产生的直觉，阅读原理方面的教科书，或听教师讲解原理，了解原理后再做练习(如第三、四、五篇)，做完练习后再读教科书，有了循环，就可产生切实体验。最后第六篇的练习是综合性的，以帮助学习者体会各种功能的相互关系，同时复习前五篇的内容，这既可加深印象，又可检验自己的理解能力。

认识、理解、体会 GIS 是本教程的目的，知道 GIS 可以做什么是关键，其次才是如何做成、做好。在很多情况下，先想到做什么，再考虑如何去做。知道了方法，有了合适的软件、数据，要做成某件事，就不困难了。

本教程的练习用 ESRI 公司的软件产品 ArcView GIS 3.x 及其扩展模块实现，侧重于分析，数据收集、输入、更新、维护、管理方面的内容较简单，数据库的设计、二次应用开发未涉及，使用本教程的教学单位若感到不足，则可用其他课程、其他软件来补充。

自 1998 年起，本教程在同济大学城市规划专业高年级本科生、研究生的课程中试用，于1999、2001、2003 年作了 3 次补充、调整。同事庞磊曾参与部分内容的起草，很多学生对教材中的差错提出了意见。

计算机硬件、软件平台的要求，练习数据、程序的安装在附录中有说明。

本书假定练习数据和程序的安装路径为 d:\gis_ex，如果实际的安装路径不一致，应按真实路径进行操作。

学完本教程后，需要进一步掌握 ArcView GIS 3.x 的，可借助其他参考书，它们除了介绍ArcView 的一般功能外，还有各自的侧重，例如：

《ArcView 地理信息系统空间分析方法》(汤国安、陈正江等，科学出版社，北京，2002)有较多内容涉及数字高程模型(DEM)的应用。

《ArcView 基础与制图设计》(李玉龙、何凯涛等，电子工业出版社，北京，2002)较详细地讨论了地图制图。

《ArcView 地理信息系统实用教程》(秦其明、曹丰等，北京大学出版社，北京，2001)在软件二次开发、地图数字化等方面得到了加强。

购买了 ArcView GIS 3.x 软件，附带的参考手册有助于用户对软件产品的了解、掌握，此外 ESRI Press 出版的三本参考书对 ArcView GIS 3.x 的进一步学习有所帮助：

Getting to Know ArcView GIS(含练习数据)，可帮助掌握该软件的基础功能。

Extending ArcView GIS(含练习数据)，可帮助掌握 Network Analyst，Spatial Analyst，3D Analyst 的主要功能。

The ESRI Guide to GIS Analysis 介绍了 GIS 的通用分析功能。

因受技术、经验的限制，本书中会有很多地方不完善、不成熟，欢迎用户提出意见，作者将继续改进，再提供给用户。

本书的编写受上海市高等院校重点学科建设项目支持(沪教委科 2001-44)。

宋小冬　钮心毅

同济大学城市规划与设计现代技术实验室

2004 年 2 月

目　　录

第一篇　初识 ArcMap

第二篇　属性表、要素分类、地图布局

第三篇　要素输入、编辑、校正

第四篇　栅格数据生成和分析

第五篇　矢量型空间分析

第七篇　网　络　分　析

第八篇　数据源、注记、制图综合

第九篇 综合应用

第一篇 初识 ArcMap

第1章 地图显示、简单查询

1.1 ArcMap 操作界面、地图显示

1.1.1 ArcGIS Desktop 的语言环境设置和练习数据

Windows 操作系统中，鼠标点击：开始→ArcGIS→ArcGIS Administrator，出现软件管理员对话框，先点击左上角的"ArcGIS(本计算机名称)"，再按右下侧的按钮 Advanced(或"高级")，在"高级配置"对话框的上方，可选下拉菜单"中文(简体)(中国)"，其含义是切换语言环境，使得后续的界面、提示、帮助文档基本上都是简体中文(如果下拉菜单选择 English，操作界面会切换成英文)，按"保存"键，再按"确定"键退出。对于初学者，中文界面容易理解，但是个别功能可能不如英文界面稳定，如果出错，可切换到英文界面。中文界面中的专业名词译法可能和一般教科书稍有差别，本书末尾的专用名词索引中有中英文对照，可参考。后续操作均基于 ArcGIS Desktop 10.8.1 中文界面，如果读者安装的软件不是 10.8.1 版本，只要是 10.X 系列，过程、提示、结果会有一些细微差异，但重要的术语都是一致的。

练习数据可按读者的习惯，安装在自己熟悉的操作系统路径(如 D:\)。

1.1.2 打开地图文档

在 Windows 界面，用鼠标选择：开始→ArcGIS→ArcMap 10.8.1，先出现 ArcMap 启动对话框，该对话框左侧有两个可进一步展开的树状路径选项：①"现有地图"，可进一步选择"浏览更多…"(地图文档)；②"新建地图"，有 3 种选择，"我的模板""模板""浏览更多…"(地图模板)。对于初学者，暂时不必关注这些选项，在对话框右下侧，鼠标点击"取消"键，进入默认的地图文档窗口(Map Document Window，图 1-1)，一般默认文档名称为"无标题"。在很多场合，ArcMap 将地图文档(Map Document)简称为"地图"(Map)或"文档"(Document)。

对照图 1-1，视窗上端除了主菜单条(Main Menu)，还有两个最常用的图标式工具条：标准工具条(Standard Tool Bar，简称"标准")和基本工具条(Basic Tool Bar，简称"工具")。视窗左侧是"内容列表"(Table Of Contents，TOC)，如果没有，可通过菜单"窗口→内容列表"调出(或关闭)。视窗中右部较大范围是地图窗口，一般处于数据视图状态(Data View)。

TOC 为停靠式窗口，右上角有一个图钉式的小按钮，如果针尖朝下，该窗口处于稳定状态，点击该图钉，TOC 会立刻缩小，成为图标，停靠在视窗左边缘，点击该图标，它就放大弹出，这时图钉的针尖朝左，一旦用户在地图窗口中有操作，内容列表会自动退缩，处于停靠状态。鼠标点击图钉，使它朝下，内容列表窗口就一直打开，鼠标双击上部"内容列表"名称，该窗口会固定在左侧或处于浮动状态。本教材的插图均用固定状态。在视窗右边缘，可能有两个图标："目录""搜索"，它们也是停靠式窗口，暂不使用，可将它们打开后关闭。

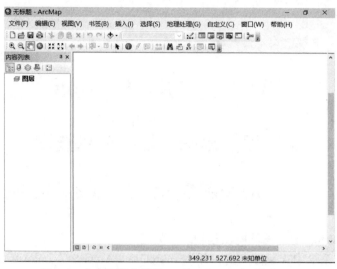

图 1-1　空白地图文档窗口(Map Document Window)

主菜单中选择"文件→打开…",根据对话框的提示,在\gisex_dt10\ex01\路径下(应按练习数据的实际安装路径),选择 ex01(ArcMap 文档),点击"打开"键,新打开某个地图文档时,当前已经打开的地图文档会自动关闭,如果曾经有过操作,系统会提示,是否保存已做过的改动,此处可选"否(N)"。

1.1.3　基本操作界面

经过上述操作,地图文档 ex01 已打开(图 1-2),第一行为主菜单条,用鼠标点击任一选项,就出现一个下拉式的子菜单,供进一步选择。第二行为标准工具条,第三行为基本工具条,工具条由若干图标组成,用鼠标点击某个图标,ArcMap 可能立刻执行一个动作,也可能进入某种状态,等待进一步操作,或者弹出一个对话框(下一步交互操作的界面)。如果标准工具条(或基本工具条)不出现,可以在主菜单中点击"自定义→工具条",勾选"标准工具"(或"工具")。鼠标的光标移动到工具条的图标上或子菜单的文字上,不按键,屏幕会出现该图标的名称、简要含义。在地图窗口内移动鼠标,窗口底部右侧会显示光标所在位置的坐标值、坐标单位。

用户可以按自己的习惯调整工具条的布局,这样会使软件界面和常规状态不同,对于熟练用户,是为了适应自己的习惯,对于初学者,非标准的界面会影响学习效率,暂时不要修改,保持常规状态。

从图 1-2 可看出,左侧内容列表中有 3 个数据框(Data Frame):Data frame1、Data frame2 和 Data frame3。如果 Data frame1 呈加粗字体显示,表示该数据框被激活(也称活动数据框),处于可操作状态,如果不是加粗字体,鼠标右键点击 Data frame1,在弹出的菜单中选择"激活"。点击 Data frame1 左边的加号"+",变为减号"−",就展开并显示出 Data frame1 的内容[通常是图层(Layer)、独立属性表(Table)]。

TOC 的上侧有 5 个图标按钮,用于调整 TOC 自身的显示状态,点击左边第一项 ▦ ,这时 TOC 中有每个图层的名称、图中地理要素的表达符号及其说明。Data frame1 目前有 3 个图层:①点状图层"学校";②线状图层"道路";③面状图层"土地使用"。每个图层名称前还有一个加号"+"或减号"−",点击它,可以调整为展开(详细显示),或者关闭(简略显示)。

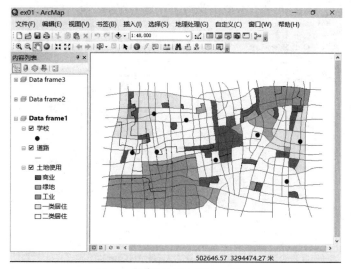

图 1-2　打开地图文档 ex01.mxd

1.1.4　图层的显示顺序

图层也称专题图层，在名称的左侧有一个小方格(Check Box)，用鼠标点击一下，可使打钩号出现 ☑ 或取消 □，该图层则打开显示或关闭隐藏。图层在内容列表中的上下排列次序代表了显示的先后顺序，排在下面的图层先显示，排在上面的图层后显示。鼠标左键点击图层名称"土地使用"，按住不放，拖动到"道路"的上方，松开鼠标键，使前者位置在上、后者位置在下，可以发现，线状的道路图大部分看不见了，这是因为面状多边形的填充色后显示，遮住了线状的道路。多数情况下，点状图层放在最上，线状图层其次，面状图层放在最下(如若无法调整显示顺序，可点击 TOC 左上方的"按绘制顺序列出"按钮 ▦)。

1.2　地　图　缩　放

1.2.1　简单缩放、平移

在基本工具条中选择放大工具 ⊕，在地图上点击一下，地图按默认的比例系数放大。鼠标放在地图上的某个位置，按住左键不放，拖动后出现一个矩形，再松开左键(图 1-3)，所定义的矩形及其内容将放大后充满地图窗口。缩小工具 ⊖ 和放大工具的用法一样，得到的效果相反。选择平移工具 ✋，用鼠标左键按住地图窗口中的某一点，可以向任意方向拖动地图，松开左键，被平移的地图重新显示。常用的地图缩放工具还有：⬤ 全图，让所有图层的要素大致充满地图窗口；▦ 固定比例缩小，按预先设定的系数缩小地图；▦ 固定比例放大，按预先设定的系数放大地图；⬅ 返回上一视图；➡ 转至下一视图。

1.2.2　将某图层的要素充满地图窗口

如果不同图层的空间范围大小不一，差异明显，可在内容列表中用鼠标右键点击某图层名(如"学校")，弹出快捷菜单，选"缩放至图层"，该图层的所有要素会充满显示窗口。

1.2.3　增加专门的显示窗口

点击工具 ▦ (创建查看器窗口)，在当前地图上用拖拉方式建立一个独立窗口(查看器)，可专门放大显示地图的某个局部，也可缩小显示。

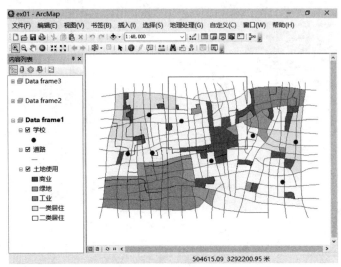

图 1-3　Zoom In 的拖动窗口

1.2.4　按某比例尺显示地图

光标在地图窗口内，上下转动鼠标的滚轮，地图会随即放大、缩小，而且会提示当前的比例尺。如果到第二行标准工具条的比例尺下拉条选择 1：24000，或者直接输入比例尺，如 1：50000，ArcMap 就直接按该比例尺缩放地图。

1.2.5　对图层设定比例范围

用鼠标右键点击图层名"学校"，弹出快捷菜单，选择"属性…"，打开"图层属性"对话框，进入"常规"选项，在"比例范围"框内，一般默认为"任何比例范围内均显示图层"，表示该图层是否显示不受比例尺的影响，如果点选"◉缩放超过下列限制时不显示图层"，就有"缩小超过(最小比例)"和"放大超过(最大比例)"两个值需要填入，可输入最小比例 1：40000，最大比例 1：15000，意思是，图形缩放到小于 1：40000 或大于 1：15000 时，该专题图层自动不显示，反过来的意思是：比例尺大于 1：40000、小于 1：15000 才是该图层的显示范围。点击"确定"，返回地图窗口，在标准工具条中可以看到当前比例的提示，如图 1-4，当前的比例是 1：30000(如果数据框的常规属性所设置的地图单位不合适，比例值会不正常)。

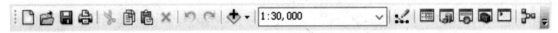

图 1-4　标准工具条中的地图当前显示比例

在基本工具条中连续点击地图缩放按钮 ▦ 和 ▦，可以看到，当地图缩放超出一定程度时，对应的图层就会自动关闭或打开。地图单位的设置、显示窗口的大小、显示器的分辨率、显示器像素点的利用率和图层的比例设置有密切关系。如果上下限比例设置不当，会造成显示不正常(初学者可能会遇到，应该显示的图层不见了)。为此，可以先查看标准工具条中当前比例的提示(图 1-4)，考虑好某图层显示、不显示的比例范围，再输入"缩小超过(最小比例尺)"和"放大超过(最大比例尺)"两个值。

同一个数据框中，各图层的显示比例相互独立，不同详细程度、尺度的空间数据作为不同图层组合在一起，当显示的比例较小时，隐藏大比例尺的数据，防止地图内容过于拥挤、相互遮挡，也节省计算机处理量；当显示的比例较大时，隐藏小比例尺的数据，突出局部内容，显示的地图比较详细。当然，内容简单，不同数据所跨越的比例尺幅度不大，设置比例上下限的意义也不大，练习是让读者尝试该功能，便于今后实践中灵活把握。

1.2.6　书签式显示

点击主菜单"书签"，可进一步选择"创建书签"，软件要求用户输入一个新书签的名称，如"书签1"，点击"确定"键返回，当前地图所显示的比例、范围按该书签的名称保存起来。读者可以进一步缩放地图，再到主菜单"书签"中选用当前地图文档中已有的书签名称(如"书签1")，地图立刻切换到当初建立书签的比例、范围。选用"管理书签"，可移除、加载、保存书签，或局部改变某个书签已做过的设定。

1.3　简　单　查　询

1.3.1　单个要素、记录查询

在内容列表中用鼠标右键点击数据框名称 Data frame2，选择"激活"，地图的显示内容切换至该数据框，有两个图层：线状图层"道路"，面状图层"乡镇(人口密度)"。在内容列表中用鼠标单击图层名"道路"，该图层名称呈蓝白反相显示，表示该图层处于被选择状态(Selected Layer，被选图层，也可称图层激活)。在基本工具条中点击要素识别工具 ⓘ，到某条 A 类道路(线型较宽者)上点击一下鼠标，立即弹出该段道路的属性记录框(图 1-5)，再用要素识别工具 ⓘ 点击任一多边形，弹出该乡镇的属性记录框。用 HTML 属性查询按钮 ⓘ，同样方式操作，查询得到的内容相似，显示格式较简单。

图 1-5　地图窗口中显示的道路属性

1.3.2　点击选择要素

在基本工具条中点击图标 ⓘ(选择要素)，鼠标单击地图上某个多边形，被点中的多边形边界改变颜色，成为入选要素(Selected Feature)。在内容列表中，右键单击图层"乡镇(人口密度)"，在快捷菜单中选择"打开属性表"，可以在随后弹出的图层属性表窗口中看到有一行的颜色也发生了变化，它和被选择的要素有对应关系(如果看不到该行，可借助属性表窗口右侧的上下滚动条调整显示)。利用键盘上的 Shift 键，在地图上点击多个要素，对应的表中多行也同步改变颜色(图 1-6)。到属性表窗口，在 Ctrl 键的帮助下，点击属性表左侧多个小方格，可以看到，表中有多行(即多条属性记录)改变颜色，地图上对应的多边形也同步改变颜色。在图上选择多个要素，应借助 Shift 键，在表中选"记录"，Ctrl 和 Shift 键的效果不一样，符合 Windows 惯例。如果选择了 5 个要素(5 条记录)，在属性表窗口的下侧，可以看到提示："(5 / 72 已选择)"，即 72 条记录中有 5 条进入了选择集。属性表底部还有两个图标按钮，可以在"显示所有记录"和"仅显示所选记录"两种方式之间切换。

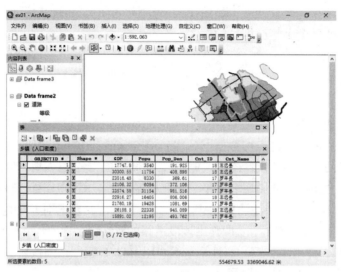

图 1-6 借助 Shift 键选择多个要素，同步显示对应记录

1.3.3 指定可选图层

关闭已打开的属性表窗口。在内容列表中鼠标右键点击图层名"乡镇(人口密度)"，在随即弹出的快捷菜单中选用"选择→将此图层设为唯一可选图层"，下一步在地图上选择要素，仅对该图层有效。该图层也称为可选图层(Selectable Layer)。可选图层一旦设定，只能改换其他，不能撤销。

1.3.4 清空选择集

要素或记录被选中，它们就进入了选择集。有多种途径可清空选择集：
(1) 需要选择操作时，在地图窗口中没有要素的空白地方选择要素，人为造成选择集为空。
(2) 选用主菜单"选择→清除所选要素"。
(3) 在属性表窗口的上部点击图标 ▣。
(4) 在基本工具条中点击图标 ▣。
进入选择集的要素或记录被清除，所显示的颜色也恢复到原来状态。
在 TOC 中鼠标右键点击图层名"道路"，在随即弹出的快捷菜单中选用"选择→将此图层为唯一可选图层"，再体验一下点击选择线状要素的查询功能，以及如何清空选择集。

1.4 关于在地图上选择要素

1.4.1 临时设定范围选择要素

基本工具条中点击选择要素图标 ▣ 的右侧下拉箭头，出现 5 种可选方式：

(1) 按矩形选择(多数情况下为默认)，即设定矩形，选择要素。

(2) 按多边形选择，设定不规则多边形，选择要素。

(3) 按套索选择，拖动式设定不规则多边形，选择要素。

(4) 按圆选择，设定圆，选择要素。

(5) 按线选择，设定线，选择要素。

如果选择了第一项"按矩形选择"，在地图窗口内，按住鼠标左键不放，拖动后形成一个矩形(图 1-7)，松开鼠标左键，和该矩形相交、被包围的要素都被选中。当然，对应的属性记录也入选，同步改变显示颜色。

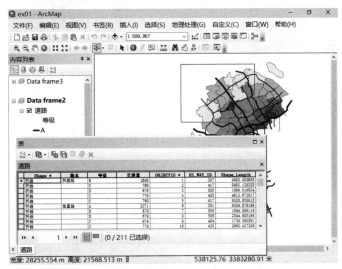

图 1-7　在矩形范围内选择要素(针对道路)

如果选择第二项"按多边形选择"，用户靠鼠标点击式输入不规则多边形，双击结束，和该多边形相交、包围的要素、对应记录进入选择集。

如果选择第三项"按套索选择"，用户在地图窗口中按住鼠标左键，拖动光标，按其轨迹形成多边形，松开鼠标键后相关要素、记录进入选择集。

读者可以进一步尝试、体会不同方式选择要素的区别。

1.4.2　输入图形选择要素

关闭属性表。鼠标右键点击内容列表中的 Data frame3，快捷菜单中选择"激活"，展开内容列表中的数据框 Data frame3，可看到只有一个图层："土地使用"(图 1-8)。

如果地图视窗中没有绘图工具条(Drawing)，可在主菜单中勾选"自定义→工具条→绘图"，弹出绘图工具条，其一般放置在地图窗口的下方(图 1-9)。在中左部图标 A 的左侧，点击某图形按钮右侧下拉箭头，将显示出一组 8 个图标菜单(图 1-9)。这 8 种绘图工具可在地图上组合绘制出各种图形元素(Graphic Element)。鼠标选择绘线图标 ⋀，在地图左上方绘出一条折线，穿越几个多边形，双击左键表示输入结束。

在基本工具条中点击工具 ▶ (选择元素)，再用鼠标点击地图上已经输入的折线图形，该图形被选中(注意：被选中的是图形元素，不是地理要素，图 1-10)。在主菜单中选用"选择→按图形选择"，凡和选中图形相交或被包围的地理要素(包括对应的属性记录)都进入选择集，同步改变显示颜色。

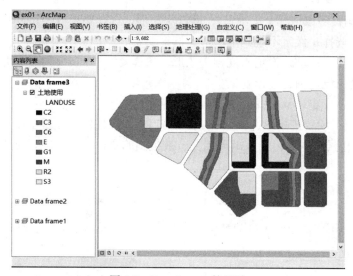

图 1-8　Data frame3 的显示

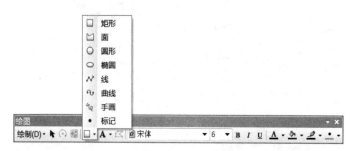

图 1-9　绘图工具条中弹出绘图菜单

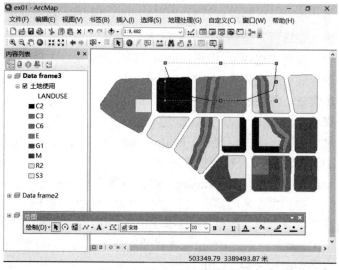

图 1-10　输入图形选择要素

　　对输入的图形不满意时，可删除。先用工具 ▶ 选择图形，再选用菜单"编辑→删除"，或直接按键盘中的 Delete 键，删除选中的图形，当然可以再输入。

　　ArcMap 中，图形元素简称图形(Graphic Element，Graphic)，和要素(Feature)不同，前者

存放在地图文档(Map Document)中，不能被其他文档使用，与要素属性表之间没有联系；后者存放在数据源(Data Source)中，不但量大，而且和要素属性表有联系，可以被各种地图文档使用。选择图形一般用工具 ，选择要素则用 。

1.5　按特定字符串查询

用 Delete 键删除刚输入的图形，在基本工具条中点击查找工具 ，弹出对话框，点击"要素"选项，在"查找"栏中输入特定字符串"C"(注意：不含引号)，在对话框右上方点击"查找"键，下部会出现查到的记录，以表格形式出现，显示出对应的属性值、所在图层名、对应的字段名，鼠标点击表中某一行，地图上对应要素会闪烁一下(图 1-11)。使用本工具，针对字符型属性，可以只输入前几个字符，不一定输入全部，大小写也可忽略，如果是数值型属性，必须输入准确值，否则就有差错。按"取消"键退出。

图 1-11　查找可见图层要素属性表中含字符 C 的记录和对应要素

1.6　ArcMap 的退出、再进入

选用菜单"文件→退出"，ArcMap 提示是否保存对当前地图文档的更改，为了不影响以后或他人的练习，应选"否"。

按 Windows 的常规，有三种途径再次启动 ArcMap：

(1) Windows"开始"→"ArcGIS"→"ArcMap"。

(2) 在 Windows 文件资源管理窗口中，鼠标双击地图文档文件名，既启动 ArcMap，又打开地图文档，如本章练习一开始就可直接双击\gisex_dt10\ex01\ex01.mxd。

(3) 在 Windows 的桌面窗口中设置 ArcMap 或地图文档快捷图标，鼠标双击启动、打开。

1.7　若干专用术语

(1) 要素(Feature)。空间数据最基本、不可分割的单位，有点、线、面(多边形)等多种几何类型，可根据应用需要，用点状符号、线型、面状填充图案加边界线表达成地图。每一个要素可以有自己的属性，以记录方式存放在属性表(Table)中，一个要素和属性表中的一行(记录)相对应(图 1-12)。

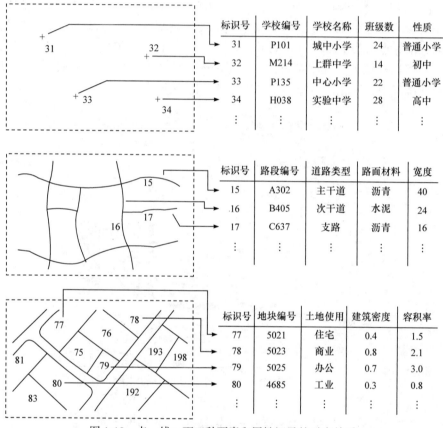

图 1-12　点、线、面三种要素和属性记录的对应关系

(2) 要素类(Feature Class)。相同类型的要素聚集在一起，一个要素类一般和一个属性表(Table)相对应，称要素属性表(Feature Attribute Table)。图 1-12 的左侧为要素类，右侧为要素属性表。

(3) 图层(Layer)。每个图层所显示的要素来自某个要素类，如点状图层来自点要素类(Point Feature Class)，线状图层来自线要素类(Line Feature Class)，面状图层来自多边形要素类(Polygon Feature Class)。图层是要素类的表达形式，一个图层中的要素只能来自同一要素类，可以是该要素类的全集，也可以是子集。反过来，同一要素类却可以被多次加载，成为不同的图层。每个图层可以有自己的名称，在内容列表中还可显示出图例、简要说明及当前的显示状态。

(4) 属性表(Attribute Table)。属性表简称表(Table)，每个表由若干列、若干行组成。每列代表一种属性(Attribute)，称字段(或属性项，Field)，字段有自己的名称。每一行代表一条记录(Record)。要素属性表(Feature Attribute Table)肯定和要素类对应，该要素类被加载到图层，也就称为"图层属性表"。当然，也有和要素类、图层不直接对应、相对独立的属性表，在需要的时候靠字段和其他表连接或关联，实现表的扩展。

(5) 数据框(Data Frame)。多个图层、属性表聚集在一起，出现在内容列表中，实现应用。每个内容列表至少有一个数据框，每个数据框有自己的名称(如 Data frame1，Data frame2)，数据框中除了有图层，还可能有独立属性表。

(6) 数据源(Data Source)。不经转换而被 ArcMap 直接使用的空间、属性数据，如要素类、属性表。本书第 25 章将对数据源作较详细的说明、解释。

(7) 地图文档(Map Document)。地图文档常被简称为"地图"或"文档"，是 ArcMap 的应用单元，一个地图文档至少有一个或有多个数据框，和应用有关的定义信息集中存放在地图文档的文件中，以".mxd"为后缀名，便于反复使用、调整。一个地图文档往往会用到多项数据源，某项数据源也往往被多个地图文档调用。

1.8 本 章 小 结

1.8.1 对 ArcMap 的初步认识

(1) 点、线、面(多边形)是最常用的空间要素，点要素没有大小(虽然显示的符号有大小)，线要素没有宽度(虽然显示的线型有宽度)，面(多边形)要素由线围合而成(虽然多边形的边界可以不显示)。

(2) 图层是空间事物的基本表达形式。对图层显示的简单控制有打开、关闭、放大、缩小、平移、调整不同图层的先后显示顺序，用不同比例来调整图层缩放、平移、打开、关闭。

(3) 要素和属性的简单查询。单击要素查属性、选择记录查要素、选择要素查记录，利用键盘中的 Shift、Ctrl 键，选择多个要素或多条记录。

(4) 要素和要素属性表中的记录有逻辑上的对应关系，若干要素或记录一旦被选择，就同步进入选择集，二者的显示颜色也会同步改变。

(5) ArcMap 的主窗口称地图文档窗口(Map Document Window)，显示地图的部分称数据视图(Data View)，内容列表(TOC)是停靠式窗口，往往固定在左侧。

(6) 地图文档内含一个或多个数据框，通过数据框调用多项数据源，地图文档还隐含保存着各种应用设置。

(7) 有多种途径可缩放、平移地图，打开、关闭图层，比较复杂的是用比例尺来控制，这类方法主要针对内容复杂、要素密集、多尺度数据源混合使用的地图。

1.8.2 查询空间要素的三种基本途径

(1) 鼠标点击式查询单要素(用识别工具 ⓘ，或 HTML 格式显示工具 ▣)。

(2) 鼠标点击选择要素，或临时设定查询范围(用选择要素工具 ▨)。

(3) 绘图查询(先输入图形，再利用图形选择要素)。

1.8.3 查询属性记录的三种基本途径

(1) 特定字符串或属性值查询(用查找工具 ♒)。

(2) 鼠标点击记录查询(选择记录)。

(3) 按属性选择查询(条件组合查询, 后续章节将有进一步练习)。

一般情况下, 查询的结果使相互对应的要素、记录进入选择集, 后续的进一步操作往往仅对选择集有效, 如果选择集为空, 就对全体要素、记录有效。

做完每章练习, 应仔细阅读小结, 回顾练习的含义, 防止单纯地应付计算机操作。

对专业名词有疑惑, 可利用本书末尾的词汇索引, 在有关章节中找到相应解释。

软件自身有较好的帮助功能(Help), 还可链接到帮助网页, 随时打开查看。

思　考　题

和自己熟悉的其他软件相比, ArcMap 的地图显示、简单查询功能有哪些不同, 哪些相似?

第 2 章 地图图层、符号、注记

2.1 新 建 图 层

启动 ArcMap，一般会出现启动对话框，可选"新建地图→空白地图"，点击"确定"键继续。如果 ArcMap 已经启动，选择菜单"文件→新建→空白地图"，则新建一个地图文档，已经打开的地图文档将关闭。新启用(或新建)的地图文档一般以"无标题"为默认名，内部有一个默认的数据框："图层"。

在标准工具条中点击图标 ✛(添加数据工具)，或选用主菜单"文件→添加数据...→添加数据"，在弹出的对话框中利用"查找范围"下拉菜单，找到练习数据所在的文件夹\gisex_dt10\ex02，点击"确定"键，如果不出现\gisex_dt10\ex02，可选择"文件夹连接"，点击"添加"键，在下部文本框内逐级展开本计算机的路径至\gisex_dt10\ex02，(也可借助"连接到文件夹"按钮 🗂 定位到\gisex_dt10\ex02)，可看到有带图标 🛢 的地理数据库(Geodatabase) DBex02.gdb，这是数据源(Data Source)，双击展开，可看到要素数据集(Feature Dataset)DTsetB，再双击展开，有多个要素类(Feature Class)：hi_way，twon_anno，townshp，借助 Ctrl 键，鼠标点选其中两项：hi_way 和 townshp，点击"添加"键，当前数据框会增加两个图层：线状图层 hi_way，面状图层 townshp，初始名称和要素类的名称一致，显示符号随机设定(图 2-1)。

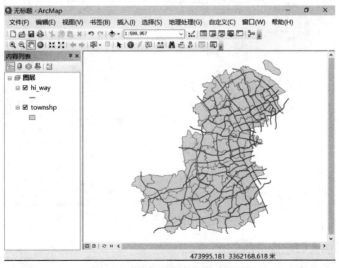

图 2-1 两个要素类加载为图层

参照第 1 章，再练习一下：调整图层上下显示顺序(如果无效，可在内容列表窗口内点击数据框的名称"图层")，打开、关闭图层的显示状态，缩放、平移地图。在内容列表中用鼠标右键点击任何图层名，弹出快捷菜单，选择"移除"，该图层被移除。移除图层改变地图文档，不改变数据源(Data Source)自身，因此，移除后可以再添加。若要删除数据框，方法和图层一样，但是一个地图文档中至少有一个数据框。一个数据框中，允许暂时没有图层。

2.2　要素分类显示

2.2.1　道路按等级分类显示

如果要素类 hi_way 被移除，可再加载，内容列表中鼠标右键点击该图层名，选择快捷菜单"打开属性表"，可以看到图层的要素属性表中有字段CLASS，道路按A、B、C、D分为4类，关闭属性表。

鼠标右键再点击图层名 hi_way，快捷菜单中选择"属性…"，出现"图层属性"对话框(此处的属性也可理解为特征)，点击"常规"选项卡，将图层名称从 hi_way 改为"道路"(操作时不带引号)。点击"符号系统"选项卡，在左侧"显示"框中选择"类别→唯一值"，在中间"值字段"下拉菜单中选择字段名 CLASS(道路等级)，在左下侧点击按钮"添加所有值"，在"色带"下拉菜单中选择一种由浅到深的渐变色带，可以看到窗口中部的图例表中"符号"列下要素的颜色按色带的变化分布，和"值"列中A、B、C、D分别对应，四种颜色分别表达四种类型的道路(图2-2)。在"符号"列下，取消第一个复选框内的勾选号(〈其他所有值〉)，点击"确定"键返回。可以看到，地图窗口中道路按不同等级分类显示，显然要素属性表中字段CLASS的不同取值，决定了要素的显示符号，内容列表窗口中的图例也与之对应(图2-3)。

图2-2　符号系统窗口

2.2.2　乡镇多边形按人口密度分级显示

鼠标右键点击图层名 townshp，快捷菜单中选择"打开属性表"，可以看到，图层的要素属性表中有字段 Pop_Den，表示每个乡镇的人口密度，关闭属性表。鼠标右键再点击图层townshp，快捷菜单中选择"属性…"，出现"图层属性"对话框，进入"常规"选项，将图层名称从townshp改名为"人口密度"(不含引号)。进入"符号系统"选项，左侧"显示"框中选择"数量→分级色彩"，在中间"字段"框中，针对"值"，下拉选择字段名 Pop_Den(人口密度),针对"色带",下拉式选择一种由浅变深的颜色(如紫色),其他选项都用原来的默认值,点击"确定"键返回。可以看到,乡镇多边形的颜色分为 5 类,不同深浅表示不同的人口密度,内容列表窗口中的图例也同步改变(图 2-3)。

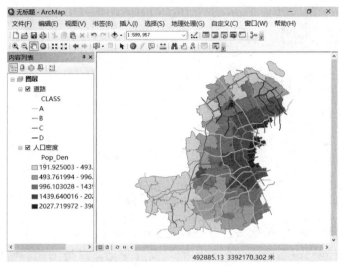

图 2-3　道路类型、人口密度专题图

2.2.3　调整分类和图例标注

上述密度分类专题图使用了自然间断点分级法(Natural Breaks),由软件自动优化(采用 Jenks Optimization 计算方法)。如果要人为定义人口密度的分类区间,可以在内容列表中用鼠标双击图例的名称 Pop_Den,再次进入图层符号系统对话框,在左侧"显示"框中确认已选择"数量→分级色彩",在右侧"分类"框内可以看到,目前分类方法为自然间断点分级法(Jenks),在"类"下拉菜单中选择 6,表示将密度分为 6 级,在图例表的"范围"列中,依次逐行输入 500、1000、1500、2000、3000、4000,点击右下方的"应用"键,可看到,"分类"框中,当前分类方法从"自然间断点分级法"变成"手动"。

图例表有 3 列:符号、范围和标注。"标注"和"范围"自动保持一致,也可以人为设定。例如,将"标注"列的内容修改成:100-500、500-1000、1000-1500、1500-2000、2000-3000、3000-4000,按"确定"键返回,注意观察分类、图例经调整后地图显示效果的变化。再进入符号系统对话框,将图例表右侧的"标注"改成中文:"很低、较低、中等、稍高、较高、很高"(图 2-4),按"确定"键返回。

2.2.4　归一化

ArcMap 提供了将两个属性相除后的商值控制显示符号的途径,称为归一化(Normalization)。再次进入"人口密度"的"图层属性→符号系统",在"显示"框中选择"数量→分级色彩",调整有关设置。

值:Popu　　　　　　　下拉选择字段名,人口数

归一化:Area_km2　　　下拉选择字段名,按多边形的面积平方千米

类:6　　　　　　　　　下拉选择

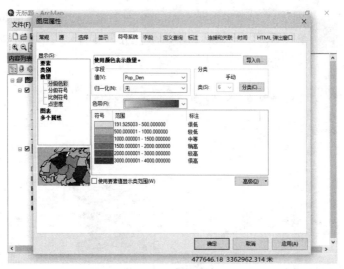

图 2-4　调整图例表

在图例表"范围"列中，依次按行分别输入 500、1000、1500、2000、3000、4000，按"确定"键，可以观察到修改后专题图的显示效果没有变化，只是图例的名称自动改为 Popu/Area_km2。一般，人口密度是每个分区的人口数和该区面积相除得到的，本练习已经计算好了字段 Pop_Den 的值(Popu 被 Area_km2 除)。设置符号时，改用归一化，显示效果和原来用 Pop_Den 没有区别。

鼠标右键点击数据框"图层"，在弹出的菜单中选择"属性"，进入数据框属性对话框，点击"常规"选项卡，将数据框的名称从"图层"改为 Data frame1，按"确定"键返回。

2.3　符号随地图同步缩放

放大、缩小所显示的地图，往往看到，表示道路的线要素符号宽度稳定，不随地图的缩放而变窄、变宽。鼠标双击图层名"道路"，弹出"图层属性"对话框，先进入"符号系统"选项，将"要素"改为"单一符号"，再进入"显示"选项，勾选"☑ 设置参考比例时缩放符号"，按"确定"键返回。再放大、缩小所显示的地图，使得当前地图的显示比例和道路符号的宽窄比较合适。在内容列表中鼠标右键点击当前数据框的名称 Data frame1，在快捷菜单中选择"参考比例→设置参考比例"。再缩放地图，可以看出，线要素的符号宽度随着地图的缩小而变窄、放大而变宽。再次打开"道路→图层属性"对话框，进入"显示"选项，取消"□ 设置参考比例时缩放符号"的勾选，按"确定"键返回。再缩放地图，可以看出线要素符号的宽度不再随着地图的缩放而变窄、变宽。鼠标右键点击数据框的名称 Data frame1，在快捷菜单中选择"参考比例→清除参考比例"。对图层"道路"再次勾选"☑ 设置参考比例时缩放符号"，因地图缩放而引起符号宽度变化的效果也不会出现。上述两项设置，一项针对图层，一项针对数据框，两项设置都要有，缺了一项，符号随地图同步缩放就不起效果。

2.4　图　层　透　明

多数情况下，同一个数据框内，图层的显示大致按面、线、点、注记的顺序。多个面状图层在一起，很容易相互遮挡。激活数据框 Data frame1，点击标准工具条中的图标 ✚ (添加数据)，在文件夹\gisex_dt10\ex02\中点击要素类 county.shp，按"添加"键，内容列表中，出现一个新的图层，鼠标右键点击图层名 county，快捷菜单中选择"属性…"，出现"图层属性"对话框，进入"常规"选项，将图层名称从 county 改名为"县域"(不含引号)。点击选项卡"符号系统"，在左侧"显示"框中选择"类别→唯一值"，在中间"值字段"下拉菜单中选择字段名 Cnt_Name(县的名称)，在左下侧点击按钮"添加所有值"，在"色带"下拉菜单中选择从黄到红再变蓝的渐变色带，可以看到窗口中部的图例表中"符号"列下有黄、橙红、紫红、蓝色 4 种颜色的线，和"值"列中兴益、广宁、志远、罗丰分别对应，4 种颜色分别表达 4 个县域多边形，按"确定"键返回。在数据框中将各图层的显示顺序从上向下，调整为"道路""人口密度""县域"。

先关闭、再打开"人口密度"图层，可看到人口密度多边形遮挡了县域多边形，不能同时看清两个面状图层(图 2-5)，靠频繁的打开、关闭或拖动顺序来协调，很不方便。为此，可利用图层透明的方式，改进显示效果，实现多图层同时显示、便于观察。

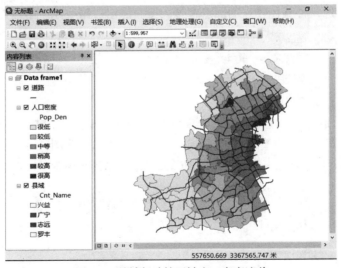

图 2-5　县域行政辖区被人口密度遮盖

鼠标右键点击图层名"人口密度"，进入"图层属性→显示"选项，在上侧"透明度"文本框内输入 40%，按"确定"键返回，可以看到，人口密度信息不如原来突出，县域行政辖区被透射出来。再进一步，进入"道路→图层属性→显示"选项，将道路图层的透明度改为50%，按"确定"键返回，也可感受到，道路图层有了透明感，人口密度、县域辖区内容比原来更突出一些(图 2-6)。

图 2-6　设置透明，兼顾不同图层的显示

2.5　点 密 度 图

　　在内容列表中，取消图层"道路"左侧的勾选，使它们处于关闭状态，进入"人口密度→图层属性→符号系统"，再选"数量→点密度"，在"字段选择"框内，选择字段名 Popu，点击按钮">"，右侧表格中出现字段名 Popu，以及对应的符号，双击该符号，进入"符号选择器"对话框，可选一种颜色较深的圆点符号，按"确定"键关闭。继续设置如下。

点大小(Z)：2　　　　　　键盘输入，符号尺寸

点值(V)：500　　　　　　键盘输入，每点代表 500 个居民

☑ 保持密度　　　　　　　勾选

点值　　　　　　　　　　下拉选择

　　如果对点符号的颜色不满意，在对话框右侧颜色下拉条中进一步选择。"背景"框内，可对多边形边界符号、填充符号作调整，一般填充符号以空白为默认。该图层的透明度调整为 0%，点击"确定"键返回，产生点状人口密度专题图(图 2-7)，点数随地图缩放而增减，点位随机确定。

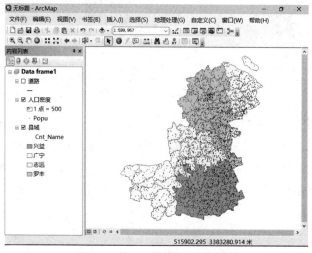

图 2-7　按人口数量的点密度图

2.6　统计指标地图

进入"人口密度→图层属性→常规"对话框，将图层名称改为"产业结构"。再进入"符号系统"选项，在"显示"框中，展开"图表"，选择"饼图"。在"字段选择"框内，长按键盘的 Ctrl 键，点击字段名 F_inds，S_inds 和 T_inds，再点按钮">"，表示用乡镇的第一、第二、第三产业产值做统计地图，三个字段随机产生的填充颜色出现在"符号"列中，按显示的需要，在符号字段表中双击每一个符号，均可打开"符号选择器"，修改对应的填充颜色。在"背景"的右侧，双击默认的背景符号，可修改背景色。点击左下侧的"属性"按钮，出现"图表符号编辑器"，取消右下侧的"以 3-D 方式显示"的勾选，即采用平面圆饼符号，点击"确定"键返回。点击右下侧的按钮"大小…"，进一步设置：

◉ 使用字段值的总和更改大小　　　点选，三类产业值总和决定圆饼的大小

符号 / 大小(Z)：8 磅　　　　　　键盘输入

按"确定"键返回，再按"确定"键退出"图层属性"对话框。可以看出"产业结构"专题图的效果(图 2-8)，每个乡镇统计圆饼的大小由三种产业的总值决定，不同颜色所占比例按三种产业的相对比重决定。如果要将内容列表中图例的标注改为中文，须进入"图层属性→字段"对话框，分别点击字段 F_inds、S_inds、T_inds，在右侧的"外观"框内，将"别名"改为"第一产业""第二产业""第三产业"(第 3 章会有进一步练习)，读者也可自己尝试立体式的圆饼图、条形图、堆叠图的不同效果。

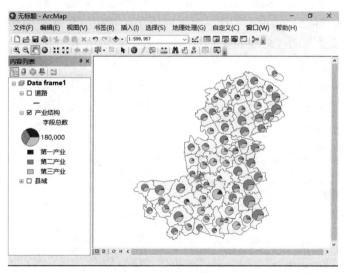

图 2-8　产业结构统计图

2.7　地　图　注　记

2.7.1　使用注记要素

在内容列表中，勾选"县域"，取消"产业结构""道路"左侧的勾选，点击图标工具 ✛，在\gisex_dt10\ex02\DBex02.gdb\DTsetB 中，添加要素类 town_anno，该图层的显示内容为 4 个

数字编号(15、16、18、20，图2-9)。鼠标双击图层名 town_anno，弹出图层属性对话框，进入"符号系统"选项，点选"替换符号集合中的各种符号"，再按右侧"属性"按钮，出现针对注记的符号选择器对话框，可进一步调整注记要素的颜色、字体、大小，暂不练习如何调整显示符号，按"取消"键返回，关闭图层属性对话框。

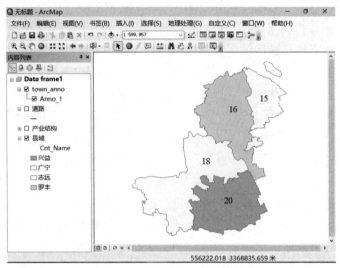

图2-9　加载注记要素

2.7.2　用要素的属性标注

内容列表中，勾选图层"道路"，取消图层 town_anno 的勾选，打开"道路"的"图层属性"对话框，进入"标注"选项，勾选"标注此图中的要素"，"方法"下拉式菜单选用"以相同方式标注所有要素"，在"文本字符串"框内，"标注字段"下拉式菜单中，选择 RD_NAME，这是 hi_way 要素属性表的字段名，按"确定"键关闭。可以看到，地图上沿主要道路，有了路名标注(图2-10)。如果对字体、大小、位置不满意，可以再进入"图层属性→标注"对话框，做进一步设置。若要取消属性标注，可以用鼠标右键点击图层名"道路"，在快捷菜单中取消"标注要素"前的勾选(再次勾选，则恢复标注)。

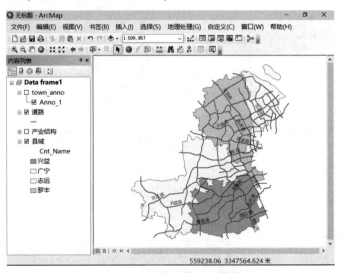

图2-10　用属性值标注路名

2.7.3　文档注记

打开图层"道路"的显示状态，为该图层选择"要素→单一符号"。如果地图视窗中不出现绘制工具条(Drawing)，可在主菜单中勾选"自定义→工具条→绘图"，按惯例，可将该工具条放置在视窗下方。该工具条中，鼠标点击 **A** (文本)右侧的下拉箭头，在弹出的菜单中选择 **A**(文本)，这时鼠标的指针光标变成"+ A"，在地图上需要注记文字的位置点击，一般默认注记为"文本"。如果要修改内容，点击工具 ▲ (选择元素)，双击要调整的注记，弹出注记的属性对话框(图 2-11)，进入"文本"选项，将内容调整为："道路与县域"(不带引号)，按"确定"键返回(图 2-12)。

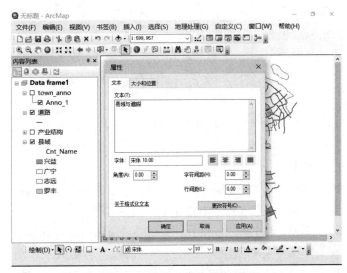

图 2-11　输入、修改文档注记

图 2-12　用属性值标注路名(左上角是文档注记)

在"绘制"工具条中，可以用下拉菜单简单调整注记的字体、大小(和一般文字处理类似)，还可以用鼠标双击该注记，出现注记属性对话框，进入"大小和位置"选项(图 2-11)，进一步调整注记的大小和位置。

2.7.4 不同注记方法比较

ArcMap 有多种途径将字符注记到地图上，它们有各自的优缺点和适用性。

(1) 注记要素(Annotation Feature)。注记要素作为独立要素类(Feature Class)存储在地理数据库中，有专门的输入、编辑工具，可精确控制它们的位置、大小、倾斜角、间距、排列等，以独立图层出现，可被不同的地图文档、数据框调用，适用于量大、位置密集的注记。

(2) 属性标注(Label)。属性标注内容来自点、线、面要素的属性，一旦属性表中字段属性值被修改，地图上的注记会跟着变化，文字内容和属性值自动保持一致。

(3) 文档注记(Document Annotation)。文档注记中的字符也属图形(Graphic)的一种，存储在地图文档中，输入简单、灵活，相对独立，不影响其他应用，适用于少量、临时性的注记。

第 26 章将有地图注记的进一步练习。

2.8　图层设置的保存、再利用

Data frame1 已激活，内容列表中，鼠标右键点击图层名"道路"，在快捷菜单中选择"另存为图层文件..."，软件就进入"保存图层"对话框，可将图层文件的保存路径、文件名称定为：\gisex_dt10\ex02\道路.lyr，按"保存"键返回。

在主菜单中选用"插入"，为当前地图文档添加一个新的数据框，可改名为 Data frame2，点击添加数据工具 ✚，在\gisex_dt10\ex02\路径下，选择"道路.lyr"，可以看出，数据源加载和图层属性的设置同步完成，和 Data frame1 中的图层"道路"没有区别。

显示和制图的有关操作主要和图层打交道，符号的设置占较大工作量，一旦关闭地图文档，有关图层、数据框的设置均被保留到地图文档中，下一次打开，仍然有效，但是不同地图文档之间不能共享符号设置。图层文件使符号设置能独立保存，供其他地图文档使用，不但可节省重复设置的工作量，也便于保证不同地图文档、数据框中图层符号设置的一致性、标准化。

ArcMap 还提供地图打包功能，将地图文档和有关数据源打包成一个文件，在不同的计算机上解开后继续使用，有兴趣的读者可自己尝试。

2.9　图　层　组

激活数据框 Data frame2，鼠标右键点击 Data frame2，选择快捷菜单"新建图层组"，"新建图层组"出现在数据框内，可立刻更名为 Group1，然后用鼠标将其他图层都拖放到 Group1内，这些图层便成为图层组(Group Layer)的成员，图层名称、图例所用的说明和颜色会自动设定，图层组的展开、收缩，打开、关闭，对全体成员有效。将多个图层合为一组或几组，使内容列表变得简练，也便于成组打开、关闭显示状态。鼠标右键点击 Group1，选择快捷菜单"移除"，图层组和组员将被同步移除，如果选择快捷菜单"取消分组"，本图层组将不再存在，但是内部成员变为数据框的独立图层，不会消失。当然，数据框内部图层数量不多时，图层组的意义就不显著。

2.10　地图文档的操作

按照一般软件的惯例，选择菜单"文件→另存为…"，对地图文档的有关设置可保存为某个文件，供将来反复使用，文件名的默认后缀是：mxd，建议初学者将文档存放到\gisex_dt10\ex02\，可起名为 ex02map。选用菜单"文件→打开"，可打开另一个地图文档。选用菜单"文件→保存"，可保存当前正在使用的地图文档。

点击菜单"文件→地图文档属性…"，勾选"存储数据源的相对路径名"，表示地图文档和数据源的存储路径一致，今后打开地图文档时，ArcMap 自动按地图文档所在路径查找数据源。取消这项勾选，ArcMap 按绝对路径查找数据源，也就是将数据源的当前路径保存在地图文档中。采用绝对路径，数据源的位置被固定，地图文档的位置可灵活改变；采用相对路径，地图文档和数据源的位置保持一致，便于同步迁移(本教材的大部分练习采用相对路径)。

点击菜单"文件→退出"，关闭当前地图文档，退出 ArcMap。

2.11　本 章 小 结

完成了本章练习，可了解到，专题地图可按符号分为 5 类：

(1) 点符号。用不同颜色、大小、形状的符号表达点状要素。

(2) 线符号。用不同颜色、宽度、线型表达线状要素，包括多边形的边界。

(3) 面符号。用不同颜色、密度、图案填充多边形要素，可以用线符号表达边界，也可不显示。

(4) 注记符号。用不同颜色、大小、字体、间隔表达地图中的文字。

(5) 统计符号。将属性指标以统计图形方式布置到地图上。

图层中要素如何显示由两个因素决定：①形态、位置；②符号(Symbol)。前者由要素(Feature)决定，后者由属性值(Value)决定，要素属性表(Feature Attribute Table)使要素和属性产生联系，从而影响到符号。若对 GIS 数据模型还不熟悉，可参考图 1-12，回顾第 1 章关于要素和属性的逻辑关系说明。

用属性值定义符号，ArcMap 提供 5 种类型：①单值图(要素)；②定性分类图(类别)；③定量分类图(数量)；④统计指标图(图表)；⑤多重属性图(多个属性)。本章仅初步接触，第 4 章将进一步练习要素的分级、分类。

多数情况下，缩放地图时，屏幕显示的符号大小不变，如果要符号的大小按显示比例同步缩放，须针对图层、数据框分别设置。

在地图上注记文字有 3 种方式：注记要素、属性标注、文档注记，它们各有优势和适用性，第 26 章将有进一步练习。

地图文档(Map Document)是 ArcMap 的基本应用单元，数据框、图层、属性表的各种定义、设置均保存在地图文档中，可反复使用。地图文档和数据源(Data Source)相对独立，当数据源的内容(空间数据、属性数据)发生变化时，图层的设置不变，所显示的内容会自动变化，不必主动干预。

每个地图文档有若干数据框(Data Frame)，每个数据框有若干专题图层(Layer)。图层中的要素来自要素类(Feature Class)，前者可以是后者的全集，也可以是子集(经选择、过滤)。要素类(Feature Class)来自数据源(Data Source)，同一要素类可被多个图层调用，一个图层中的要素却只能来自同一要素类，因此，要素类和图层可以一对多，图层和要素类可以多对一。

　　针对图层的符号设置可以保存为文件，供其他应用共享，也有利于显示、制图效果的统一、标准。

　　某个数据框中图层很多、内容不同，带来使用不便，可以将若干图层合并为图层组，简化对图层的管理。

　　除了提供不同的符号供用户选用，ArcGIS 还允许用户自己设计、组合，在掌握常规用法的基础上，读者可进一步自学、自练。

思　考　题

1. 简单解释符号、属性、要素三者的相互关系。
2. 简单解释要素类、图层的相互关系。
3. 简单解释图层、数据框、地图文档的相互关系。
4. 简单解释数据源相对路径、绝对路径的差异。

第二篇　属性表、要素分类、地图布局

第3章　属　性　表

3.1　按属性选择查询

启动 ArcMap，打开地图文档\gisex_dt10\ex03\ex03.mxd，激活 Data frame1，该数据框仅有"土地使用"一个图层(图 3-1)。内容列表窗口中右键点击图层名"土地使用"，选择"打开属性表"，弹出属性表窗口。在属性表窗口左上角点击图标式菜单 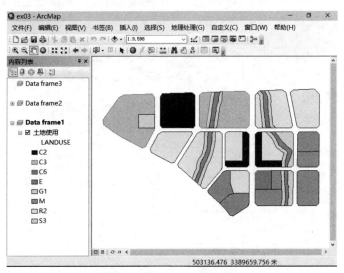▼(表选项)，选用"按属性选择"，弹出按属性选择记录对话框(图 3-2)，上部有"方法"下拉条，可用的方法有：

(1) 创建新选择内容。清空原有选择集后添加记录(要素)。

(2) 添加到当前选择内容。向当前选择集添加查询到的记录(要素)。

(3) 从当前选择内容中移除。从当前选择集中去除符合条件的记录(要素)。

(4) 从当前选择内容中选择。在当前选择集内再选择记录(要素)。

图 3-1　Data frame1 的显示

"方法"下拉条下方是字段名选择区，列出当前属性表中可操作的字段。

接着是按钮区，列出了各种逻辑运算符，如"="">"，可用鼠标点击输入。算术运算，如"+""−""*""/"，需用键盘键入。

按钮区右侧是取值区，点击下侧"获取唯一值(V)"键，可列出被选字段可能出现的取值。

对话框下部是查询文本框，上方有"SELECT * FROM lots WHERE："提示，为 SQL (Structured Query Language，结构化查询语言)的典型语句，"*"代表所有字段名。

本练习要求查出土地使用(LANDUSE)为 C 开头，面积(Shape_Area)大于 20000 的记录。

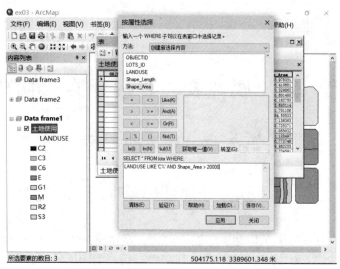

图 3-2　按属性选择记录的对话框

先在"方法"下拉表中选择"创建新选择内容",再在查询文本框中输入:

LANDUSE LIKE 'C%' AND Shape_Area > 20000

上述语句可借助鼠标,也可用键盘直接输入(图 3-2)。用鼠标较熟练的用户,只有字段取值"20000"需用键盘。在对话框底部按"应用"键,执行该语句,有 3 条记录符合条件,改变颜色,进入选择集(图 3-3),地图左侧有 3 个地块同步改变边界线颜色。查询结束,窗口上方点击按钮 ⊠,清空选择集,关闭属性表。

图 3-3　按属性选择记录的查询结果(属性表已打开)

一般查询过程是在"按属性选择"窗口的字段名选择区中双击字段名,再选运算符,建立查询条件,并用 Like、And、Or、Not 将几个条件组合起来。在设置字段的查询条件时,可在取值区中用鼠标选取,或者在文本框中用键盘直接键入属性值。字符型字段可使用通配符,如用"%"替代多个字符,用"_"替代一个字符。例如:

NAME LIKE '王%'表示查询 NAME 字段,第一个字符为"王",不管后续有几个字符。

LANDUSE LIKE 'R_' 表示查询 LANDUSE 字段，第一个字符为"R"，第二个字符任意，但后续只能有一个。

按属性选择记录会出现语法错误，软件提示，不能完成操作，引号、括号不匹配是常见差错。以下是注意事项：

(1) 字符型操作可以用等号"="代替 LIKE，但是后者相对精准。

(2) 字段名一般不带双引号，如 LANDUSE，如果带双引号也不认为是出错；字符型字段的取值要用单引号，如 'C'；数字型取值不能带引号。

(3) 单引号、双引号、括号都必须用英文字符，不能用中文字符。由于中英文两种字符显示差异很小，一般靠输入法的切换来控制。

(4) 多用鼠标，少用键盘，可避免语法差错。

(5) 输入字段名后，点击"获取唯一值(V)"键，会出现该字段的可能取值，进一步用鼠标选择(浮点型因误差而不合适)。

3.2 统计、汇总

3.2.1 字段的简单统计

打开"土地使用"的图层属性表，窗口上方点击按钮 ，清空选择集，鼠标右键点击字段名 Shape_Area，在弹出的快捷菜单中选"统计…"，立刻得到简单统计结果(小数点后的位数有省略)：

计数：	39
最小值：	4226.1248
最大值：	65856.773
总和：	595327.87
平均值：	15264.817
标准差：	13059.194
空	0

3.2.2 分类汇总

关闭统计结果窗口，鼠标右键点击字段名 LANDUSE，在弹出的快捷菜单中选"汇总…"，出现数据汇总对话框。

选择汇总字段：LANDUSE　　　　下拉选择，按土地使用分类汇总

选择一个或多个要包括在输出表中的汇总统计信息　　　点击 Shape_Area 前的"+"号，展开字段，勾选"最小值""平均""总和"

指定输出表：\gisex_dt10\ex03\DBtemp.gdb\Sum_Output　　　鼠标点击右侧的文件夹按钮，在后续的对话框内，"查找范围"下拉表内选择路径，键盘输入表名，按"保存"键返回

再按"确定"键，ArcMap 提示："是否在地图中添加结果表？"，回答"是"，按上述要求汇总的结果存放在 Sum_Output。关闭图层属性表"土地使用"，如果在内容列表中不出现 Sum_Output，点击内容列表上侧的按钮 (按源列出)，可看到汇总表被自动加载到 Data frame1 中。内容列表中，鼠标右键点击 Sum_Output，选择"打开"，显示如下(小数点后位数有省略)：

LANDUSE (土地使用)	Count_LANDUSE (共有几例)	Minimun_Shape_Area (最小面积)	Average_Shape_Area (平均面积)	Sum_Shape_Area (面积总和)
C2	3	12411.65	23489.97	70469.92
C3	3	11958.72	38866.39	116599.18
C6	1	11332.59	11332.59	11332.59
E	5	4226.12	5911.86	29559.30
G1	10	4234.78	5547.77	55477.78
M	7	7023.45	16315.57	114209.04
R2	9	7041.05	21075.57	189680.17
S3	1	7999.86	7999.86	7999.86

3.2.3　生成统计图表

Sum_Output 处于打开状态，点击左上角表选项菜单 ▤ ▾，选用"创建图表"，出现"创建图表向导"对话框，进一步设置如下。

图表类型：垂直条块　　　　　　　　下拉选择

图层/表：Sum_Output　　　　　　　下拉选择

值字段：Sum_Shape_Area　　　　　下拉选择

X 字段：LANDUSE　　　　　　　　下拉选择

X 标注字段：LANDUSE　　　　　　下拉选择

其他设置均默认，在右下侧按"下一步"键，继续设置：

◉ 在图表中显示所有要素/记录　　　点选

标题：土地使用 面积　　　　　　　键盘输入中文字符

☐ 图例　　　　　　　　　　　　　取消勾选

其他设置均默认，点击右下侧"完成"键，产生统计图表(图 3-4)。

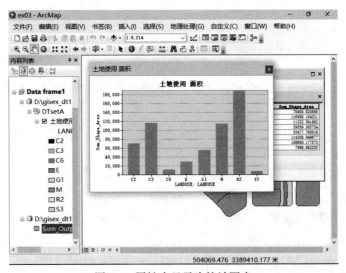

图 3-4　属性表显示为统计图表

3.3　属性输入、编辑

3.3.1　表的新建

关闭统计图表、统计汇总表、图层属性表。ArcMap 主菜单中选"窗口→目录"(或在基本工具条中直接点击按钮 🔳)，地图窗口右侧出现"目录"窗口(Catalog，图 3-5)，将该窗口右上角的图钉调整为向下。目录窗口上侧的"位置"下拉条中，选择"默认工作目录-Gisex_dt10\ex03"，这是当前地图文档的所在路径。展开默认工作目录，鼠标右键点击 DBtemp.gdb，快捷菜单中选择"新建→表"，软件要求表的名称，键盘输入 ld_far，别名暂时不要(如果该表已存在，就用右键删除，再新建)。点击"下一页"键，提示配置关键字，用"默认"选项，再按"下一页"键，定义表的字段：

字段名	数据类型		
OBJECTID	对象 ID(默认，不可更改)		
Landuse	文本(下拉选择)	长度 2	其他均为默认
FAR	浮点型		其他均为默认

按"完成"键退出[注]。

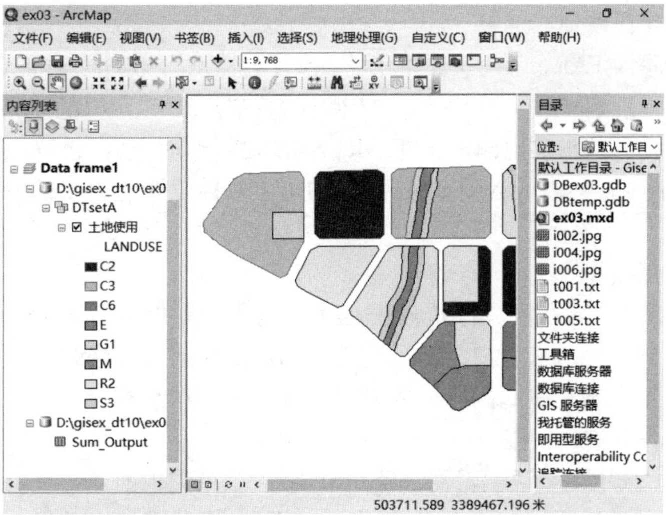

图 3-5　"目录"窗口出现在视窗右侧

3.3.2　添加记录

如果在内容列表中看不到表名 ld_far，点击左上角的按钮 📄(按源列出)，右键点击 ld_far，选"打开"，标准工具条中点击按钮 🖊️，弹出编辑器工具条(Editor Toolbar)，选择下拉菜单"编辑器→开始编辑"，在弹出的"开始编辑"对话框中点击 ld_far，按"确定"键，可看出表中

[注] 软件经常靠对话框或设置窗口实现交互操作，用户要到窗口底部，用鼠标点击按钮(也称"键")才能继续。当计算机的显示器分辨率较低，操作系统设置字体较大时，"上一页""上一步""下一页""下一步""确认""关闭""应用""取消""完成"按钮会显示在屏幕之外，造成用户看不到按钮而不知所措，对此可用功能键来代替鼠标点击按钮，用键盘 Alt-B 代替"上一页"或"上一步"，用键盘 Alt-N 代替"下一页"或"下一步"，用 Enter(即回车)键代替"确认"和"关闭"，用 Alt-A 代替"应用"，用 Esc 键代替"取消"，用 Alt-F 代替"完成"。上述操作在 ArcGIS 的一般对话框、设置窗口中都适用。

可编辑的字段名从灰色变为白色，出现空白行，进入编辑状态，用键盘输入如下内容：

landuse	FAR
C2	2.5
C3	2.0
C6	1.0
E	0.0
G1	0.0
M	1.5
R2	2.0
S3	0.0

OBJECTID *是内定字段，常称为内部标识，会自动编号，用户不能输入、修改。

数据添加完毕应按回车键结束，到编辑器工具条中选用菜单"编辑器→停止编辑"，系统提示：是否保存编辑内容，点击"是"，编辑状态结束，属性表的字段名从白色变为灰色。关闭编辑器工具条。

正常情况下，每条记录的所有字段都要输入属性值，在一定条件下，也允许"空"值，即什么值也不输入。对空字段，软件会有特殊的处理功能，整条记录的所有字段都为空，该记录一般会自动消失。

3.3.3　通过计算对字段赋值

鼠标右键点击字段 FAR，选用快捷菜单"字段计算器…"，软件会有警告提示，点击"是"，出现对话框，在上部点选"⊙ VB 脚本"，下侧提示："FAR ="，用鼠标双击选择左上侧的字段名，配合键盘在下部文本框内输入："[FAR] * 0.8"(操作时不含引号)，按"确定"键(如果警告结果无法撤销，继续)，可看到 FAR 字段的每个属性值变为原来的 0.8 倍。关闭属性表窗口。

3.3.4　属性表的常用操作

(1) 添加记录或修改属性值。打开属性表后，选用菜单"编辑器→开始编辑"，该表处于编辑状态，字段名的颜色从灰变白，然后用键盘添加记录或直接修改表中的属性值。用键盘输入数字、字符，键入了完整的内容，要以回车键结束。在某些情况下，未按回车键，数据可能浮在屏幕上，没有进入字段。

(2) 结束编辑。选用菜单"编辑器→停止编辑"，结束编辑前，出现提示：是否保存编辑内容，点击"是"，编辑结果被保存，如果点击"否"，则放弃编辑结果，表中内容恢复到编辑开始之前。编辑状态结束，表中字段名的颜色从白色变为灰色。

(3) 增加字段。属性表已打开，该表已经退出(或未进入)编辑状态，在属性表左上角通过表选项菜单 ▤▾，选择"添加字段…"。

(4) 计算赋值。鼠标右键点击某字段名，选择快捷菜单"字段计算器…"，在弹出的界面中进一步操作，计算结果持久保存在该字段。

(5) 删除字段。属性表已打开，该表已经退出(或未进入)编辑状态，鼠标右键点击要删除的字段名，弹出快捷菜单，选择"删除字段"。

(6) 删除记录。该表已打开，选用"编辑器→开始编辑"，该表处于编辑状态，鼠标单击要删除记录左侧的小方格，该记录进入选择集，改变颜色，按键盘上的 Delete 键，或者点击属性表窗口上方右侧按钮"×"，实现删除。若要删除多条记录，借助 Ctrl 键，连击左侧对应的小方格，使多条记录进入选择集，再点击按钮"×"，实现多条记录一次删除。

(7) 表内查询。打开属性表后，点击记录(行)左侧的小方格，该行进入选择集，借助 Ctrl 键，实现多条记录选择，实现最简单的查询。如果通过属性表左上角图标"⬛▾→按属性选择..."，可进一步做到按条件组合查询。

(8) 表的新建、删除、重命名。在"目录"窗口中鼠标右键加快捷菜单就可操作。该窗口为 ArcCatalog 的简要形式，和 ArcMap 有所分工。

(9) 表的加载、移除。ArcMap 加载(即添加数据)、移除操作体现在内容列表中，针对数据框，和图层的加载、移除相似，并不直接修改数据源。删除、重命名、加载、移除时，该表不能处于编辑状态。

3.3.5 要素属性表

和独立属性表不同，要素属性表(Feature Attribute Table)和要素类(Feature Class)对应，在 ArcMap 中，加载要素类、移除图层，同时也加载、移除了要素属性表。在内容列表中用鼠标右键点击图层名，选择菜单"打开属性表"，和打开独立属性表一样，有关操作相同。但是在要素属性表中删除某条记录，对应的要素也被同步删除，添加一条记录，会产生一个空要素。要素属性表有一个默认字段 Shape，显示为要素的几何类型，无法修改。

3.3.6 标识、标识符

如果数据源是地理数据库(Geodatabase，GDB)，每个独立属性表中均有一个内定字段 OBJECTID，为该记录的内部标识(也称对象标识)，由软件自动产生。"土地使用"要素属性表中还有一个字段 LOTS_ID，是用户标识(User Identifier)，该字段由用户定义，相当于自定义的地块编码，可直观辨认，内容可按需要修改。用户标识符的数据类型可用整数型、长整数型，也可用文本型(即字符型)，不宜使用浮点型。在很多场合，标识也称标识符、标识号。

3.4 表和表的连接

3.4.1 连接(Join)功能的实现

Data frame1 已激活，进入"土地使用→图层属性→定义查询"选项，如果"定义查询"文本框中有内容，应删除。再进入"显示"选项，如果"使用下面的字段支持超链接"已勾选，应取消，按"确定"键返回。目前的专题图层显示所有地块多边形，打开"土地使用"的图层属性表，在内容列表上侧点击按钮⬛(按源列出)，确认 ld_far 表已存在(若不存在，按本章开始处的练习，新建、加载、输入属性值)，用鼠标右键点击该表，选择"打开"，可看到属性表显示窗口底部有 2 个选项卡："土地使用"和"ld_far"，窗口的显示内容可以在两个表之间切换。"土地使用"有 39 条记录，"ld_far"有 8 条记录。确认已经退出编辑状态，在内容列表中鼠标右键点击图层名"土地使用"，选择快捷菜单"连接和关联→连接..."(如果属性表窗口中，"土地使用"处于显示状态，也用表选项菜单"⬛▾→连接和关联→连接...")，弹出"连接数据"对话框：

要将哪些内容连接到该图层？某一表的属性	下拉选择
选择该图层中连接将基于的字段：LANDUSE	下拉选择连接关键字段
选择要连接到此图层的表，或者从磁盘加载表：ld_far	下拉选择
☑ 显示此列表中的图层的属性表	勾选

选择此表中要作为连接基础的字段：Landuse　　　　　　　　　下拉选择关键字段

⊙ 保留所有记录　　　　　　　　　　　　　　　　　　　点选

　　按"确定"键，在属性表窗口底部点击"土地使用"选项卡，可看到该表的右端增加了 3 个字段：OBJECTID*、LANDUSE*、FAR(图 3-6)，它们来自被连接的表"ld_far"(该表新建后已输入了属性值)。当前 8 条记录扩展到 39 个地块的属性表中，连接的感觉是使两个表实现了合并，实际的数据储存仍独立。从土地使用属性表的角度，有多条记录共用了"ld_far"的一条记录，属多对一的逻辑关系。连接有时会失败，一般原因是某个表或图层正在编辑，应选用菜单"编辑器→停止编辑"，退出编辑状态，再操作连接。

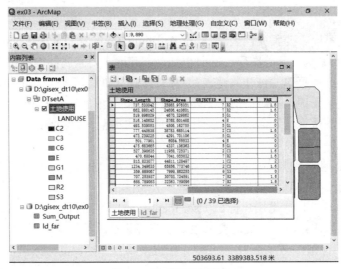

图 3-6　连接后的属性表

　　在两个表连接的基础上，还可进一步连接第三个表。已有的连接也可解除，用表选项菜单" ▤▾ →连接和关联→移除连接→移除所有连接(或 ld_far)"，连接解除，这步操作也可在内容列表中鼠标右键点击图层名"土地使用"实现。

3.4.2　属性表关联(Relate)的实现

　　关闭属性表窗口，激活 Data frame2，该数据框只有一个多边形图层"动迁地块"(图 3-7)。鼠标右键点击图层名，打开属性表"动迁地块"，可以看到该表有 16 条记录，字段 PARCEL_ID 为每个地块的编号(用户标识)。标准工具条中点击 ✛ (添加数据…)，添加独立属性表 \gisex_dt10\ex03\DBex03.gdb\rsdt，在内容列表中，鼠标右键点击 rsdt，选"打开"，该表有 254 条记录，每条记录为一户居民的信息，字段 PARCEL_NUM 为居民房屋所在地块的编号。选用表选项菜单" ▤▾ →连接和关联→关联…"，弹出"关联"对话框。

选择该图层中关联将基于的字段：PARCEL_NUM　　　　　　下拉选择

选择要关联到此图层的表或图层，或者从磁盘加载：动迁地块　　下拉选择

选择关联表或图层中要作为关联基础的字段：PARCEL_ID　　　下拉选择

为关联选择一个名称：Relate1　　　　　　　　　　　　　键盘输入

　　按"确定"键。在内容列表中用鼠标右键点击图层名"动迁地块→打开属性表"，属性表窗口左下侧分别有两个选项卡，对应两个属性表名称，可相互切换显示，各自的外观不变，但在逻辑上已经实现了关联(已有的连接或关联未解除，可能引起新的关联做不成)。在基本工

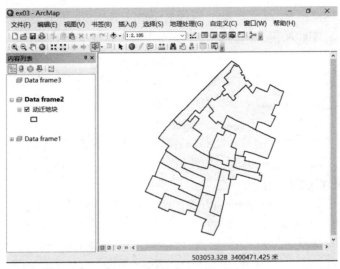

图 3-7 Data frame2 的显示

具条中点击工具 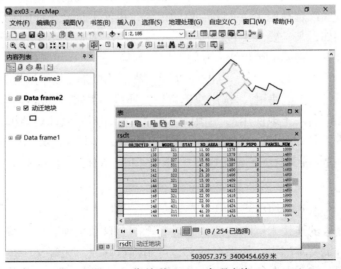，在地图显示窗口中选择一个多边形，显示的边界改变颜色。利用属性表窗口底部的选项卡，切换到"动迁地块"，可看到有一条对应的记录进入了选择集，点击表窗口左上角菜单" 📋▾→关联表→Relate1：rsdt"，显示内容切换到 rsdt，可看到有多条记录进入了选择集，实现了查询一个动迁地块，显示多户动迁居民(图 3-8)。借助属性表底部两个按钮："显示所有记录""显示所选记录"，切换属性记录显示方式，可进一步体验 rsdt 中哪些记录进入了选择集。要素属性表中 PARCEL_ID 和独立属性表 rsdt 中的 PARCEL_NUM 取值相同，是实现关联的条件。

图 3-8 靠关联(Relate)实现查询

切换到 rsdt，点击按钮 📋，清空选择集，点击底部按钮"显示所有记录"，在 rsdt 表左侧小方格中任意点击选择一条记录，一户居民的信息进入选择集。选用图标菜单" 📋▾→关联表→Relate1：land_pcl"，可以看到，"动迁地块"属性表中也有一条对应的记录进入选择集，专题地图上也有一个多边形进入选择集，这是从某一户居民的记录查到该户所在的地块。点击属性表上部的图标按钮 █ ▼(关联表)，选择 Relate1：rsdt，又可显示出 rsdt 中的多条记录，意思是该地块上还有哪些居民。通过关联，从一个地块再查到多户居民，又实现了一对多的查询。

已有的关联也可解除，点击属性表窗口左上角图标菜单" █ ▼→连接和关联→移除关联"，可解除某个关联，或者解除所有关联。有时关联不成功，可能是已有连接未解除，两种操作有冲突，或者编辑状态未停止。

表和表之间的连接，使查询的功能、内容得到扩展。要连接的两个表必须有对应关键字段，字段名称可以不同，但数据类型、属性值应相同。

3.4.3　连接(Join)和关联(Relate)的差别

(1) 逻辑关系不一样。关联(Relate)方式，两个表之间的记录可以是"一对一""多对一""一对多"的关系(既可一个地块对应多户居民，也可多户居民对应一个地块)。连接(Join)方式，两个表之间的记录只能是"一对一""多对一"的关系，不能实现"一对多"。

(2) 显示效果不一样。关联操作不能将不同的表合并显示，要来回切换。连接操作实现后，被连接的表(join table)合并到结果表(target table)，结果表的字段得到扩展，表的显示比较紧凑、简洁，下一步的查询操作也较简单。

因此，关联能实现的逻辑关系多，连接的查询界面简洁。

3.5　选择记录、过滤要素

一般情况下，一个要素类(Feature Class)的全部要素都出现在图层中。如果数据源中的要素非常多，实际使用的图层可能只需要部分，太多、太详细反而不合适，调用部分记录就很常见。为此，可按属性选择记录，查出需要的记录，也使不符合条件的要素被排除、不出现在地图图层中。例如，某一要素类包括所有类型的道路，但某个图层只需要主干道，按属性选择记录，次干道、支路被排除在外，专题图层得到简化。

关闭属性表，激活 Data framel，点击按钮 █ ，清空选择集。如果属性表的连接尚未解除，鼠标右键点击图层名"土地使用"，选用快捷菜单"连接和关联→移除连接→移除所有连接"，鼠标右键再点击图层名"土地使用"，选用"属性"，打开图层属性对话框，点击选项卡"定义查询"选项，在"定义查询"文本框左下方点击按钮"查询构建器…"，该对话框和"按属性选择"对话框相同(图 3-2)，在 SELECT * FROM lots WHERE：提示下，靠鼠标输入组合条件：

　　LANDUSE LIKE 'C2' OR LANDUSE LIKE 'C3'

如果图层属性表的连接未解除的话，字段名之前会自动出现表名，按"确定"键返回，上述语句出现在查询文本框内，如果有疑义，可用键盘修改，无疑义，按"确定"键关闭图层属性设置对话框。符合查询条件，进入选择集的记录只有 6 条，图层中的多边形也变为 6 个(图 3-9)，即土地使用性质为 C2 或 C3，经过滤，不符合条件的记录、要素被排除。对独立属性表，也可过滤不需要的记录。用鼠标右键打开表属性对话框，后续的界面、操作和要素属性表相同，过滤的结果仅仅是表中的记录，只有当独立属性表和要素属性表事先有连接，才会影响到要素。

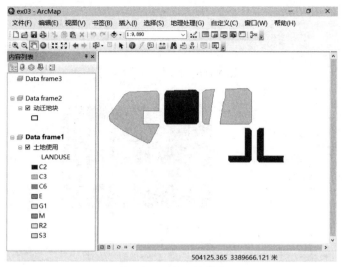

图 3-9 过滤后的要素

3.6 超 链 接

按上述条件组合查询，过滤后的图层只有 6 个多边形，打开"土地使用"的图层属性表，也只有 6 条记录，按左上角表选项菜单 ▤ ▾，选用"添加字段…"，进一步操作如下。

名称：Fname

类型：文本

长度：40

按"确定"键返回(如果该字段已存在，可先删除，再添加)。标准工具条中点击图标🖊，调出"编辑器"工具条，选择"编辑器→开始编辑"，随后选择"土地使用"，按"确定"键返回。该要素属性表进入编辑状态，可编辑字段名改变显示颜色，借助键盘、鼠标逐个单元，为 Fname 字段输入路径和文件名(应和练习数据的实际安装路径一致)：

D:\gisex_dt10\ex03\t001.txt

D:\gisex_dt10\ex03\i002.jpg

D:\gisex_dt10\ex03\t003.txt

D:\gisex_dt10\ex03\i004.jpg

D:\gisex_dt10\ex03\t005.txt

D:\gisex_dt10\ex03\i006.jpg

输入完毕，按回车键，选用菜单"编辑器→停止编辑"，提示是否保存编辑内容，点击"是"，结束编辑状态，关闭属性表窗口。进入"土地使用→图层属性→显示"选项，在对话框中间的"超链接"框内勾选"☑ 使用下面的字段支持超链接"，在下拉表中选择超链接字段名 Fname，该下拉表还有"文档""URL(网址)""脚本"3 个选项，本练习点选"⦿文档"，按"确定"键，关闭图层属性设置对话框。在基本工具条中可以看到工具 🖊 (超链接，Hyperlink)处于可用状态，点击该工具，再到地图上点击任一地块多边形，软件将调用 Windows 默认的应用程序打开文本或图片文件，显示文字或图像(为练习准备的文件仅仅是示范，显示的图片可参见图 3-10)。

图 3-10　超链接查询显示的图片

　　超链接(Hyperlink)是一个通道，使要素及其属性的查询扩展到非表状属性数据，除了显示一般文本、图像，还可调用视频，打开指定的网址(URL)，启动某个应用程序(脚本)，等等。超链接的属性通常存放在要素属性表的字段里，也可存放在外部独立属性表中，连接到要素属性表。虽然可同时定义多个字段，对应多种超链接，但"图层属性→显示"中所做的设定，决定了当前只能用一种超链接，外部程序如何调用，由操作系统的默认设置决定。

3.7　字段的显示设定

3.7.1　字段的可见性

　　关闭属性表窗口，激活 Data frame1，鼠标右键点击图层名"土地使用"，选择"属性"，进入"字段"选项，再点击上部下拉式菜单"选项"，勾选"显示字段名称"，"土地使用"要素属性表中的字段均显示出来。该表的每个字段名左侧均有可见性复选框，勾选☑或取消☐，表示该字段处于可见或不可见状态。一旦取消了勾选号，在本数据框的其他应用界面中，该字段将不出现，无法用于查询、连接，也不出现在查询结果中。按关系数据库的原理，字段可见性设置相当于对表中列的查询(投影)。

3.7.2　字段别名

　　在应用中，表的字段名一般都用初始定义。为了适合实际需要、直观易懂，可以给字段起别名(Alias)，一旦设定，以后的操作，都可用别名来代替实名。进入"图层属性"对话框的"字段"选项，鼠标点击左侧的某个字段名，可以看到右侧"外观"框内，别名往往和实名一致，可用键盘在窗口右侧输入或修改。

3.7.3　可见性和别名的设定

　　读者可以自己尝试，进入"土地使用→图层属性→字段"选项，将字段 Shape、OBJECTID、Shape_Length、Fname 设为不可见。为另 3 个字段设定别名：LOTS_ID 为"地块编号"，LANDUSE 为"土地使用"，Shape_Area 为"地块面积"。完成上述操作后，按"确定"键返回。在内容列表中，右键点击图层名"土地使用"，选择"打开属性表"，可以看到该表的字段明显减少，3 个字段的名称为中文："地块编号""土地使用""地块面积"。

对要素属性表的字段显示设置，通过"图层属性"对话框操作。对独立属性表，在内容列表中用鼠标右键点击表名，选择"属性..."，打开表属性对话框，后续操作和要素属性表相同。

修改字段的可见性、别名不改变数据源本身，因此，同一个表用在不同的数据框、不同的地图文档中，可设置为不同的可见性、不同的别名，满足不同的应用。

3.8 时 间 属 性

3.8.1 多边形相互重叠

激活 Data frame3，这是一个空的数据框，使用工具 ✛，在\ex03\DBex03.gdb\DTsetA 路径下，加载要素类 pl_parcel，内容为规划地块，地图显示的多边形可能只有 11 个。打开"图层属性"对话框，进入"标注"选项，勾选"☑ 标注此图层中的要素"，将 Parcel_ID 作为标注字段，按"确定"键返回后，可看出标注有 16 个，某些地块内会有两个，某标注的位置在两个地块的交界处。打开 pl_parcel 的图层属性表，也可看到有 16 条记录。对属性表中左侧的小方格点击 Parcel_ID 等于 A5-12、A5-13 的记录，使它们进入选择集，可看出这两个多边形相邻，部分公共边界没有显示在当前地图中。还可看出 Parcel_ID 为 A6-11、A6-13 的两个多边形北侧边界不是沿着当前的道路，而是后退一小段距离，A6-11 和 A6-12 的公共边界也和当前地图的显示不一致。上述现象是部分多边形被遮挡，导致不可见。

3.8.2 日期型字段及含义

pl_parcel 要素属性表中有两个日期型字段：ST_Date 和 END_Date。ST_Date 表示从这天起该地块因规划实施而生效，END_Date 表示从这天起，该地块因规划调整而失效，或者长期有效(至 2070 年 12 月 31 日)。在 16 个地块中，11 个地块从 2000 年 3 月 3 日起生效。其中 2 个地块(A5-03、A5-04)从 2005 年 5 月 10 日起失效，这天也有 2 个地块生效(A5-12、A5-13)，它们是规划调整引起。有 3 个地块(A6-01、A6-02、A6-03)从 2010 年 11 月 15 日起因规划调整而失效，也在这天有 3 个地块生效(A6-11、A6-12、A6-13)。关闭属性表。

3.8.3 时间滑块的使用

鼠标右键点击图层名 pl_parcel，选择"属性"，打开"图层属性"对话框，进入"时间"选项：

☑ 在此图层中启用时间	勾选
每个要素具有一个开始和结束时间段	下拉选择
开始时间字段：ST_Date	下拉选择
结束时间字段：END_Date	下拉选择
字段格式：<日期/时间>	默认
图层时间范围：2000/3/3 0:00:00 至 2070/12/31 0:00:00	先点击"计算"按钮
时间步长间隔：1.0 月	再调整步长间隔

其他设置不选或默认，按"确定"键返回。在基本工具条中点击"时间滑块"工具 🕐，弹出"时间滑块"工具条，点击左上侧第二个"选项"按钮，弹出"时间滑块选项"对话框，进入"时间显示"选项，在"时间步长间隔："这一行，键盘输入、下拉选择"1.0 月"，其

他内容不选。进入"时间范围"选项，在"将完整时间范围限制到："这一行，下拉选择图层名 pl_parcel，按"确定"键返回。"时间滑块"工具条中会有一个滑块，如果滑块是灰色，时间条是蓝色，可点击左上侧第一个"在地图中禁用时间"按钮，使蓝色滑块出现在左端，这时可以用鼠标左右拉动蓝色的时间滑块，当时间早于 2005/5/10，地图显示 11 个地块的初始规划状态(图 3-11 左)；当时间迟于 2005/5/10，早于 2010/11/15，地图显示出 A5-03、A5-04 地块被调整为 A5-12、A5-13(图 3-11 中)，主要区别是这两个地块的分界线发生变化；当时间迟于2010/11/15，地图显示 A6-01、A6-02、A6-03 被调整为 A6-11，A6-12、A6-13(图 3-11 右)，除了 A6-11 和 A6-12 之间的分界线发生了变化，还使 A6-03 和 A6-01 的北侧边界向下移动，说明在 2010 年 11 月 15 日生效的规划除了调整地块边界，还使北侧道路变宽(可比较图 3-11 的中和右)。

3.8.4　针对时间的定义查询

关闭"时间滑块"工具条，进入 pl_parcel"图层属性"对话框，进入"定义查询"选项，点击"查询构建器"，借助鼠标点击字段名、计算符号，借助"获得唯一值"按钮，获得时间属性字段的取值。在"SELECT * FROM pl_parcel WHERE："提示下的本文框内，产生如下三种不同的 SQL 查询语句，每种查询语句产生后，点击"确定"按钮，再点击"确定"按钮，关闭"图层属性"对话框，可以看到不同时间条件下地块的规划有效性：

ST_Date < date '2005-05-10 00:00:00'，对应图 3-11(左)。

END_Date > date '2005-05-10 00:00:00' AND ST_Date < date '2010-11-15 00:00:00'，对应图 3-11(中)。

END_Date > date '2010-11-15 00:00:00'，对应图 3-11(右)。

练习结束，选用菜单"文件→退出"，ArcMap 提示是否保存对当前地图文档的更改，为了不影响以后和他人的练习，应选"否"。

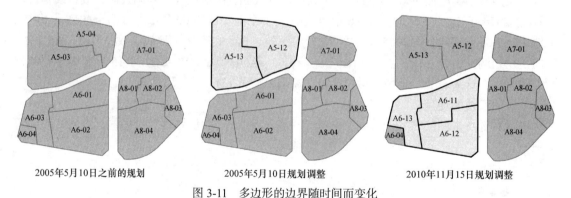

2005年5月10日之前的规划　　　　2005年5月10日规划调整　　　　2010年11月15日规划调整

图 3-11　多边形的边界随时间而变化

3.9　本 章 小 结

本章练习内容较多，但对后续学习很重要，除了完成操作，还应理解含义。

(1) 新建、更名、删除属性表，增加、删除记录、字段，输入、修改属性值，都是一般数据库的基础功能。

(2) 按字段可以对属性做汇总、统计。

(3) 字段可见性、别名。调整字段的可见性是为了简化属性表(基于关系数据库的投影功能),设置别名可使同一个表适应不同的应用。

(4) 按属性选择由若干条件组合而成,既可满足应用要求,也可精简属性表,包括专题地图中的要素(基于关系数据库的投影、选择功能)。

(5) 在按属性选择的基础上,实现过滤功能,使图层属性表成为要素属性表的子集,图层中的要素成为要素类的子集(关系数据库的投影、选择功能)。

(6) 连接两个或更多的属性表,实现对复杂事物的查询(关系数据库的连接功能),连接、关联的作用有差异。

(7) 超链接使字段成为查询其他媒体信息或者启动其他处理功能的通道,使关系数据库的常规查询功能得到延伸。

(8) 属性表一般都有一个内部标识字段(如 OBJECTID、OID、FID),按顺序自动编号,取值唯一。如果是要素属性表,内部标识使属性表记录和地理要素自动连接。删除、添加记录(或要素),会引起内部标识顺序、取值发生变化。

(9) 自定义的用户标识取值相对稳定,由它和其他表的连接、关联也相对稳定,而且容易辨认、记忆(图 1-12)。用户标识靠人为编码(如本章练习中的 LOTS_ID、Parcel_ID、PARCEL_NUM),要人为保证取值唯一。内部标识的数据类型一般为整数型、长整数型,用户标识可以是整数型、长整数型,也可用文本(字符)型,不适合用浮点型。

(10) 用时间型字段,可按时间的变化显示地图,除了"时间滑块",还可用"定义查询"显示时空信息。本教材未用动画表达要素随时间的变化,读者可自学、自练。

通过"字段计算器"窗口,经计算后给字段赋值,ArcMap 默认用 VB 脚本(VB Script)语言,也可选用 Python,两者功能一样,语句格式稍有差异。本教材的后续练习中,如果没有特别说明,均默认 VB 脚本。

思 考 题

1. 本章练习如何体现关系型数据库的三项基本查询功能。

2. 内部标识、用户标识有什么异同点,各自发挥什么作用。

3. 比较连接(Join)和关联(Relate)的异同点。

4. 以 Data frame1 为例,改变土地使用要素属性表中某条记录的 LANDUSE 取值,所显示的专题地图会发生什么变化。

5. 根据自己的经验,某要素类中的要素非常多,但是要显示的地图要精炼。设置图层属性时,按要素的属性值过滤记录,保存地图文档,有什么应用价值?

6. 时间属性如何运用于地籍边界的变化?

7. 同一要素类中,希望某些要素和另一些要素有不同的属性项,如何实现?

8. 某个表的字段很多,记录也很多,对某应用来说,大部分是多余的,但是删除了会影响其他应用,用什么途径来简化这个表?

第4章 要素分类、分级显示

4.1 专题地图符号类型

启动 ArcMap，如果系统出现启动对话框，可取消，如果已经打开了一个地图文档，选用主菜单"文件→新建..."，在提示对话框中选择"空白地图"，按"确定"键继续。空白地图文档一般自动起名为"无标题"，有默认的数据框"图层"。

标准工具条中点击添加数据工具 ✛(或选用主菜单"文件→添加数据..."），出现加载数据源对话框，在\gisex_dt10\ex04\DBex04.gdb\DTsetB 路径下双击 hi_way，为当前数据框增加一个线状专题图层，将该图层更名为"道路"。再次点击工具 ✛，在\gisex_dt10\ex04\DBex04.gdb\DTsetB 路径下双击 townshp，再增加一个多边形专题图层，将该图层更名为"乡镇"。

鼠标右键点击数据框名称"图层"，选择"属性..."，进入"数据框属性"对话框。进入"常规"选项，将"名称"改为 Data frame1，按"确定"键返回。

鼠标右键点击图层名"道路"，选"属性"，进入"字段"选项，将字段 VOLUMN 的别名设置为中文"交通量"(不带引号)，按"确定"键返回。用同样方法，进入"乡镇"的"图层属性→字段"选项，将字段 M_func 的别名设置为"乡镇职能"，Popu 的别名设置为"人口"，Pop_Den 为"人口密度"，Cnt_Name 为"所在县"，按"确定"键返回。选用主菜单"文件→另存为..."，当前地图文档的保存路径可选\gisex_dt10\ex04\，文件名可用 ex04(mxd 为默认后缀)，按"保存"键返回。

在 ArcMap 中，双击内容列表中某图层的名称(如"乡镇")，就进入该图层属性对话框(也可用鼠标右键点击图层名，在弹出的快捷菜单中选择"属性...")，点击"符号系统"选项卡，就可进一步设置要素的显示符号(图 4-1)。ArcMap 将点、线、面、字符的表达统称为符号(Symbol)。一般来说，点、线、面的符号由图层要素属性表中的某个字段来控制，对字段属性值进行分类、分级，实现专题地图的符号化。

进入"乡镇→图层属性→符号系统"，在"显示"框中有 5 种符号设置方式。

(1) 要素(Features，单一符号)。图层内的所有要素均用一种符号，不分类。

(2) 类别(Categories，定性分类)。按指定值分类显示(适合整数型或字符型属性)，进一步分为以下 3 种：

唯一值(Unique Values)，每一属性值对应一种符号。

唯一值，多个字段(Unique values, many fields)，同时按多个字段属性值分类，每一类对应一种符号。

与样式中的符号匹配(Match to symbols in a style)，与已有的某样式文件中的符号匹配分类。

(3) 数量(Quantities，定量分类)。用属性值的大小、区间来控制符号，进一步分为 4 种：

分级色彩(Graduated Colors，颜色渐变)，根据要素属性值的大小，使符号的颜色逐渐变化。

面状要素类用得较多。

图 4-1　符号系统设置对话框

　　分级符号(Graduated Symbols，符号渐变)，用不同大小的点、不同宽窄的线、不同密度的填充线表达点、线、面，点状、线状要素类用得较多。

　　比例符号(Proportional Symbols，按比例设定)，属性值的大小确定符号的大小。点状、线状要素类用得较多，面状要素类也可通过点符号表达。

　　点密度(Dot Density)，只适合多边形，如可用一个点代表 50 人，当多边形对应的人口数为 20000 时，靠算法在该多边形内布置 400 个点符号。

　　(4) 图表(Charts，统计图)。有饼图(Pie)、条形图/柱状图(Bar/Column)、堆叠图(Stacked)3 种，适合表达点状、面状要素的多重属性。

　　(5) 多个属性(Multiple Attributes)，只有一种分类方法：按类别确定数量(Quantity by categories)。

4.2　定性分类图

　　类别(Categories，定性分类)适合字符型、整数型的属性。

4.2.1　唯一值

　　图层"乡镇"目前是单一符号(Single Symbol)图，所有的多边形均用一种符号表达。进入图层"乡镇"的符号系统对话框，左侧显示框中选择"类别→唯一值"，在中部"值字段"下拉表中选择"乡镇职能"。在对话框下方点击按钮"添加所有值"，要素属性表中"乡镇职能"字段的所有值均列入，每一取值对应一种符号。可以在"色带"下拉表中选择一种色系，改变符号颜色，也可以双击每一符号框，调出符号选择器，修改每一符号。完成多边形符号设置后，建议去除第一行"〈其他所有值〉"前的勾选，表示未进入分类的要素不显示。在图例框右侧可以看到计数，每种分类对应多少个要素(合计为 72，农业型：4，工业型：6，综合型：62)。按"确定"键退出，可以看到，"乡镇"多边形按乡镇职能分类，每一属性取值对应一种符号(图 4-2)。

图 4-2　定性分类图(唯一值)

4.2.2　唯一值，多字段

再次进入"乡镇→图层属性→符号系统"，左侧"显示"框中选择"类别→唯一值，多个字段"。"值字段"有三个下拉表，在第一个框内下拉选择"所在县"，在第二个框内下拉选择"乡镇职能"，第三个框选择"无"。在对话框下方点击"添加所有值"按钮，软件将"所在县"和"乡镇职能"字段中所有值按各种组合方式均列入，每一种组合对应一种符号。可以在"色带"下拉表中选择一种色系，如由绿变红，改变符号颜色。完成多边形符号设置后，注意去除第一行"〈其他所有值〉"前的勾选号(未进入分类的要素不显示)，按"确定"键退出。"乡镇"多边形按属性表中的"所在县"和"乡镇职能"两个字段的属性值分类，每一种组合分类对应一种符号(实际分为 10 组，图 4-3)。

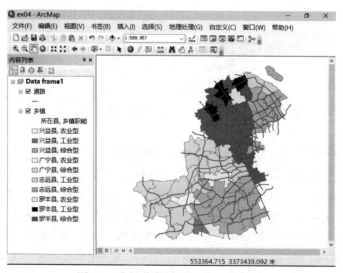

图 4-3　定性分类图(唯一值、多字段)

4.3 定量分类图

数量(Quantities,定量分类)适合属性表中数值型字段分类、显示,尤其是连续型的属性值。

4.3.1 分级色彩(颜色渐变)

在内容列表中取消图层名"道路"前的显示状态勾选号。进入"乡镇→图层属性→符号系统"选项,"显示"框内选择"数量→分级色彩",在中间"字段"框的"值"下拉表中选择"人口密度",右侧点击按钮"分类...",出现"分类"对话框。分类方法下拉条有 7 种选择:

(1) 手动(Manual),用户在左下侧分类示意图中拖动分类线,或在右侧"中断值"字符框内逐个输入间隔值(图 4-4)。

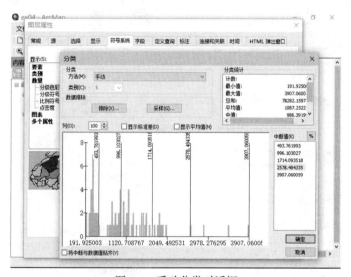

图 4-4 手动分类对话框

(2) 相等间隔(Equal Interval),每段区间的上下限之差相同,也称等差分级、分类,等距分级、分类。

(3) 定义的间隔(Defined Interval),用户自定义区间大小,然后由软件确定所分的区间个数。

(4) 分位数(Quantile),每个区段间内出现的要素个数大致相同,可理解为等量分级、分类。

(5) 自然间断点分级法[Natural Breaks(Jenks)],针对某项属性,组内差异最小,组间差异最大,自动优化,实现分类(采用 Jenks Optimization 计算方法)。

(6) 几何间隔(Geometrical Interval),以某种倍数(或倒数)值定义属性值的间隔,可理解为等比分级、分类。

(7) 标准差(Standard Deviation),以属性均值为中心,统计标准差为两侧区间的分级。

在"分类"框内,下拉选择"相等间隔",在"类别"下拉表内直接输入 5,"乡镇"多边形按人口密度等距划分为 5 类,按"确定"键退出。在"色带"下拉表中选择一种由浅到深的渐变色系,按"确定"键返回。可以看到,"乡镇"多边形等距分类为 5 类,每段区间的上下限之差相同,对应一种符号(图 4-5)。

进入"乡镇→图层属性→符号系统"选项,"显示"框内选择"数量→分级色彩",在中间"字段"框的"值"下拉表选择"人口密度"。右侧"类"下拉条直接输入 5,点击 "分类..."

按钮，在"方法"下拉表中选择"自然间断点分级法"，按"确定"键返回图层属性对话框。在"色带"下拉表中选从浅到深的色系，按"确定"键退出。"乡镇"按人口密度分为 5 组，组内属性值差异较小，组间差异较大(图 4-6)，每组对应一种符号。

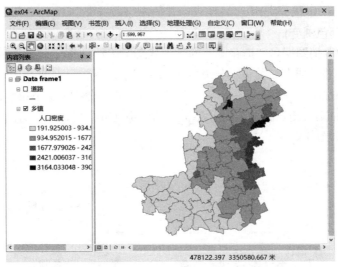

图 4-5　人口密度按等间隔分类的颜色渐变图

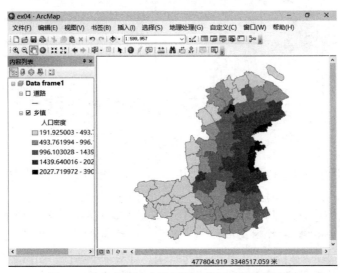

图 4-6　人口密度按自然间断点分级的颜色渐变图

再次进入"乡镇→图层属性→符号系统"选项，"显示"框内选择"数量→分级色彩"，在中间"字段"框的"值"下拉表中选择"人口密度"。右侧点击按钮"分类..."，在"方法"下拉表中选择"分位数"，"类别"下拉表依然是 5，按"确定"键返回图层属性对话框。在"色带"下拉表中选从浅到深的色系，按"确定"键退出。"乡镇"按人口密度分为 5 类，每段区间内的要素个数大致相同，对应一种符号(图 4-7)。

上述专题图的渐变色系在"色带"下拉表中选择，如果对符号库中现成的渐变色系不满意，可以自定义。再次进入"乡镇→图层属性→符号系统"选项，在下方的图例区内，双击第一个符号色块，弹出符号选择器，窗口右侧点击"填充颜色"下拉表，选择渐变的起始颜色(如较浅红色)，按"确定"键返回，再双击最后一个图例色块，选择渐变的结束颜色(如较深蓝色),按"确定"键返回。在图例区内左上角点击"符号"按钮,弹出快捷菜单,选择"渐变颜色"。ArcMap 按用户确定的两个颜色(起始、结束),产生一个新的渐变色系,按"确定"键退出。多边形内的颜色就按用户自定义的渐变色系分类,这种方法适合指标从一种色相到另一种色相的渐变(如从黄到蓝、从绿到红)。

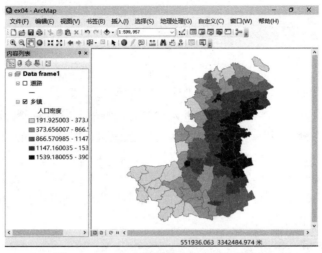

图 4-7 人口密度按等量分类的颜色渐变图

4.3.2 分级符号

在内容列表中勾选图层名"道路",使该图层进入显示状态。进入"道路→图层属性→符号系统→数量→分级符号",在中间"字段"框"值"下拉表中选择"交通量"。在对话框的右侧点击按钮"分类...",在"方法"下拉表中选择"定义的间隔",在"间隔大小"框内键盘输入 500,表示交通量按 500 的区间划分,按"确定"键返回符号系统选项。针对"符号大小"的提示输入"从 0.5 到 4",意思是线符号的宽度由 0.5 分级变化到 4,和路段交通量对应。点击右侧"模板"按钮,出现"符号选择器",从中选择一种较简单的线型,按"确定"键返回,再按"确定"键退出"图层属性"对话框。可以看到,"道路"按交通量大小分类为 6 类,每个区段间距为 500,每个区间对应一种宽度的线符号(图 4-8)。

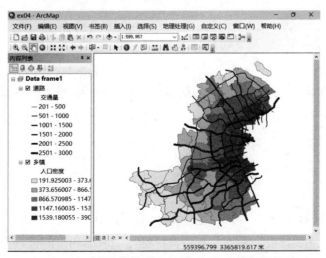

图 4-8 线要素分级符号图(按交通量定义的间隔分类)

4.3.3　比例符号

1) 线要素的比例符号

图层"道路"依然处于显示状态，进入选项"道路→图层属性→符号系统→数量→比例符号"，输入如下信息。

字段

值: 交通量　　　　　　　　　　　下拉选择

归一化: 无

单位: 未知单位

显示在图例中的符号数量: 5　　　　　下拉选择，按交通量大小分 5 类

在"符号"框内，点击"最小值"，进入"符号选择器"，选择一种线符号，线的宽度可输入 0.5，按"确定"键返回。一旦最小符号确定，系统自动根据分类的结果，设置最大符号，显示在"最大值"中。按"确定"键退出。可以看到，采用比例分类图，线要素自动按不同宽窄显示，属性值大小决定符号的宽度。比较图 4-8 和图 4-9，两种分类的显示效果看上去近似，但是后者的要素是渐变的，图例是分级的。如果某路段交通量为 1530，图中要素宽度应该是图例中 1000 线宽的 1.53 倍。

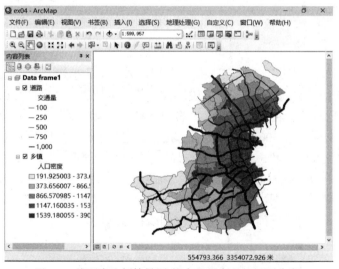

图 4-9　线要素比例符号图(按交通量定义的间隔分类)

2) 面要素的比例符号

在内容列表中取消图层名"道路"前的显示状态勾选号。进入"乡镇→图层属性→符号系统→数量→比例符号"，在中间输入:

字段

值: 人口　　　　　　　　　　　下拉选择

归一化: 无

单位: 未知单位

显示在图例中的符号数量: 5　　　　　下拉选择(在对话框下侧)

在符号框中，点击"背景"，进入"符号选择器"，选择多边形的背景符号(较浅的填充色)，按"确定"键返回。点击"最小值"，再进入"符号选择器"，选择点符号及其大小，可以选

一种深色的圆点，在"大小"栏中输入 3，按"确定"键返回。一旦最小符号形式和大小确定，软件自动根据分类的情况，设置最大符号的尺寸，显示在"最大值"框中。按"确定"键退出。可以看到，比例符号分类法使多边形要素显示为"背景色＋点符号"。点符号的大小由要素某属性值决定(本例为乡镇人口数，图 4-10)，图例分区间，要素不分区间。如果某乡镇的人口为 8750，在图例 5000～10000 按比例确定点圆的大小。点符号和面要素的属性值应相匹配。

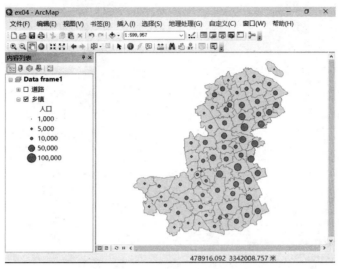

图 4-10　多边形要素比例符号图(按人口数)

4.4　多属性分类图

多个属性分类(Multiple Attributes)的意思是在同一图层上表达多重属性。图层"道路"的显示状态依然处于关闭，进入选项"乡镇→图层属性→符号系统→多个属性→按类别确定数量"，在中间"值字段"的第一行下拉表中选择"所在县"，在对话框下方点击"添加所有值"按钮，所有县名列入，可在"配色方案"下拉条中选择冷暖相间色系。

对话框右侧，有"变化依据"框，内含两个按钮，有"色带""符号大小"两种选择。

(1) 如果点击"色带"按钮，弹出"使用颜色表示数量"对话框，其设置和分级色彩(颜色渐变图)一致，对"字段→值"，下拉选择"人口密度"，对"字段→归一化"，保持"无"。对话框的右侧点击按钮"分类..."，分类方法可设为自然间断点分级法，类别为 5，按"确定"键返回。在"色带"下拉框中，选择一种由明变暗的色系，按"确定"键返回"符号系统"选项。再次点击"添加所有值"按钮，注意去除第一行"〈其他所有值〉"前的勾选号，按"确定"键退出。"乡镇"多边形按"所在县"和"人口密度"两个属性值分类显示，其效果为分大类再分小类(图 4-11 印刷无彩色，很难分辨)，或者分层次再分级。

(2) 如果点击"符号大小"按钮，是另一种表达多重属性的分类方式，其方法是由点状符号大小表达另一种属性，其表达效果和操作类似于分级符号(Graduated Symbols，符号渐变)，读者可以自行练习比较(图 4-12)。

练习结束，选用菜单"文件→退出"，ArcMap 提示是否将更改保存到地图文档，如果选择"是"，当前的设置保留在地图文档 ex04.mxd 中。

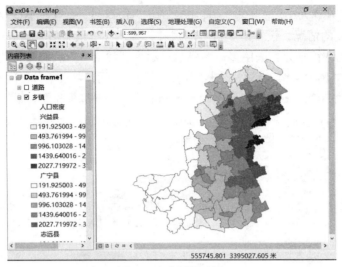

图 4-11　多属性地图
色相表示行政区划，明暗表示人口密度由大到小

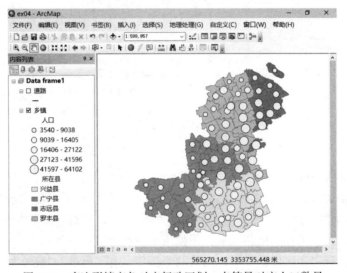

图 4-12　多边形填充色对应行政区划，点符号对应人口数量

4.5　关于定量分类方法

当某项属性是数值型，常用的定量分类方法有：自然间断点、分位数、相等间隔、定义的间隔、几何间隔、标准差、手动自定义。这 7 种分类方法有各自的适用条件。

(1) 自然间断点分类适合数值分布不均匀的属性，将数值相对接近的记录聚集在同组，实现组内差异最小、组间差异最大，组内的记录数不均，除了显露高值、低值要素的空间分布，还能将组内记录特别多、特别少的现象显露出来。

(2) 分位数分类能使每组内的记录、要素数量大致相同，对分布较均匀的要素类有优势，能显露组间相对数值关系。

(3) 相等间隔分类是用户自己定组数，软件自动定间隔，比较传统，公众容易理解，比较适合数值连续、变化比较平稳的事物，如温度、降水量。

(4) 定义的间隔分类是用户自己定间隔值，软件自动定组数和区间，效果和相等间隔分类近似。

(5) 几何间隔分类以某种倍数(或倒数)值定义属性值的间隔，是在相等间隔分类、自然间断点分类和分位数分类之间的一种折中分类方法，可理解为等比分级、分类，在中间值和极值之间达成平衡，比较适用于总体变化幅度较大，而数值却连续的事物。

(6) 标准差分类基于平均值，易于发现哪些要素的属性值位于平均值之上或之下，差距有多大，可以显露数值的变化是否接近正态分布。

(7) 对某个属性值有既定分类标准或公认的区段，就可使用手动自定义分类，所表达的专题地图容易达成共识。

进行分类之前，可使用分类对话框，观察属性值的分布特征，再选择适宜的分类方法(表 4-1)，或者试用几种方法，经比较大致满意后，再手动微调。

表 4-1　定量分类方法特点、适用场合

方法	特点	适用场合
自然间断点	发现高值、低值的分布特征	数值分布不均匀，将数值相对接近的记录聚集在同组
分位数	组内记录数大致相同	数值的分布比较均匀，能显示某个区段在全体分布中的相对位置
相等间隔	每组的间距相同	数值变化连续、分布比较平稳，公众容易理解
定义的间隔	先定间隔值，然后由软件定区间、定组数	和相等间隔分类的效果近似
几何间隔	每个分类中要素数量的平方和最小	数值变化连续，在中间值、极值之间达成一种平衡
标准差	突出高值、低值的分布，它们和平均值的差异	数值的变化接近正态分布
手动自定义	区间、组数均凭经验确定	有既定分类标准或公认的区段可参照

4.6　本章小结

用要素的属性确定符号是专题制图、显示空间信息的基本途径，分级、分类在专题制图领域很常用。ArcMap 提供 5 种分级、分类方法：①单一符号(要素)；②定性分类(类别)；③定量分类(数量)；④统计图(图表)；⑤多重属性。通过本章练习，可初步了解要素的常用分类方法，在实际应用时，哪种方法合适，应依据事物的自身特征、表达者的主观意图、外部条件的制约来选用。

本章针对多边形练习较多，当要素几何类型不同时，分级分类方法相同，运用的符号会不同，可参考表 4-2。

表 4-2　要素的符号表达方式

要素类	符号类型	通常可控方式	特殊形式
点	点符号	形状、大小、颜色	倾斜、偏移、多属性统计图
线	线型	形状、宽度、颜色	侧向偏移、有方向感的线型
多边形	填充图案、边界线	晕线样式、图案、密度、填充颜色、边界线	统计图、点密度图、有方向感的填充

续表

要素类	符号类型	通常可控方式	特殊形式
连续表面	颜色	颜色	阴影、三维立体
注记	字体	字体、大小、颜色	加粗、倾斜、字间距、下划线

思 考 题

1. 将图 4-5 的色系从由浅变深改为由深变浅，表达的意图会有什么差异？

2. 将图 4-7 所用的分级属性字段从人口密度改为人口数，符号设置方法不变，表达的效果、意图有什么变化？有什么局限性？

3. 以多边形为例，比较填充颜色渐变和比例符号的适用性、适用条件。

4. 属性信息一般可按命名型、顺序型、间隔型、比率型等类型划分，它们和 ArcMap 的 5 种分级、分类显示方式如何适应？

第 5 章　地图页面布局

5.1　进入布局视图

打开地图文档\gisex_dt10\ex05\ex05.mxd，激活数据框"人口密度"。选择主菜单"视图→布局视图"，地图窗口从数据视图(Data View)切换成布局视图(Layout View)。两个不同的数据框(人口密度、县域乡镇)都出现在一个页面布局(Page Layout)里，页面有边界、尺寸，当前的数据框处于居中位置。用基本工具条中的 ▸(选择元素)，将"县域乡镇"缩小，从页面内移到页面外(如右下侧)，使页面范围内只有"人口密度"(图 5-1)。如果布局工具条没有自动出现，选用主菜单"自定义→工具条"，勾选"布局"，该工具条中的图标含义如下：

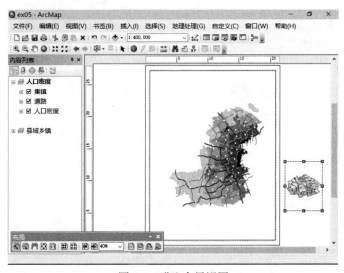

图 5-1　进入布局视图

🔎 地图放大

🔍 地图缩小

✋ 地图平移

⬚ 缩放至整个页面

⊞ 缩放至 100%

⊞ 固定比例放大

⊞ 固定比例缩小

◀ 返回到上一次显示范围

▶ 前进至后一次显示范围

80% ▼ 下拉选择，按精确比例显示布局

⬚ 在简要模式和详细模式之间切换

🖼 聚焦当前的数据框

🖼 更改布局，用于调用模板

🖼 数据驱动页面工具条

　　以上这些工具和基本工具条很相似，但是针对布局视图，在页面内部，地图的放大、缩小、平移，应该选用页面布局工具条，不要用(针对数据视图的)基本工具条。在地图显示窗口的左下角有两个小图标按钮，用于数据视图和布局视图之间的来回切换。

5.2　页面的基本设置

　　选用菜单"文件→页面和打印设置..."，出现的对话框中有上下两大栏，上栏设置打印机，至少应下拉选择一个打印机名称，否则后续操作可能会出现局部差错。下栏设置页面布局，取消"使用打印机纸张设置"前的勾选号，表示地图的大小独立于操作系统打印机。下部"页"框内可操作的内容如下。

标准大小：A4　　　　　　　　　　　　　　下拉选择打印地图的大小

宽度：29.7　　厘米　　　　　　　　　　　暂时不输入，会自动变化

方向　　　　　◉ 横向　　　　　　　　　　点选右侧，纸张横放

☑ 根据页面大小的变化按比例缩放地图元素　　勾选

　　按"确定"键关闭页面和打印设置对话框。光标移到页面布局之外，点击鼠标的右键，在快捷菜单中选择"ArcMap 选项..."，进入"布局视图"选项。在中部"标尺"栏中设置：

☑ 显示　　单位：厘米　　　　勾选，显示标尺，设置标尺单位为厘米

最小主刻度：0.1cm　　　　　标尺的最小单位是 0.1 厘米

　　在中部"格网"栏中设置：

☑ 显示　　勾选，显示捕捉格网　　　　水平间距：1/2cm　下拉选择横向间距

　　　　　　　　　　　　　　　　　　　垂直间距：1/2cm　下拉选择纵向间距

　　选择 1/2cm 后，捕捉格网会自动变成 0.5cm。在下部的"捕捉元素至"栏中：

☑ 格网：勾选，表示按格网捕捉，其他复选框均调整为空白，不选

　　按"确定"键返回。页面中有了格网(Grid)，显示为点，页面布局中的各种元素可以准确地放置在格网的交叉点上，格网本身不会打印。

5.3　设置页面中的数据框

5.3.1　设定地图比例

　　内容列表中，数据框"人口密度"已激活，右键点击数据框名称"人口密度"，选择"属性"，进入"常规"选项，确认"单位"栏内地图单位和显示单位均为"米"。进入"数据框"选项，"范围"框内的下拉菜单，有多种选择：

自动　　　　　按数据框当前的显示范围，自动确定地图的输出比例

固定比例　　　按给定的比例输出

固定范围　　　指定地理空间范围，该范围内的数据框充满地图页面的边界

本练习选用"固定比例"，再下拉选择比例为 1∶500000，软件将根据地图单位和页面单位确定地图比例。

5.3.2　设定数据框的位置

进入"大小和位置"选项，如果在位置框中输入 X、Y 数值，可精确确定数据框在页面中的位置、大小，暂时用默认值，不调整。注意：此处的 X、Y 数值是页面坐标，不是地理空间坐标。

5.3.3　设定数据框的地图背景和图廓线

进入"框架"选项，有以下 3 个栏目。

边框：　　　下拉选择数据框在页面中的图廓线型和线宽，暂时不选

背景：　　　下拉选择数据框在页面中的背景颜色，暂时不选

下拉阴影：设定图廓线的阴影效果，可下拉选择阴影的颜色，建议选择"灰色30%"，在这一栏目下方输入：

偏移　X：10磅　　　Y：−10磅　　　圆角：0　　　　　设定阴影位置的偏移量

□ 草图模式 – 仅显示名称　　　　　　　　　　　取消勾选

有关数据框的属性设置完毕，按"确定"键退出，返回页面布局。利用布局缩放工具，适当缩小布局视图的显示，可以看到人口密度专题图外围有一个框，为地图背景范围，借助元素选择工具 ▶，调整该框大小，使背景范围大约占地图页面的一半，位于左侧(图 5-2)。

5.4　向页面添加制图元素

5.4.1　添加图例

已切换至布局视图，选用菜单"插入→图例…"，出现图例向导对话框。对话框左栏为地图图层栏，右侧为图例项。一般默认，左右两栏相同，即数据框中的所有图层都出现在图例中。

点击右侧图例项中的"道路"，单击两栏之间的"<"按钮，意思是将图例栏中的"道路"放回图层，图例中不出现。对话框右侧的箭头按钮"↑""↓"分别表示调整"人口密度"和"集镇"的相对上下顺序，确认"人口密度"已经处于下方，"集镇"在上方，按"下一页"键继续。

图例标题栏默认内容就是"图例"二字，为了练习，可修改为英文 Legend。对话框的下方"图例标题字体属性"栏可以修改文字颜色、大小、字体等。颜色栏可保持黑色，大小栏可将字体大小调整为 20，字体栏可改为"黑体"。右侧"标题对齐方式"栏，可选择左对齐。按"下一页"键继续。

下一个对话框可设定图例区的边框(线)，背景(色)、下拉阴影。如不作调整，直接按"下一页"键继续。

下一个对话框中选择当前图例项为"人口密度"，在"图面"栏中设置：

宽度　　　30 磅　　　　图例框的宽度

高度　　　20 磅　　　　图例框的高度

线　　　　　　　　　　下拉选择图例框的线型，可不改

面　　　　　　　　　　下拉选择图例框的填充色，可不改

按"下一页"键继续。下一个对话框中可以设定图例元素之间的间隔。可不改变，按"完成"键结束图例设置。可以看到，页面布局中添加了图例，借助元素选择工具 ▶，将图例调整到合适的位置(图 5-2)。

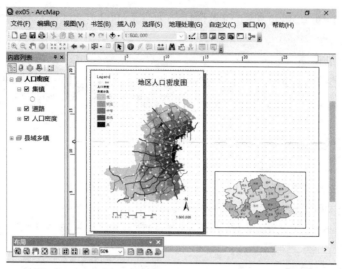

图 5-2　页面中添加了图例、比例尺、标题等辅助元素

　　观察添加的图例，可看到图例内部的文字说明仍是属性表的字段名和原始分类，在内容列表中，将图层名"人口密度"下方的 PopDen 直接修改为"密度分类"(不会改变图层属性表中的实际字段名)。鼠标右键点击图层名"人口密度"，进入"属性...→符号系统"，将右侧5 种分类的标注项，改成"低""较低""中""较高""高"，按"应用"键，再按"确定"键，关闭"图层属性"对话框，可看到内容列表和页面布局中图例均发生同步变化。

　　如果觉得图例中的标注字体太小，双击刚插入的图例，打开"图例 属性"对话框，进入"项目"选项，选择"人口密度"，在"字体"栏中，下拉选择"应用至类标注"，右侧下拉选择字体大小为 16，按"确定"键返回(图 5-2)。

5.4.2　添加比例尺

　　当前为布局视图，选用菜单"插入→比例尺..."，有多种类型的比例尺可供选择，点选"步进比例线"，按"确定"键返回。在页面布局上出现浮动的比例尺图形，用鼠标将其移动到合适的位置。如果觉得比例尺的大小、间距不合适，可用元素选择工具 ▶ 拖动比例尺，实现放大、缩小。双击比例尺，进入该比例尺设置对话框，进入"比例和单位"选项，先在"调整大小时..."栏中下拉选择"调整宽度"，在下部"单位"栏中下拉选择以下内容。

主刻度单位：千米	下拉选择
标注位置：条之后	下拉选择
标注：km	键盘输入距离单位简称
间距：2.5pt	键盘输入

　　在上部"比例"栏中输入：

主刻度值	5km	键盘输入
主刻度数	5	共有 5 大格
分刻度数	2	首大格分为 2 小格

　　按"确定"键返回。可以观察到，比例尺的间隔为 0km、2.5km、5km、10km、15km、20km、25km。如果对字体大小、刻度等不满意，鼠标双击比例尺，再次进入比例尺属性对话框，分别进入"数字和刻度""格式""框架""大小和位置"选项，再调整。

也可在页面布局中设置文字比例尺。选用菜单"插入→比例文本…"，有多种类型的文本比例尺可供选择，点击"绝对"形式的比例文字，默认内容为 1∶1000000，按"确定"键返回。可以看到，页面布局中自动出现的文字比例尺为"1∶500000"(图 5-2)，这是因为在"数据框属性→数据框→范围"选项中设置了"固定比例"，规定了 1∶500000，因此，文本比例尺的内容和数据框的比例设置自动保持一致。用光标选择文本比例尺，将其移动到合适的位置。如果觉得文字比例尺的大小不合适，可用元素选择工具 ▶，拖动式放大、缩小文字比例尺，也可以双击比例尺，进入"Scale Text 属性"对话框，进一步调整各项设置，此处略。

数据源的坐标以米为单位，打印页面的纸张以厘米为单位，用户预设了地图比例，软件会自动换算，保证纸上地图的大小、图形比例尺、文本比例尺三者的关系正确。

5.4.3　添加指北针

当前为布局视图，选用菜单"插入→指北针…"，有多种类型的指北针可选，选择"ESRI 指北针 3"形式，按"确认"键返回。页面布局中出现指北针。用光标将其移动到合适的位置。如果觉得指北针大小不合适，可以用选择元素工具 ▶，拖动、放大、缩小。双击指北针，进入"North Arrow 属性"对话框，进入"指北针"选项，分别输入以下内容。

校准角度：0

大小：60

其他内容暂不设置，按"确定"键返回。

在内容列表中鼠标右键选择数据框名"人口密度→属性…"，进入"常规"选项，在下部"旋转"栏中输入数字"30"，按"确定"键返回，可以看到，地图旋转了 30º，指北针也同步、同方向旋转 30°。按上述操作，再将"旋转"栏改为"0"，地图和指北针均同步恢复为垂直向上。

5.4.4　添加标题

选用菜单"插入→标题"。第一次插入时，ArcMap 会提示用户输入标题，可输入："地区人口密度"，按"确定"键。如果对标题的文字内容不满意，选择菜单"文件→地图文档属性"，可看到标题的文字内容，进一步修改。如果对标题的字体、间距不满意，布局页面中鼠标双击该标题，进入标题"属性"对话框，通过"更改符号"按钮，调整字体大小、间距、对齐方式等，通过"大小和位置"选项调整标题的宽度、高度、位置，读者可以自练(图 5-2)。

5.5　页面布局的进一步处理

5.5.1　添加第二个数据框

同一个地图文档的不同数据框往往被自动加入到同一个页面布局，如果不需要某个数据框，简单的做法是将它移动到页面之外，还可以删除。本练习要求添加一个新的数据框，选用主菜单"插入→数据框"，页面布局和内容列表中会同步增加一个新的数据框，默认名称为"新建数据框 2"。到内容列表中，鼠标右键点击该数据框，选快捷菜单"属性"，进入"常规"选项，将"名称"改为"学生分布"(实际操作无引号)，按"确定"键返回。数据框"学生分布"尚无内容，选择菜单"文件→添加数据→添加数据"，在默认工作目录\gisex_dt10\ex05\DBex05.gdb\DTsetB 路径下，点选 student 和 sub_con 两个要素类，按"添加"键继续，如果要改变这两个图层的显示符号，则在内容列表中用鼠标右键打开"图层属性"对话框，进入"符号系统"，按需要调整这两个图层的显示符号，按"确定"键返回。此时，当前页面布局内有了第二个数据框，可以参照前述方法，为第二个数据框添加图例、比例尺(图5-3)。

图5-3　在页面布局中添加第二个数据框、其他对象、图片

每个地图文档有一个默认的标题，对第二个数据框只能插入文本代替地图标题，选用菜单"插入→文本"，页面的中心位置自动插入"文本"二字，字体很小，用户将它移动到合适的位置，鼠标双击，弹出文本"属性"对话框，除了可调整文字内容，也可更改符号，调整大小和位置。

5.5.2　添加其他对象

ArcMap支持对象链接和嵌入(Object Linking and Embedding，OLE)，可以将支持这一功能的各种数据嵌入页面布局中。选用菜单"插入→对象"，点选"由文件创建"，按"浏览"键，在路径对话框中找到\gisex_dt10\ex05\sum.doc，这是一个Microsoft Word文件(表5-1)。按"打开"键，返回到"插入对象"对话框，选"确定"键，sum.doc直接显示在页面布局中，可用工具 调整插入对象的大小和位置(图5-3，如果本机没安装MS Word，显示效果可能会不正常)。

表5-1　事先准备好的Word文件(sum.doc)

地区	面积/平方千米	人口
广宁县	665.43	468291
罗丰县	510.33	618648
兴益县	473.72	461844
志远县	245.96	334346
总计	1895.44	1883129

5.5.3　添加图片

选用菜单"插入→图片…"，在对话框中选择路径\gisex_dt10\ex05\，点击图像文件view.jpg，点击"打开"键，选中的图片插入到页面布局。用工具 可调整插入图片的大小和位置(图5-3)。

5.5.4　打印或输出中间文件

在布局视图窗口，选用主菜单"文件→打印…"，弹出打印机设置对话框，按"设置"按钮，可调整打印机。

在布局视图窗口，选用主菜单"文件→导出地图…"，可将页面布局转换成通用的图形、图像文件，在导出地图对话框的"保存在"下拉表中可选择路径\gisex_dt10\ex05\，在"文件名"下拉表中可直接键入 ex05，在"保存类型"下拉表中可选择 JPEG，展开"选项"，进入"常规"，可设置分辨率(如 200dpi)。进入"格式"，可继续设置，有 24 位真彩色和 8 位灰度两种格式可选。

针对 JPEG，还有一个关于图像质量的滑动按钮，向左滑动，图像清晰度较低，数据压缩率较高；向右滑动，图像清晰度较高，数据压缩率较低。

还可设置背景色，白色为常用。

按"保存"键，页面布局就输出为 JPEG 格式的文件 ex05.jpg，供其他软件继续处理，也可反复打印。

ArcMap 可输出的其他通用文件格式还有：EMF、EPS、AI、PDF、SVG、BMP、PNG、TIFF、GIF 等，都可通过"选项…"键调整输出文件的有关参数。

除了在布局视图窗口，还可在数据视图窗口用同样方法导出地图，和数据视图的显示效果相同，虽然简单、直接，但是达不到页面布局的效果。

练习结束，选用菜单"文件→退出"，ArcMap 提示是否保存对当前地图文档的更改，为了不影响以后或他人的练习，应选"否"。

5.6　本章小结

要素(Feature)用符号表达，组成图层，图层组合成数据框，成为地图页面布局的主体。地图页面除了主体，还有辅助内容，如图例(Legend)、图形比例尺(Scale bar)、文本比例尺(Scale Text)、指北针(North Arrow)、标题(Title)、说明文本(Text)、图廓线(Neatline)、报表(Report Table)、经纬线或公里网，还可嵌入其他对象，如图片(Picture)、属性表(Table)、文本文件等，这些内容可统称为地图元素或制图元素(Map Element)。

用键盘、鼠标输入、编辑的制图元素称 Graphic(图形)，如图廓线、说明文字；靠程序自动产生或事先设计好，整体调用的辅助制图元素称 Graph(常译为图表，有时也称图形)，如本章的图例、比例尺、指北针，第 3 章的统计图表。

虽然页面布局可输出为某种格式的电子文件，但是主要目的是打印成纸介质地图，因此页面的表现形式和屏幕显示有明显区别。

通过本章练习，读者可掌握的内容有：
(1) 地图页面的基本设置。
(2) 设置数据框在页面布局中的位置、比例、范围。
(3) 向页面布局中添加各种制图元素。
(4) 图例、比例尺、指北针可以和数据框的设置保持一致，实现联动。
(5) 页面布局可输出到打印机或成为通用格式的中间文件。
已经完成的页面布局可保存为模板，供今后反复调用，也便于实现标准化。

思　考　题

图层符号系统对话框中，重新设置分类方式、调整符号、修改图例表中的标注，页面布局中哪些内容会发生变化？

第三篇　要素输入、编辑、校正

第6章　点、线、面要素输入、编辑

6.1　新建要素数据集、要素类

启用地图文档\gisex_dt10\ex06\ex06.mxd，鼠标双击 Data frame1，弹出"数据框属性"对话框，进入"常规"选项，检验或修改"地图"和"显示"单位为"米"，完成后按"确定"键返回。该数据框中已经加载了一个扫描图像文件 scan01.tif。在标准工具条中点击按钮 (或者在主菜单中选用"窗口→目录")，右侧出现目录窗口(图 6-1)，这是具有 ArcCatalog 部分功能的简要界面。在目录窗口中展开\gisex_dt10\(通常显示为"默认工作目录")，鼠标右键点击 ex06，选择"新建→文件地理数据库"，在 ex06 文件夹内出现"新建地理数据库.gdb"，立刻将其更名为 DBtemp.gdb(这是地理数据库，Geodatabase)。鼠标右键再点击 DBtemp.gdb，选择"新建→要素数据集"，按提示输入名称：DTset，按"下一页"键继续。提示设置 XY 坐标系，展开"投影坐标系"，选择 Gauss Kruger→CGCS2000→CGCS2000 GK CM 117E，按"下一页"键继续。提示输入 Z 坐标系，保持空白，按"下一页"继续，提示输入 XY 容差，输入 0.01Meter，意思是不同坐标点的差距小于 1 厘米时，自动处理成相同点，其他容差均按默认值，按"完成"键返回。可看出 DBtemp.gdb 下产生了要素数据集 DTset。鼠标右键点击 DTset，选择"新建→要素类"，进一步输入以下内容。

名称：cnt_road	键盘输入要素类名称
别名：	保持空白
此要素类中所存储的要素类型　　线 要素	下拉选择
几何属性	暂不涉及

按"下一页"键继续。要求配置关键字，选"默认"，按"下一页"键继续。要求增加属性字段，暂时不考虑，按"完成"键返回。一个名为 cnt_road 的线要素类建立，自动加载到 ArcMap 的当前数据框，成为一个新的图层，也出现在要素数据集 DTset 中。

继续用鼠标右键点击 DTset，再新建 2 项要素类，和第一次不同的设置仅仅是数据名称和要素类型，其他操作不变：

名称	要素类型
town	点 要素
townshp	面 要素(多边形)

新建的 town、cnt_road、townshp 三个要素类均加载为图层，内容是空的，还没有要素(图 6-1)。为了在输入、编辑时能看清扫描背景图，多边形图层、线要素图层可以设置显示透明度，多边形图层的透明度是 30%～60%，线要素图层的透明度是 10%～30%。还可以随时调

整图层上下、先后显示顺序，使显示效果更适合编辑。

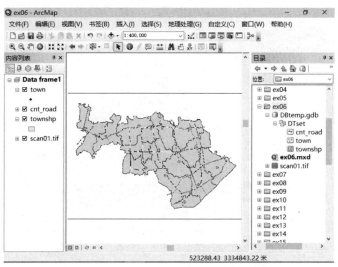

图 6-1　目录窗口、背景图、加载要素类

6.2　一般编辑过程

关闭右侧目录窗口。在标准按钮条中点击按钮 (也可在主菜单中选用"自定义→工具条→编辑器"），调用出编辑器工具条(图 6-2)，有 1 个下拉式的"编辑器"菜单，含多种编辑操作及设置。右侧有 10 多个按钮，为常用编辑工具。如果在"编辑器"菜单中点选"更多编辑工具"，可以调出"空间校正""拓扑""高级编辑"等多种不同的编辑工具条，获得更多的编辑功能。

图 6-2　编辑器工具条

下拉选择"编辑器→开始编辑"，进入编辑状态，可能会弹出一个"开始编辑"对话框，也可能警告"数据源、图层、数据框的空间参考不匹配"，可暂时忽略，按下侧的"继续"键。在地图窗口右侧会出现"创建要素"窗口(图 6-3)，如果不出现，可在编辑器工具条右端点击按钮▣(创建要素)。该窗口分成上下两栏，上栏列出了当前数据框内可以编辑的图层名称、要素类名称、几何类型，这部分称要素模板，用于选择要素类、切换图层，使某图层进入编辑状态。下栏为构造工具，用于当前图层的编辑。进入编辑状态的要素类型不同，相应的构造工具也不同。如果"创建要素"窗口内不出现要编辑的图层(要素类)，或者模板是空的，常见原因有：

(1) 图层的显示处于关闭状态，可到内容列表中勾选打开。

(2) 设置了显示比例范围(详见第 1 章，1.2.5 节)，暂时不显示，可取消。

(3) 对图层设置了查询条件，要素被过滤(详见第 3 章，3.5 节)，可根据编辑的需要，调整图层的"查询定义"。

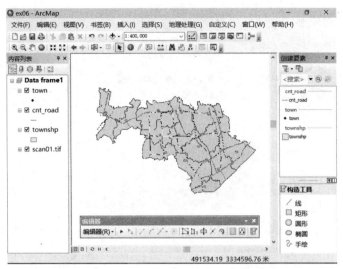

图 6-3　模板设置后，创建要素窗口内显示需要编辑的图层

如果在上侧"要素模板"中点击要素类名称，下侧"构造工具"窗口内出现以图标加名称的按钮，说明模板已自动设定(图 6-3 右下方)。如果要手动设定，在"创建要素"窗口上方，点击"组织模板"按钮 📑，出现"组织要素模板"对话框，上方点选"新建模板"，在随后出现的对话框中，勾选需要编辑的图层，按"完成"键返回，按"关闭"键结束。

如果同一个图层重复出现在"要素模板"中，可用鼠标右键删除其中一个。

同一个要素类加载为不同图层，要素模板按图层名称、要素类名称分别显示，输入和编辑操作的实际效果发生在要素类，可能影响到不同图层要素的显示。

如果数据源、图层、数据框的空间参考不一致，进入"图层属性→源"对话框，查看数据源的坐标系，再进入"数据框属性→坐标系"对话框，使数据源、图层、数据框三者的坐标系保持一致(关于坐标系，第 9 章将进一步练习)。

ArcMap 只能按模板进行编辑，先在模板中点击某图层的要素类，再到构造工具框内点击某图形按钮，等于使用该工具，开始编辑图层中的要素。

编辑过程中，点选标准工具条中的撤销按钮 ↶，撤销前一步编辑(也可向后撤销 ↷)，还可选择"编辑器→保存编辑内容"，持久保存编辑结果。下拉选择"编辑器→停止编辑"，退出编辑状态。

扫描背景图中的多边形的边界比较曲折，作为练习，读者可适当简化面和线的几何形态，没有必要精细跟踪。

6.3　线要素的输入、编辑

6.3.1　输入线要素的基本方法

任何一个线要素均由若干折点(Vertex)组成，针对不同的应用，折点可以进一步细分。输入、编辑线要素时，可将折点分为两类：端点(End，Endpoint)和中间折点(也称拐点)(图 6-4)。考虑拓扑关系时，往往将端点称结点(Node)，两者是同一对象。考虑要素输入的先后顺序，端点还可分为起点(From End，Start Node)和终点(To End，End Node)。两个折点之间的连线称线段(Segment)，一般是直线，也可以是用函数表示的圆弧、椭圆弧、贝塞尔曲线(本教材不涉及)。

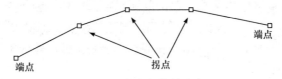

图 6-4　折点的简单分类

编辑器工具栏中点击并下拉"编辑器→开始编辑"，在"创建要素"窗口中点选 ct_road，该要素类进入编辑状态。下方"构造工具"栏中有 5 个构造工具，分别为：① "线"，输入普通折线。② "矩形"，输入矩形闭合线。③ "圆"，输入圆形闭合线。④ "椭圆"，输入椭圆形闭合线。⑤ "手绘"，输入任意手绘线。

(1) 输入普通折线(最常用)。鼠标在构造工具点选"线"，就开始输入线要素。此时，光标变成了"+"。第一次单击鼠标左键，就输入了一条线的起点，再单击鼠标，输入该线的中间折点，双击鼠标左键，输入终点。对照扫描图像上的道路，依次向 ct_road 图层输入线要素。

(2) 已知绝对坐标，输入线要素。在输入线要素时，如果已知线要素上折点(起点、中间折点、终点)的坐标值，单击鼠标右键，会弹出对应的要素编辑环境快捷菜单，选择"绝对 X,Y…"，会出现"绝对 XY"对话框。在其中输入折点的 XY 坐标绝对值，按键盘回车键，就精确输入了线要素的折点。

(3) 已知相对坐标，输入线要素。在输入线要素时，如果已知下一个折点相对于上一个折点的相对坐标值，单击鼠标的右键，在弹出的菜单中选择"增量 X,Y…"，会出现"增量 XY"对话框，输入相对于上一个折点的 XY 坐标增量值，按键盘回车键，就精确输入了下一个折点。

(4) 已知方向和长度，输入线要素。在输入线要素时，如果已知下一个折点相对于上一个折点的方向、长度变化，单击鼠标的右键，弹出菜单，选择"方向/长度…"，会出现"方向/长度"对话框。在第一个框内输入下一个折点相对于上一个折点的方向角度值(水平向右为 0°，逆时针转向)，在第二个框内输入沿该方向角的长度值，按键盘回车键，就精确输入了下一个折点。

(5) 和已有线相垂直。先用光标符号覆盖被垂直的要素，单击鼠标右键，弹出菜单，选择"垂直"，就可以确定绘制线段的方向与已有线要素垂直，按需要在垂线上确定下一个点的位置(终点或中间折点)。

(6) 和已有线平行。先用光标符号覆盖被平行的要素，单击鼠标右键，弹出菜单，选择"平行"，表示即将输入的线段和前一个线要素平行，按需要确定下一个点的位置(终点或中间折点)。

(7) 输入圆弧段。如果线要素含圆弧，可用多种输入方式。

使用编辑器工具条上的"端点弧段"工具 。先输入圆弧的起点和终点，再指定圆弧中间的某一点，由这 3 点控制圆弧线。如果圆弧的起点、终点、半径已知，可用半径来确定圆弧：先单击鼠标左键，确定圆弧起点，再单击鼠标左键，确定圆弧终点，在键盘上按下"R"键，会出现一个对话框，输入圆弧半径，回车确认，就完成了一段圆弧的输入。圆弧输入操作完成后，将自动产生一串坐标点，构成圆弧的起点、中间折点、终点，和一般线要素实质相同，圆弧的几何函数不保存到数据库或文件中。

使用基本绘图板。编辑器工具条的第 5 个图标 是一个下拉菜单，点击图标右侧的下拉箭头，就展开了基本绘图板(图 6-5)，当前的选择不同，所显示的工具图标也不同。点击基本绘图板内的 "弧段"工具 ，在屏幕上单击鼠标左键，输入圆弧的起点，再单击鼠标的左键，输入圆弧第二个点，第三次单击鼠标的左键确定圆弧的终点，即输入 3 个点实现圆弧段的输入(注意：本弧段输入工具图标中红点出现在端点，上一个弧段输入工具图标中红点出现在中点，两个工具的操作顺序不同)。

6.3.2　利用捕捉功能

为了使线要素的折点精确对准已有要素需利用捕捉功能。

(1) 启动捕捉功能。选择"编辑器"工具条上的菜单，展开后选择"捕捉→捕捉工具条"，在随后弹出的捕捉工具条中下拉展开"捕捉"菜单，选择"使用捕捉"，就启动了捕捉功能。

(2) 设置捕捉距离。在捕捉工具条上下拉展开"捕捉"菜单，选择"选项"，出现捕捉选项对话框，可修改"容差"值。容差就是捕捉距离，以显示器的当前屏幕像素为基本单位。如果设捕捉距离是 10，捕捉半径就是 10 个显示像素。在实际操作时，可根据需要，调整容差值，按"确定"键返回。

(3) 设置捕捉方式(图 6-6)。在捕捉工具条上有 4 个按钮，分别表示不同的捕捉方式：

点捕捉 ⊙：捕捉点要素。

端点捕捉 ⊞：捕捉起点或终点，不包括中间折点。

折点捕捉 ☐：捕捉所有折点，包括端点。

边捕捉 ⬠：捕捉线段上最近的点，由计算产生，不一定在折点上。

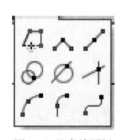

图 6-5　基本绘图板

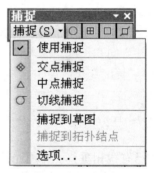

图 6-6　设置捕捉方式

单击某个捕捉按钮，该图标周围出现蓝色线框，就启动了该项捕捉方式，用于精确定位。再次单击该图标，周围蓝框消失，该捕捉方式暂停。

通过捕捉下拉菜单还可选用一些特殊方式：交点捕捉、中点捕捉、切线捕捉、捕捉到草图、捕捉到拓扑结点等。

6.3.3　删除线要素

使用编辑工具 ▶，点击某要素，该要素被选中，进入选择集，改变颜色(一般为浅蓝色的粗线，和查询类似)，按键盘上的 Delete 键，该要素被删除。利用键盘上的 Shift 键，可以同时选择多个要素，再按键盘上的 Delete 键，进入选择集的多个要素被同时删除。在主菜单中选择"编辑→撤销删除要素"，或选用按钮 ↶，最近被删除的要素立刻恢复。

6.3.4　要素和属性记录的关系

新键要素类，软件自动产生要素属性表(Feature Attribute Table)，至少有默认 2 个字段：OBJECTID、Shape。OBJECTID 为内部标识符，Shape 为要素的几何类型，以上两个字段用户无法修改，也不能删除。如果是线要素类，还有一个字段 Shape_Length，自动存储线要素的几何长度，如果是面要素类，除了 Shape_Length 存储多边形的周长，还有一个 Shape_Area 存储多边形的面积，它们会在编辑结束时自动更新(上述说明针对 Geodatabase，和 Shapefile 稍有区别)。一个要素对应一条属性记录，任何要素的有效输入、分解、合并、删除都会导致要素属性表中对应记录的添加或删除。

6.3.5　改变线要素的几何形状

在编辑器工具条中点击编辑工具 ▶，选中某个线要素，再次双击鼠标，显示出该要素的所有端点、中间折点，还会弹出一个"编辑折点"工具条。

(1) 移动折点。用编辑工具 ▶ 双击某线要素，该要素进入选择集，可以看到该要素的所有端点、折点显示出小方块，软件自动跳出"编辑折点"工具条。将光标放在需要移动的折点上，用鼠标左键拖动该折点到新的位置，松开左键，实现折点位置的移动。光标放在需要移动的折点上，单击鼠标右键，在弹出的快捷菜单中，如果选择"移动至"，后续弹出的对话框，要求输入移动坐标的绝对值，如果选择"移动"，后续弹出的对话框，要求输入移动坐标的相对值，按提示输入绝对值或相对值，该折点就可按坐标值精确移动。

(2) 插入折点。按上述操作，使线要素进入调整状态。将光标移动到线段的某部分，单击鼠标右键，在弹出的菜单中选择"插入折点"，就为线段插入一个折点。也可单击"编辑折点"工具条上的"增加折点"图标，在入选的线要素上单击左键，实现折点的插入。

(3) 删除折点。按上述操作，使折点进入调整状态，光标移动到某折点，光标符号起变化，单击鼠标右键，在弹出的快捷菜单中选择"删除折点"，该折点被删除，线的形状被简化。也可以单击"编辑折点"工具条上的"删除折点"图标，在入选的线要素上单击对应折点，实现折点的删除。

6.3.6　线要素的高级编辑

对于已经输入的线要素，ArcMap 提供基本编辑工具，如编辑折点、整形、裁剪面、分割线、旋转，等等(通过"编辑器→更多编辑工具→高级编辑"菜单，可调出"高级编辑"工具条，获得更多编辑工具)。较常用的有：

(1) 平行复制。该功能类似 AutoCAD 中的 Offset 命令，将选中的线要素按指定距离平行偏移复制。先用工具 ▶，选择需要复制的线要素，再选用菜单"编辑器→平行复制"，出现对话框：① "距离"。输入需要偏移的距离，比如 200。② "侧"。选择平行复制方向，可以选择左、右两侧。③ "拐角"。选择复制后的拐角形式(凸角是否要加圆弧)。按"确定"键，实现被选要素的平行复制(图 6-7)。

(2) 命令分割打断。用工具 ▶ 选择要打断的线要素，选用菜单"编辑器→分割"，出现对话框。根据需要，选择是沿线的长度打断，还是按线的比例打断，还要选择打断点的计算方向，随后在对话框中输入打断点的位置(距离或比例)，按"确定"键。这种分割打断命令方式适合于不知道打断点的具体位置，但是有关长度或比例能事先确定的情况。

(3) 用工具分割打断。用工具 ▶ 选择要打断的线，在编辑器工具条中选择分割工具 ✂，在需要打断的位置点击鼠标左键，该线要素被分成两段(图 6-8)。在使用分割工具时，还可以配合设置捕捉环境和方式，精确地捕捉到线的折点，使线要素在已有折点处一分为二，原来的非端点折点变成一条线的起点，另一条线的终点。

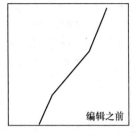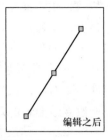

图 6-7 平行复制示意   图 6-8 打断线要素示意

(4) 合并。借助键盘上的 Shift 键，用工具 ▶ 选择多个线要素，选用菜单"编辑器→合并"，出现合并对话框，根据提示，选择合并后的主体是谁，按"确定"键，完成线要素的合并(图 6-9)。原来两个线要素的交汇端点，变成中间折点。

(5) 旋转。用工具 ▶ 选择要旋转的线要素，在编辑器工具条中选择旋转工具 🔄，光标变成 🔄 形状，同时在键盘上按住"A"键，出现角度对话框，输入旋转的角度，按回车键确定，要素就按指定的角度旋转。按下鼠标的左键不放，可以任意旋转选定的线要素，松开鼠标即完成。

(6) 复制。如果"高级编辑"工具条未出现，通过菜单"编辑器→更多编辑工具→高级编辑"调出。用工具 ▶ 选择需要复制的线要素，在高级编辑工具条中点击复制要素按钮 ✎，将光标移动到需要复制的位置，单击鼠标左键，出现复制要素对话框，选择需要复制到的指定图层，按"确定"键，进入选择集的要素被复制到指定图层，复制到的位置可能和原来不一致。

(7) 内圆角。高级编辑工具条中鼠标点击 ⌐，再先后单击需要加内圆角的两个线要素，此时移动光标可以改变圆角的半径大小。键盘上按"R"键，随即出现的对话框内有两项操作：①修剪现有线段，如果勾选，圆角外的部分被剪切，反之保留；②固定半径，如果勾选，可以在下方文本框内输入圆角半径，按"确定"键生效。随后再出现对话框，提示选择模板，直接按"确定"键，完成加内圆角的操作(图 6-10)。

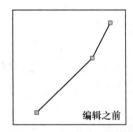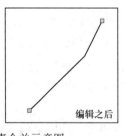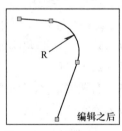

图 6-9 线要素合并示意图   图 6-10 线要素加内圆角示意图

(8) 延伸。用工具 ▶ 选择需要延伸到的边界线(图 6-11 中的右上侧)，在高级编辑工具条中选择延伸工具 ➡|，再点击需要延长的线要素(图 6-11 中的左下侧)，该线就延伸到指定的边界(不增加折点)。

(9) 修剪。用工具 ▶ 选择需要剪切的参照线(图 6-12 中的右上侧)，在高级编辑工具条中选择修剪工具 ✛，单击需要修剪的线要素(图 6-12 中的左下侧)，过长的出头线就被剪切至参照线的边界。

(10) 打断相交线。输入若干条相互交叉的线，使用工具 ▶，借助 Shift 键，使它们进入选择集。点击高级编辑工具条上的"打断相交线"工具 ⊞，出现打断相交线对话框，输入"拓

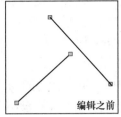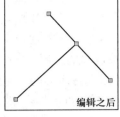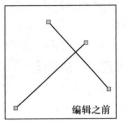

图 6-11　线要素延伸示意图　　　　　　　　图 6-12　线要素修剪示意图

扑容差 0.5 米"，按"确定"键，可看出选择集内相互交叉的线在交点处打断，产生新的端点(可用选择工具 ▶ 验证)。借助"合并"功能，可将打断后的线再合并起来。

(11) 移动。用工具 ▶ 选择需要移动的要素，选用菜单"编辑器→移动…"，在弹出的对话框中输入相对坐标值，要素就按输入的坐标值移动相应的距离。

(12) 比例缩放。比例缩放工具不出现在编辑器工具条或高级编辑工具条中，必须先调出。选用菜单"自定义→自定义模式…"，出现自定义对话框，进入"命令"选项，在左面"类别"窗口中选择"编辑器"，在右侧对应的窗口中选择"比例"，用鼠标选择对话框中的"比例"图标不放，将其拖动到编辑器工具条上，比例缩放工具 💥 就调出来了。用工具 ▶ 选择需要缩放的要素，鼠标点击比例工具 💥，按 F 键，在对话框中设置比例因子，完成对要素的缩放。也可以按住鼠标左键直接拖动光标，实现要素几何形态的缩放。

读者可尝试各种方法，对照扫描图中的道路，适当简化几何形状，将线要素输入到要素类 ct_road。

6.3.7　退出编辑状态

使用菜单"编辑器→停止编辑"，表示结束要素类的编辑，软件提示是否保存，选择"是(Y)"，编辑的结果被持久保存，选择"否(N)"，放弃编辑，恢复到编辑开始之前的状态。

6.4　多边形的输入、编辑

练习了线要素的输入和编辑，多边形的输入、编辑就比较容易，许多方法和工具是相同或类似的。编辑输入多边形，也需要设置捕捉方式和捕捉环境，其方法和线要素一致，一般用于捕捉多边形边界线的端点、折点，也可以将其他图层上线要素或多边形边界的端点、折点、中点作为捕捉点。

在编辑器工具栏中点击"编辑器→开始编辑"。在"创建要素"窗口中点选 townshp，开始对多边形要素类 townshp 输入多边形(乡镇边界)。对多边形要素进行编辑时，右下方"构造工具"栏中有 7 个构造工具，分别是：①"面"。输入普通多边形。②"矩形"。输入矩形。③"圆"。输入圆形。④"椭圆"。输入椭圆形。⑤"手绘"。输入任意手绘边界的多边形。⑥"自动完成面"。用于相邻多边形的输入。⑦"自动完成手绘"。适合相邻多边形手绘方式输入。

6.4.1　输入多边形要素

(1) 输入单个多边形(面)。在构造工具中点选"面"，就开始输入多边形要素。开始输入时，光标变成了小十字，第一次单击鼠标左键，就输入了边界线的起点，再单击鼠标，就输入另一个折点，双击鼠标表示结束，终点自动和起点汇合，边界封闭。

前面学习过的已知绝对坐标输入折点、已知相对坐标输入折点、已知方向和长度输入折点、输入弧段、作垂直线、作平行线等输入线要素方法，都可用于单个多边形的边界输入。

如果要输入规则多边形，如圆形、矩形、椭圆，在构造工具窗口中点击对应的"圆形""矩形""椭圆"工具，就可直接绘制。输入圆形时，按键盘的"R"键，输入圆的半径值。

输入矩形时，单击鼠标右键，在弹出菜单中可以选择矩形的方向角度、输入拐角的 X,Y 坐标。如果选择了水平方向，可输入长度、宽度。按键盘的"A"键，直接输入拐角的 X,Y 坐标。

使用工具 ▶ 选择多边形，按键盘的 Delete 键，删除整个多边形。

(2) 输入相邻多边形(面)。相邻多边形共享公共边界，很常见。在本例中，各个相邻乡镇公共边界形态复杂、不规则，直接使用以上方法输入相邻多边形，要确保相邻边界之间不留缝隙、不交叉非常困难。有两种方法可利用。

第一种方法是在"构造工具"栏中启用"自动完成面"工具 ▦。假设地图中已经存在一个或多个多边形，在构造工具窗口中选"自动完成面"工具，开始输入相邻多边形，共享边界不需要输入，就能完成(图 6-13 中的虚线)，后输入的多边形和已有多边形必须有一段边界相邻、共享，输入之前不一定有相同的折点，输入后会自动生成。

第二种方法是在编辑器工具条中使用"裁剪面"工具 ⊞(Cut Polygons)，该工具的作用是将大多边形裁剪为小多边形，共享边界只要输入一次。先在构造工具窗口下侧内点选"面"，沿若干个相邻的乡镇外轮廓线，输入大多边形。用工具 ▶ 选择已经输入的大多边形，点击"裁剪面"工具 ⊞，沿两个乡镇的公共边界依次点击输入公共边界的折点，就可以将大多边形一分为二，剪切成两个相邻多边形，折点会自动生成。需要注意，使用"裁剪面"工具跟踪点击公共边界时，起点和终点必须在大多边形的边界或外部(图 6-14 中的虚线)。运用这种方法，采用跟踪式输入边界，可以进入 townshp 的图层属性设置对话框，将显示色定为半透明，操作时比较容易辨认。

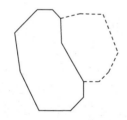 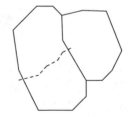

图 6-13　共享边界不需要重复输入　　　　　图 6-14　一个多边形裁剪为两个

(3) 输入岛状多边形或在多边形内开洞。为了看清多边形是否输入，打开要编辑的多边形"图层属性"对话框，点击标签"标注"，勾选"标注此图层中的要素"，"方法"下拉表中选"以相同方式为所有要素添加标注"。在"文本字符串"框内"标注"下拉表中选择字段名 OBJECTID，按"确定"键返回，可以看到每个多边形上都标注了编号，OBJECTID 是内部标识，按顺序自动产生，数据输入、编辑的顺序不同，编号也不同，不能手工修改，退出编辑时，会自动更新。

对于要建岛或开洞的多边形可先输入相邻多边形(如图 6-15 中的 20 号)，再输入内部岛(图 6-15 中的 21 号)，构造工具窗口中点击"自动完成面"工具 ▦，输入 22 号多边形的部分边界，使 21 号包含在内，一旦 22 号多边形的边界输入完毕，21 号自动变为内部岛，和外部多边形有公共边界。为了检验是否边界共享，用工具 ▶，选择外围多边形(22 号)，如果内部岛(21 号)的边界没有进入选择集，说明两个多边形相互独立，边界不共享。

　　另一种产生岛的途径。外围多边形(22 号)已经输入，再输入内部岛(21 号)，确认当前选择集中只有内部岛状多边形(如果不能保证，可在要素属性表中点击 21 号多边形的对应记录来核实)，选用菜单"编辑器→裁剪(Clip)"，在随后对话框中设置缓冲区距离：0.000，点选"⊙丢弃相交区域"，按"确定"键执行。内岛多边形对外围多边形实施剪切，自动删除重叠部分。

　　如果要"开洞"，先验证岛状多边形已成立，再用图标工具 ▶ 选中内部岛(图 6-15 中的 21 号)，按下键盘上的 Delete 键，21 号多边形被删除(图 6-16)。注意：多边形内部标识自动产生，实际操作时，屏幕显示的编号、顺序很可能和本书插图、文字解说不一致。

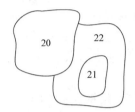
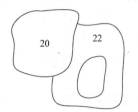

图 6-15　21 号多边形是 22 号的内部岛　　　　　图 6-16　21 号多边形被删除

6.4.2　改变多边形形状

　　编辑多边形的许多工具都可使用，方法和线要素相似，如多边形边界折点的移动、插入、删除。

　　需要调整多边形形状，用工具 ▶ 在某多边形内部双击鼠标，可以看到该多边形边界的所有端点、折点都以小方块形式显示出来，表示该要素的有关折点都进入调整状态。将光标移动到要调整的折点，可以将该折点拖动到要调整的位置，松开鼠标左键，实现折点位置的移动，再单击鼠标左键，完成多边形的形状调整。

　　编辑折点时，用上述方法，使多边形要素进入调整状态，光标移动到某折点，单击鼠标右键，在弹出的菜单中选择"删除折点"，该折点被删除，再单击鼠标左键，完成多边形的形状调整。

　　增加折点时，用上述方法，使多边形要素进入调整状态，光标移动到边界线段的某部分，单击鼠标右键，在弹出的菜单中选择"插入折点"，就为线段插入一个折点，再单击鼠标左键，完成多边形的形状调整。

　　移动折点时，用上述方法，使多边形要素进入调整状态，光标移动到某折点，单击鼠标右键，在弹出的菜单中选择"移动至"，在弹出的对话框中输入绝对坐标值，该折点移动到指定的坐标位置。如果在弹出的菜单中选择"移动"，在弹出对话框中输入相对坐标值，实现折点相对位置的精确移动。

　　捕捉功能、其他图形处理功能，有助于精确调整多边形的几何形状。

　　相邻多边形共享边界，若要同步移动，必须使用拓扑关系，第 7 章将有练习。

6.4.3　要素和属性记录的关系

　　和线要素一样，增加、删除、分割、合并多边形，要素属性表中对应的记录也会自动插入、删除，内部标识符 OBJECTID 的取值会自动更新，保持唯一性。

　　读者可尝试上述方法，对照扫描图中的乡镇边界，将多边形要素输入到要素类 townshp。作为练习，边界的几何形态可简化。

6.4.4　退出编辑状态

使用菜单"编辑器→停止编辑",结束编辑状态,根据提示,选择"是",持久保存编辑,选择"否",放弃编辑,恢复到编辑开始之前的状态。如果编辑发生在多个图层,一旦停止,各图层的有关编辑状态均停止、退出,要保存都保存,要恢复都恢复。

6.5　点要素的输入、编辑

点要素输入、编辑比较容易。如果尚未进入编辑状态,在编辑器工具栏中选用"编辑器→开始编辑",在"创建要素"窗口中点选 town,下方"构造工具"栏中有两个构造工具,分别是:①"点"。表示输入点。②"线末端的点"。表示线的端点。

在构造工具中点选"点",就开始输入点要素。单击鼠标右键,选择菜单中"绝对 XY"选项,表示按绝对坐标输入点要素。输入点要素时也可使用捕捉方式,方法和输入线要素相似。

完成点要素输入和编辑,使用菜单"编辑器→停止编辑",根据提示,确认是否保存编辑结果,退出剪辑状态。

读者可以按本节的介绍,以扫描图像为参照,输入、编辑点要素类 town。

本练习提供的扫描图较精细,为了节省工作量,初学者可以自己将多边形的边界简化。

6.6　本 章 小 结

本章涉及点、线、面要素的交互式输入、编辑基本方法,虽然以 Geodatabase(地理数据库)为例,但也适合 Shapefile。线要素的输入、编辑是基础,初步掌握后再处理面要素就不难,点要素的操作相对容易。完成练习仅仅是初步入门,做完练习无法全都记住各项功能,初学者也没有必要死记硬背,将来实践中可重复阅读,反复尝试。ArcMap 提供丰富的数据输入、编辑功能,本章仅介绍了基本功能,对其他功能,自学者可参看软件的帮助文件。亲身体验、主动实践,就能积累经验。

扫描图的坐标不准确,线要素的长度值,多边形的周长、面积值也不准确,第 10 章将会练习如何校正坐标。

ArcMap 中出现的目录窗口除了显示 ArcGIS 数据源的名称、路径、格式,还可管理数据源,可实现 ArcCatalog 的大部分功能,后续章节将有进一步的练习。

第 7 章 要素编辑中的拓扑关系

7.1 借助拓扑关系编辑要素

7.1.1 调整多边形公共边界

启用地图文档\gisex_dt10\ex07\ex07.mxd，激活 Data frame1，有两个图层，分别为线状"公路"和面状"乡镇"(图 7-1)。调出编辑器工具条，选用下拉菜单"编辑器→更多编辑工具→拓扑"，调出拓扑工具条(图 7-2)。

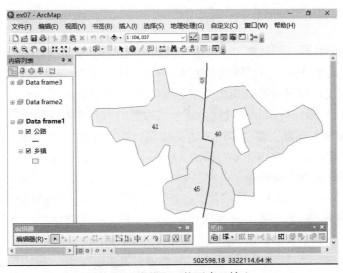

图 7-1 线状和面状要素已输入

图 7-2 拓扑工具条

(1) 调整相邻多边形的公共端点。选用菜单"编辑器→开始编辑"，到拓扑工具条上点击按钮 ，弹出"选择拓扑"对话框，点选 ⊙ 地图拓扑，勾选图层"乡镇"，再点击下侧的"选项"，输入"拓扑容差 0.5 米"，按"确定"键返回。在拓扑工具条中点选 (该功能有两个选项，如果是下拉方式，应选"拓扑编辑工具"，不要选"拓扑编辑追踪工具")，点击公共端点(多条边界线的交汇点，图 7-3)，被选端点呈紫红色(屏幕上仅显示这个点符号)，拖动该点，在此交汇的 3 个多边形形状会同步变化，实现多个相邻多边形公共端点的同步移动。

(2) 调整公共边界上的其他折点。点选拓扑工具条上的拓扑编辑工具 ，单击需要调整的 40 和 41 号多边形公共边界，自动显示为紫红色，表示该公共边界已入选。继续双击该边界，所有折点都显示成小方块，表示进入了调整状态。将光标移动到要调整的折点，可以将该折点拖动到要调整的位置，并松开鼠标左键，实现公共折点位置的暂时移动，再单击鼠标

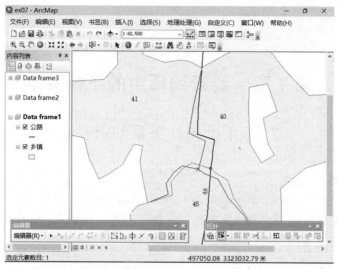

图 7-3　调整相邻多边形的公共端点

左键，完成多边形公共折点的调整。如果用鼠标右键点击该点，会弹出快捷菜单，其中有"移动"和"移动至"两个选项，前者按输入的 X，Y 值做相对移动，后者则移动到输入的 X，Y 绝对坐标位置，实现相邻多边形公共边界上折点的同步精确移动。

用拓扑编辑工具 🔀，参照上述过程，使公共边界的折点进入调整状态，还可以删除、添加折点，操作步骤和线要素、独立多边形边界的编辑基本相似。利用拓扑编辑工具，修改多边形的公共边界，将同步影响相邻多边形的几何形态。

7.1.2　线和多边形重合时同步调整

如图 7-1 所示，两个乡镇多边形相邻，边界重合，公路和两个乡镇的公共边界线也有部分重合，乡镇和公路是不同的要素类，也属不同图层。如果公路和边界应该部分重合，修改它的几何位置，也必须调整乡镇多边形边界。在拓扑工具条上点击 🔳，弹出"选择拓扑"对话框，同时勾选"公路"和"乡镇"，再输入"拓扑容差 0.5 米"，按"确定"键，两个要素类之间有了临时拓扑关系。

在标准工具条中点击撤销按钮 ↶，使多边形边界恢复到初始状态。拓扑工具条上点击 🔀，选择和公共边界重合的线要素，自动显示为紫红色，该要素进入选择集，再次双击鼠标，可以观察到该线要素的所有折点都以小方块形式显示，光标移动到要调整的折点(图 7-4)，将该折点拖动到要调整的位置(向左上方移动)，松开鼠标左键，实现折点位置的移动，但是多边形边界没有变化，再单击鼠标左键，结束调整，两个多边形的公共边界会自动跟着移动。调整折点时，如果用鼠标右键点击该点，弹出快捷菜单，有"移动"或"移动至"两个选项，也能使公共边界折点按相对坐标值或绝对坐标值精确调整。

可以看到，移动了两个乡镇多边形的公共折点，线要素公路的折点也同步移动，公路和两个乡镇的相邻分界线依然重合。虽然捕捉方式不是必须的，但是启用了可提高操作效率。

本练习暂时结束，停止编辑状态，退出 ArcMap，选用菜单"文件→退出"，提示是否保存对地图文档的修改，为了不影响他人和后续的练习，可选择"否"。

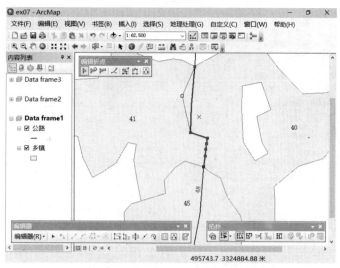

图 7-4　利用拓扑关系同步调整线要素和多边形边界

7.2　同一图层内检验数据质量

7.2.1　建立线要素的拓扑规则数据

在 Windows 操作系统下，通过"开始→所有程序→ArcGIS"，启用 ArcCatalog。ArcCatalog 的主要功能是管理数据源，操作窗口分为两部分，左侧是目录树，和 ArcMap 中调用的"目录"窗口相似(可将后者看成是前者的子项)，右侧显示数据源。如果目录树中无法找到\gisex_dt10\ex07\，可借助文件夹连接按钮 <img>，将操作路径连接到\gisex_dt10\ex07\，DBex07.gdb 为地理数据库，双击该数据项名称前的图标，展开 DBex07.gdb，其中有要素数据集 DTsetA，展开 DTsetA，其中有线要素类 lotslines，是地块边界。本练习利用拓扑规则"不能出现悬挂点"，建立线要素类 lotslines 的拓扑关系，检验已输入的线要素是否相互连接，修正差错后产生多边形。

鼠标右键点击 DTsetA，在弹出的快捷菜单中选择"新建→拓扑…"，出现"新建拓扑"对话框，按"下一页"键，有两个设置：

输入拓扑名称：topology1　　　　　　　输入新建拓扑关系的名称

输入拓扑容差：0.05　米　　　　　　　键盘输入容差值

按"下一页"键，继续按提示选择 DTsetA 中的要素类，勾选 lotslines，表示为该要素类建立拓扑关系。按"下一页"键，提示设置要素类等级，保持默认值，再按"下一页"键，提示："指定拓扑规则"，按右侧"添加规则"键：

要素类的要素：lotslines　　　　　　　下拉选择

规则：不能有悬挂点　　　　　　　　　下拉选择规则

☑ 显示错误　　　　　　　　　　　　勾选，要求显示错误信息

按"确定"键返回新建拓扑对话框，按"下一页"键，再按"完成"键，ArcCatalog 进行处理，根据设定的规则，建立拓扑关系，提示："已创建新拓扑，是否要立即验证？"，选"是"。可以看到在 DTsetA 下多了一个拓扑类数据项 topology1，它有拓扑关系图标<img>。鼠标点击 topology1，在 ArcCatalog 右侧窗口，点击"预览"选项，可看到三个悬挂点(屏幕显示为红色

小方块)(图 7-5)，不符合预定的拓扑规则，将影响线要素生成多边形的正确性。

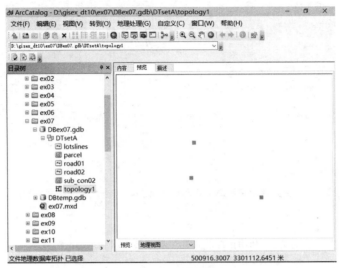

图 7-5　有三处悬挂点

7.2.2　修正差错

退出 ArcCatalog，启动 ArcMap，打开地图文档\gisex_dt10\ex07\ex07.mxd，激活数据框 Data frame2，lotslines 已加载。按工具 ✚，在路径\gisex_dt10\ex07\DBex07.gdb\DTsetA 下，选择 topology1，按"添加"键，提示："是否将参与到"topology1"中的所有要素类都添加到地图？"，由于 lotslines 已经加载，应选择"否"，只加载拓扑关系，不加载相关要素类。topology1 被加载后，显示的红色小方块(屏幕显示)为悬挂点，可能有差错(图 7-6)。

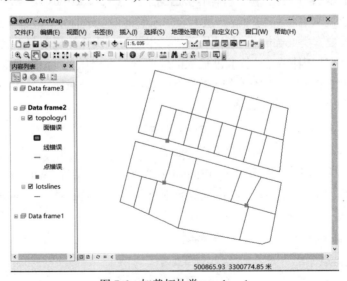

图 7-6　加载拓扑类 topology1

标准工具条中点击按钮 ，调出编辑器工具条，选用菜单"编辑器→开始编辑"(如果不出现"创建要素"窗口，在工具条右端点击按钮)，在要素模板中选择 lotlines 为当前编辑图层(这时，"创建要素"窗口可暂时关闭，需要时再调出)。选择"编辑器→更多编辑工具→拓扑"，调出拓扑工具条，再选择"编辑器→更多编辑工具→高级编辑"，调出高级编辑工具条。

虽然悬挂点都是用红色小方块表示，但产生问题的原因不同，用工具 🔍 放大左上侧小方块，可发现是因为"线过长 Overshoot"造成(图 7-7(a))，可用修剪方式修正。用工具 ▶，点击修剪的参照边界线，在高级编辑工具条中选择修剪工具 ╅，点击修剪线的末端，过长的线就被修剪到参照边界线。放大后查看右下侧的红色小方块(图 7-6)，这是一条多余的线造成(图 7-7(b))，用工具 ▶ 选择多余线，键盘中按 Delete 键，删除该要素。图 7-6 中左下侧的第三个错误是"线过短 Undershoot"造成(图 7-7(c))，可用延伸方式改正，先用工具 ▶ 点击延伸的参照线，在高级编辑工具条中选择延伸工具 ╊，点击需要延伸的线，过短的线就延伸到参照边界线。

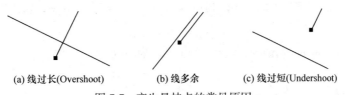

(a) 线过长(Overshoot)　　　(b) 线多余　　　(c) 线过短(Undershoot)

图 7-7　产生悬挂点的常见原因

修改完毕，还需要验证编辑过的地方是否还有错误。在内容列表窗口中鼠标右键点击 topology1，快捷菜单中选"属性…"，进入"符号系统"选项，勾选"☑脏区"，按"确定"键返回。地图中编辑过的地方会产生 3 个蓝色矩形框(屏幕显示)，它们是"脏区"(Dirty Area，图 7-8)。

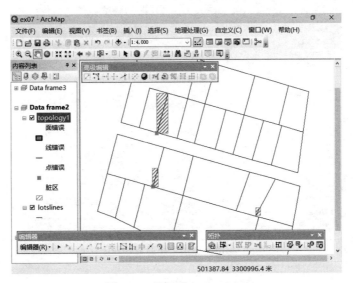

图 7-8　"脏区"(Dirty Area)

下一步只要对脏区验证拓扑关系。拓扑工具条中点击 🗄，点选"⊙ 地理数据库拓扑"，下拉选择 topology1，按"确定"键返回，拓扑工具条中再选工具 🗺(验证指定区域中的拓扑)，依次用鼠标框选 3 个蓝色矩形框，如果蓝色矩形消失，说明该范围内不存在悬挂点，如果还有，就要进一步编辑、修正。如果线要素类 lotslines 的差错都已修正，质量检验完成，选择编辑器工具条中的菜单"编辑器→停止编辑"，根据提示，选择"是"，保存并结束编辑。

7.2.3　生成地块多边形

修正了差错，线要素类 lotslines 应该满足生成多边形的要求。主菜单中选用"地理处理→环境…"，进一步设置：

工作空间→当前工作空间：\gisex_dt10\ex07\DBex07.gdb\DTsetA\　　　借助文件夹按钮添加

工作空间→临时工作空间：\gisex_dt10\ex07\DBex07.gdb\DTsetA\　　　借助文件夹按钮添加

输出坐标系：与输入相同　　　　　　　　　　　　　　　　下拉选择

处理范围：与图层 lotslines 相同　　　　　　　　　　　下拉选择

按"确定"键返回。标准工具条内点击按钮 🖫(或在主菜单中选择"地理处理→ArcToolbox")，调出 ArcToolbox 窗口，展开、双击启用"数据管理工具→要素→要素转面"：

输入要素：lotslines　　　　　　　下拉选择

输出要素类：\gisex_dt10\ex07\DBex07.gdb\DTsetA\lotspolygons　　　位置、名称

XY 容差：0.05 米　　　　　　　　输入容差值

☑ 保留属性(可选)　　　　　　　　勾选

标注要素(可选)　　　　　　　　　保持空白

按"确定"键，在 DTsetA 中，生成了一个新的多边形要素类 lotspolygons，自动加载，其边界和原来的线要素完全一致(图 7-9)。

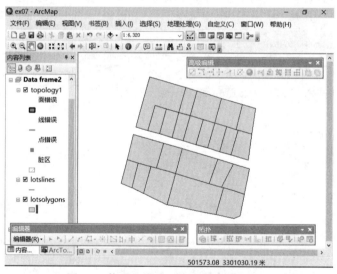

图 7-9　修正差错后，线要素生成多边形

7.3　不同图层间检验数据质量

7.3.1　建立不同要素间的拓扑关系

地图文档\gisex_dt10\ex07\ex07.mxd 已打开，激活数据框 Data frame3，有 2 个图层：线要素类"道路"，面要素类"地块"。这两个图层分别输入，地块多边形的部分边界是由道路线界定的(图 7-10)，它们应该重合，但是靠目视较难判断数据质量是否可靠。如果在"道路"和"地块"之间建立拓扑关系，可检验它们的空间位置是否重合。

在 ArcMap 中点击 🗂 按钮调出目录窗口，展开\gisex_dt10\ex07\DBex07.gdb\DTsetA，可以

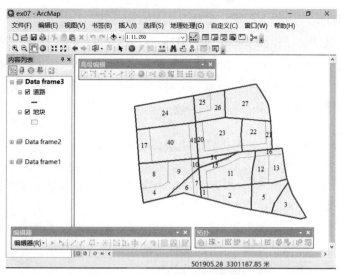

图 7-10　地块多边形 parcel 的部分边界应该和道路 road02 重合

看到线要素类 road02 和多边形要素类 parcel。右键点击 DTsetA，快捷菜单中选择"新建→拓扑…"，出现新建拓扑对话框，点击"下一页"键，有两项设置：

输入拓扑名称：topology2　　　　　　　　拓扑关系名称

输入拓扑容差：0.1　米　　　　　　　　　容差值

　按"下一页"键，继续提示：选择参与到拓扑关系中的要素类：

☑ road02　　　　　　　　　勾选

☑ parcel　　　　　　　　　勾选

　将在上述两个要素类之间建立拓扑关系。按"下一页"键，出现等级设置对话框，等级值是为了确定如何自动修改要素。等级值越大，序位越低，建立拓扑时，该要素类的改动越大。等级值越小，序位越高，相对改动越小。本例中，假定要素类 road02 相对准确，要素类 parcel 可能有误差，因此 road02 的等级值应该小于 parcel。先要求输入等级数：

输入等级数(1-50)：2　　　　　　　　　　分为两级

要素类　　　　　　　　等级

road02　　　　　　　　1　　　　　　　　下拉选择，等级相对高

parcel　　　　　　　　2　　　　　　　　下拉选择，等级相对低

　按"下一页"键，提示："指定拓扑规则"，按右侧"添加规则"键，进一步定义：

要素类的要素：road02　　　　　　　　　下拉选择

规则：必须被其他要素的边界覆盖　　　　下拉选择拓扑规则

要素类：parcel　　　　　　　　　　　　下拉选择

☑　显示错误　　　　　　　　　　　　　勾选，显示错误信息

　上述拓扑规则的意思是：线要素类 road02 必须被多边形要素类 parcel 的边界覆盖。按"确定"键返回新建拓扑对话框，按"下一页"键，再按"完成"键，软件按预定规则建立拓扑关系，提示："已创建新拓扑，是否要立即验证？"选择"是"，可以看到在\gisex_dt10\

ex07\DBex07.gdb\DTsetA 路径下多了一个拓扑类 topology2[注]。

按添加数据工具 ✛，展开\DBex07.gdb\DTsetA，选择 topology2，按"添加"键，出现提示："是否还要将参与到"topology2"中的所有要素类都添加到地图？"，road02 和 parcel 已经加载，应选择"否"，topology2 加载为一个新图层，拓扑差错以红线显示，共有 3 处，"目录"窗口可暂时关闭(一旦需要，可以再打开)。

7.3.2　修改差错

14 号多边形与 15 号多边形共同边界的错误，可以通过拓扑关系进行修正(图 7-11)。标准工具条中点击 ⚒，调用出编辑器工具条，选用"编辑器→开始编辑"，如果不出现"创建要素"窗口，在工具条右端点击按钮 🖼，在要素模板中选择 parcel 为当前编辑要素类，"创建要素"窗口可暂时关闭，需要时再调出。

在编辑器工具条上，选用菜单"编辑器→捕捉..."，调出捕捉工具条，在捕捉工具条上单击展开"捕捉"菜单，选择"选项"，出现捕捉选项对话框，在其中，修改"容差"值为 5，意思是捕捉距离为 5 个像素，按"确定"键返回。

在捕捉工具条上，展开"捕捉"菜单，勾选"使用捕捉"，依次按下"端点捕捉 ⊞""折点捕捉 ▢""边捕捉 ◿" 3 个按钮，使它们周边都有蓝框。在编辑器工具条中选择"编辑器→更多编辑工具→拓扑"，调出拓扑工具条。

拓扑差错是道路没有被地块边界所覆盖，观察地图可判断，14、15 号多边形边界中的折点应向上移动，和道路重合。点选拓扑工具条上的拓扑编辑工具 🖻，选择需要调整的 14 号和 15 号多边形的公共边界(屏幕显示为紫红色)。继续用拓扑编辑工具 🖻，鼠标双击该公共边界(图 7-11)，然后向上拖动折点，使其捕捉到"道路"要素的中间折点上，对准后鼠标双击，14、15 号多边形边界被同步移动到和道路重合的位置上。

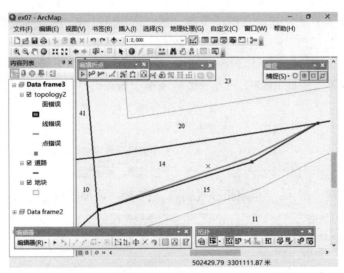

图 7-11　拓扑编辑时移动地块多边形的公共边界

取消再打开图层道路的显示，可以看出，24、26、20、41 这四个多边形的交汇点和道路

[注] 在 ArcMap 中建立拓扑类可能不成功，多数原因是 ArcCatalog 处于打开状态，或者 ArcMap 的编辑状态没退出，可关闭 ArcCatalog，退出编辑状态，再操作。如果 ArcCatalog 没有启动，编辑状态已退出，建立拓扑类还是不成功，只能退出 ArcMap，再进入。

的交汇点不重合，局部放大显示，用拓扑编辑工具 ⬚ 点击四个地块的交汇点，出现一个紫红色(屏幕显示)的小圆，如果有其他要素进来，继续点击，仅有这个交汇点被选中，该点位于道路交汇点的上侧(图 7-12)，然后向下拖动到道路线的交汇点。用同样方法，拖动 24、40、41 三个多边形的交汇点，对准到道路线的中部。

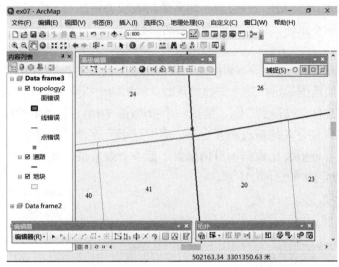

图 7-12　多边形的共享交汇点和道路的交点不一致

还可以找到地图右侧，13、5 号多边形相交处右侧向外，有一段很短的红线，关闭再打开图层 topology2 的显示，可以看出，这处错误是"道路"向右多了一小段造成。如果"创建要素"窗口已关闭，可点击编辑器工具条右中的按钮 ⬚，到要素模板中点击 road02，切换当前编辑要素类，用工具 ▶ 选择这一小段多余线，按键盘中 Delete 键删除。

修改完毕，点击拓扑工具条上的 ⬚(验证指定区域中的拓扑)，在发生拓扑错误的范围框选，重新计算、验证 topology2 的拓扑关系。如果编辑修改正确，表示拓扑错误的红色线会全部消失，原来的差错不再存在。对地块多边形图层 parcel 与道路线图层 road02 之间几何位置应该重合的检验、维护结束，编辑器工具条中选用菜单"编辑器→停止编辑"，根据提示，选择"是"保存并退出，选择"否"，放弃编辑。

本练习假设道路没有被覆盖的多数原因是地块边界有误差(道路向右多了一小段是例外)，如果在现实中，误差可能是道路数据输入引起，编辑时可以反过来，移动道路，地块边界不动，也能纠正差错。

结束练习，选用菜单"文件→退出"退出 ArcMap，提示是否保存对地图文档的修改，为了不影响他人、后续的练习，应选择"否"。

7.4　关于拓扑关系的若干专用术语

7.4.1　悬挂点和伪结点

第 6 章已经练习过，ArcMap 中每个线要素都是由端点(Endpoint，也称结点，Node)和中间折点(Vertex)组成，每一个线要素的起点、终点均是端点，多边形由线要素围合而成。按拓扑规则，端点可分为 3 类(图 7-13)：

悬挂点(Dangle Node，简称 Dangle)：仅和一个线要素相连、孤立的结点。

伪结点(Pseudo Node，简称 Pseudo)：两个线要素相连、共享一个结点。

普通结点：三条或以上线要素交汇、共享一个结点。

按许多拓扑规则，悬挂点、伪结点被当成差错。相比之下，图形输入(数字化)时，悬挂点对数据质量影响较大。线过长、线过短、线多余均表现为悬挂点。有悬挂点的线要素，构造多边形，结果很可能不正确，伪结点的影响相对较轻。

7.4.2 拓扑容差

拓扑容差(Cluster tolerance)指不相接的要素折点之间的最小直线距离。容差值的大小根据要素类的精度和几何范围确定。建立拓扑关系时，如果两个折点之间的距离小于拓扑容差值，那么这两个折点就被自动捕捉到一起，变成一个折点(图 7-14)。容差值的设置必须十分小心，容差过大，引起不应该合并的折点相互合并，容差过小，该合并的没合并，增加后续修正的工作量。按经验，容差值要比数据本身精度要求低一个数量级，如果数据本身的精度要求是0.2 米，容差值可设定为 0.02~0.05 米。

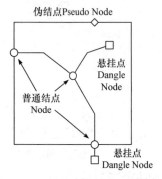

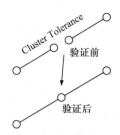

图 7-13　悬挂点、伪结点和普通结点　　　　图 7-14　拓扑容差的作用

7.4.3 等级

多个要素类参与拓扑关系时需要一个等级值(Rank)，表示要素类的相对关系。在验证过程中，要素类等级高的等级值小，相对不动，要素类等级低的等级值大，其折点向等级高(值小)的要素移动，实现自动捕捉(图 7-15)。等级值越小、相对等级越高，等级值越大、相对等级越低，最小值是 1(等级最高)，最大值可以设置到 50(等级最低)。

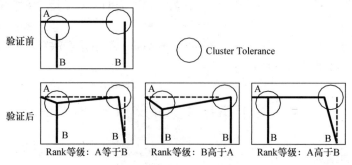

图 7-15　不同要素类之间设置等级的作用

7.4.4 脏区

建立拓扑关系，又被编辑过的空间范围内，很可能存在不符合拓扑规则的要素。脏区(Dirty

area)用矩形框把编辑过的地方围起来，将拓扑规则的验证处理限定在指定范围内，以提高计算机的处理效率。本练习用到了全范围验证，但速度也不慢，这是因为数据量很小，体现不出差别，如果实际应用中空间要素非常多，处理时间长短就会有明显区别。

7.4.5　错误和异常

拓扑错误(Error)指不符合拓扑规则的地方，用红色点、方块、线表示，某些可接受的错误，如某位置的道路和地块边界确实不一致，被称为拓扑异常(Exception)。

7.5　本 章 小 结

拓扑关系(Topology relation)是指不同图形要素几何上的相互关系，根据拓扑学原理，图形在保持连续状态下即使变形，相互之间的关系依然不变。拓扑关系有很多实用价值，例如，行政区是多边形，不能相互交叉；线状河流和河流之间不能部分重叠；公共汽车站点必须在公共交通线路上；等等。拓扑关系种类繁多，可以用不同的规则来分类、表示，既可反映在同一要素类内部各要素之间，也可反映在不同要素类之间。

本章练习使用线拓扑规则"不能有悬挂点"检验线要素的数据质量，保障多边形的数据质量，是很常用的方法。线拓扑规则"必须被其他要素的边界覆盖"，即线要素必须被多边形边界覆盖，用于检验道路与地块边界是否重合。下一章将涉及另一规则：不能有伪结点。

ArcGIS 10 目前提供 32 种拓扑规则，除了本章的表 7-1 至表 7-3，附录二还有进一步说明，以帮助读者理解。针对地理数据库(Geodatabase)的拓扑规则，可以在 ArcCatalog 中设置，也可以在 ArcMap 的目录窗口中设置。

表 7-1　点拓扑规则的提示及含义

软件提示	简要说明，典型用途
1 必须被其他要素的边界覆盖 Must be covered by boundary of	与多边形边界重合。界碑必须在行政辖区的边界上
2 必须被其他要素的端点覆盖 Must be covered by endpoint of	被线的端点覆盖。变电站的位置必须是输电线的尽端
3 点必须被线覆盖 Point must be covered by line	与线重合。消防栓必须和水管重合
4 必须完全位于内部 Must be properly inside	在多边形内。镇属小学必须在镇域范围内
5 必须与其他要素重合 Must coincide with	与另一点要素类重合。路灯必须在电杆上
6 必须不相交 Must be disjoint	相互分离。电杆和电杆不能重合，必须分离

表 7-2　线拓扑规则的提示及含义

软件提示	简要说明，典型用途
1 不能重叠 Must not overlap	相互不重叠。两条河道不能相互重叠
2 不能相交 Must not intersect	相互不交叉。河道必须在相交处打断，也不能有重叠

软件提示	简要说明，典型用途
3 必须被其他要素的要素类覆盖 Must be covered by feature class of	与另一线要素类重合，被覆盖。公共汽车线路必须在道路上
4 不能与其他要素重叠 Must not overlap with	和另一线要素类不重叠。道路不能和河道有重叠
5 必须被其他要素的边界覆盖 Must be covered by boundary of	与多边形的边界重合，被边界覆盖。道路必须和地块边界重合
6 不能有悬挂点 Must not have dangles	没有悬挂点。地块边界不能有悬挂点
7 不能有伪结点 Must not have pseudo nodes	没有伪结点。两条河道不能在尽端汇合，首尾自相连除外
8 不能自重叠 Must not self-overlap	要素自身不重叠。同一条公路不能有部分重合
9 不能自相交 Must not self-intersect	要素自身不交叉。同一条等高线不能自相交叉
10 必须为单一部分 Must be single part	不能将分离的部分合为整体。同一条高压输电线不能用分离的线段组合而成
11 不能相交或内部接触 Must not intersect or touch interior	线和线不交叉、不重叠，不能和非端点接触。地块分界线不能相互交叉、重叠，交汇处必须都是端点
12 端点必须被其他要素覆盖 Endpoint must be covered by	端点和其他要素类重合。燃气管的端点必须有接口
13 不能与其他要素相交 Must not intersect with	与另一线要素类相互不交叉。住宅区道路不能穿越城市道路，也不能有重叠
14 不能与其他要素相交或内部接触 Must not intersect or touch interior with	与另一线要素类不交叉，端点不能和非端点接触。次要道路不能穿越主要道路，如果和主要道路相连，双方都是端点
15 必须位于内部 Must be inside	在多边形内。河道必须在其流域范围内
16 必须大于容差(菜单中不出现) Must be larger than cluster tolerance	线要素由若干坐标点构成，这些点的间距大于容差值才有效

表 7-3　多边形拓扑规则的提示及含义

软件提示	简要说明，典型用途
1 不能重叠 Must not overlap	没有重叠。地块之间不出现重叠
2 不能有空隙 Must not have gaps	没有空隙。行政辖区之间不出现空隙
3 不能与其他要素重叠 Must not overlap with	与另一要素的多边形无重叠。水域不能和地块有重叠
4 必须被其他要素的要素类覆盖 Must be covered by feature class of	被另一多边形要素类覆盖。开发区的范围只能在若干乡镇行政辖区内
5 必须互相覆盖 Must cover each other	两个要素类的多边形相互重合、边界一致。街道行政辖区和公安派出所辖区必须相互重合
6 必须被其他要素覆盖 Must be covered by	被另一要素类中的单个多边形覆盖。县域必须在省域内
7 边界必须被其他要素覆盖 Boundary must be covered by	边界必须和另一要素类重合。城区内的人口普查区边界必须由若干道路围合而成

续表

软件提示	简要说明，典型用途
8　面边界必须被其他要素的边界覆盖 Area boundary must be covered by boundary of	多边形边界和另一要素类的多边形边界重合。开发区的边界必须和若干地块边界重合
9　包含点 Contains point	每个多边形内部至少包含一个点，边界上的点不算包含。每个学区内至少有一所学校
10　包含一个点 Contains one point	每个多边形内部包含一个点，边界上的点不算包含。每个治安辖区内(只)有一个公安派出所
11　必须大于容差(菜单中不出现) Must be larger than cluster tolerance	多边形边界由若干坐标点构成，这些点的间距大于容差值才有效

　　拓扑规则除了为数据的完整性、一致性提供保障，还可用于分析。除了直接按规则操作，拓扑关系往往被隐含在内部数据结构中(如网络数据集)、计算方法中(如矢量叠合)。按拓扑关系来组织数据，可称为拓扑数据结构，不仅记录要素的空间位置(坐标)，还要记录不同要素在空间上的相互关系，本教材第七篇将有网络分析，按既定的拓扑规则，组织数据的存储，建立的网络数据集具有拓扑结构，并持久保存。本章练习所保存的仅仅是不符合规则的信息，不保存符合规则的信息，也不按拓扑关系重新组织数据的存储。

　　读者已接触到两种空间数据格式：Geodatabase 和 Shapefile，前者属数据库系统，集成度较高、规范性较强，能比较全面处理拓扑关系；后者属文件系统，比较灵活。一个 Shapefile 由若干文件组合而成，也可称为一个要素类(Feature class)，和地理数据库中的要素类相当。一个地理数据库中往往有多个要素数据集(Feature dataset)，每个数据集由多个要素类组成，第 25 章将进一步讨论地理数据库的建立、设置、维护。

　　完成本章练习，会改变练习数据内容，将\gisex_dt10\DATA\路径下的原始文件覆盖至\gisex_dt10\ex07\，数据内容就恢复到练习之前的状态。

思　考　题

　　在数据质量保障方面，结合自己的经验，对拓扑关系的作用举出多个实例。

第 8 章　CAD 数据转换输入

8.1　DWG 文件的直接使用、简单转换

8.1.1　直接加载为图层

　　启动 ArcMap，选择菜单"文件→新建"，对话框中点击"新建地图→空白地图"，按"确定"键继续。按常规，新建的地图文档名称为"无标题"，有一个默认数据框"图层"。标准工具条中点击工具 ✛，在弹出的对话框中展开路径\gisex_dt10\ex08\，有 4 个 DWG 文件，图标呈立体状。其中 bldg.dwg 是建筑物，用闭合的多段线(Polyline)表示建筑物的边界，用多段线的厚度(Thickness)表示建筑物的高度，roadline.dwg 是规划道路线，用不同的层(Layer)区别道路设计中心线和道路边线(后者在城市规划业务中常称为"道路红线")。双击 bldg.dwg 前的图标，展开后显示出五种要素类型：Annotation、Multipatch、Point、Polygon、Polyline，选择Polygon，点击"添加"按钮，因 DWG 文件未设置空间参考，会出现警告："未知的空间参考"，可忽略，按"确定"键继续。ArcMap 自动识别 bldg.dwg 中的封闭多边形，加载为一个图层，取名为 bldg.dwg Polygon(图 8-1)。加载前，要素类型不能选错，也不能直接点击加载 bldg.dwg，否则会给后续处理带来麻烦。

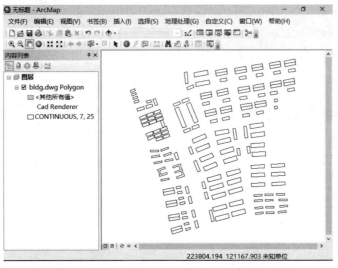

图 8-1　ArcMap 读取和显示 bldg.dwg 中的多边形

　　内容列表中鼠标右键点击图层名 bldg.dwg Polygon，打开 bldg.dwg Polygon 的要素属性表，可看到该要素类有近 10 个字段。关闭属性表，再用右键点击图层名，选用快捷菜单"属性…"，打开图层属性对话框，进入"字段"选项，在对话框左侧"选择哪些字段可见"栏中，可看到该 DWG 文件有 30 多个字段，大部分为不可见，小部分可见，勾选一个字段可见：☑ Thickness，取消其他所有字段前的勾选，按"确定"键返回。再次打开图层属性表，该表只有一个字段 Thickness，内容为建筑层数，关闭属性表。进入 bldg.dwg Polygon 的"图层属性→

符号系统"对话框，显示栏选"唯一值"，值字段选 Thickness，添加所有值，选择由浅到深的色带，按"确定"键返回，建筑多边形按层数分类显示(图 8-2)。

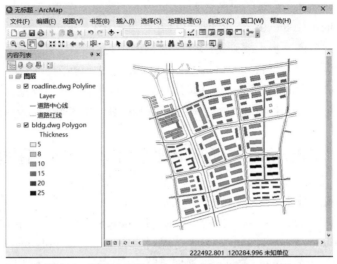

图 8-2　靠特征分类显示 DWG 的多边形、线实体

　　标准工具条中再点击添加数据工具 ✚，在\gisex_dt10\ex08\路径下展开 roadline.dwg，依然有 Annotation、Multipatch、Point、Polygon、Polyline 五种要素类型可选，选择 Polyline，按"添加"键，忽略空间参考未知的警告，roadline.dwg 中的线状实体被加载，图层自动取名为 roadline.dwg Polyline。进入 roadline.dwg Polyline 的"图层属性→字段"选项，该 DWG 文件也有 30 多个字段，仅勾选一个字段：☑ Layer，取消其他所有字段前的勾选，按"确定"键返回。打开 roadline.dwg Polyline 的要素属性表，可看到该图层的要素属性表中也只有一个字段 Layer，内容为"道路红线""道路中心线"，关闭属性表。再进入 roadline.dwg Polyline 的符号系统，值字段为 Layer，对道路中心线、道路红线设置不同颜色的线符号，按"确定"键返回，道路线按设计要求分类显示(图 8-2)。

　　上述练习，读者能体会到 DWG 文件可当成数据源，直接加载到 ArcMap，DWG 的有关特征成为 ArcGIS 要素属性表的字段。

8.1.2　DWG 文件转换至 Shapefile

　　在当前数据框内，鼠标右键点击图层名 bldg.dwg Polygon，在弹出的快捷菜单中选择"数据→导出数据"，出现"导出数据"对话框：

导出：所有要素　　　　　　　　　　　　　　　　　下拉选择

⊙ 此图层的源数据　　　　　　　　　　　　　　　点选

输出要素类：\gisex_dt10\ex08\temp\bldg,shp　　　借助按钮 📁，"保存类型"为 Shapefile

　　按"确定"键，软件提示："是否要将导出的数据添加到地图图层中?"，点击"是"，当前数据框多了一个多边形图层 bldg。用同样的步骤，将 roadline.dwg Polyline 转换为 roadline.shp，自动加载为图层 roadline。借助工具 🖼，调出"目录"窗口[注]，可看到\ex08\temp\文件夹内增

[注] ArcMap 的"目录"窗口和 ArcCatalog 的"目录树"类似，主要用于数据源的查看、维护，如新建、删除、更名、复制、粘贴、导入、导出，等等，可实现 ArcCatalog 的大部分功能。根据操作需要，"目录"窗口可以随时打开、关闭，也可暂时停靠在地图窗口的边缘，快速调出。

加了两个 Shapefile：bldg.shp 和 roadline.shp。回到内容列表，分别打开这两个图层的要素属性表，可以看出 roadline 只有三个字段：FID、Shape 和 Layer，bldg 也只有三个字段：FID、Shape、Thickness。可将数据框从"图层"更名为 Data frame1，选用主菜单"文件→另存为"，将地图文档保存至\gisex_dt10\ex08\ex08.mxd(如果已存在，可覆盖)。

经上述练习，读者进一步了解到，DWG 文件除了直接加载，还可转换为 ArcGIS 自己的数据源。DWG 的实体有很多特征，加载为 ArcMap 图层后，这些特征暂时变成了要素属性表的字段，对 ArcGIS 应用来说，往往是个别有用，多数无用，将它们设置为不可见，使得应用相对简洁。如果转换成 ArcGIS 的要素类，只有可见的特征才能经转换成为要素属性表的字段。

8.2　DWG 文件转换至地理数据库，修正拓扑差错

8.2.1　原始数据和练习要求

从 ArcMap 的"目录"窗口，可看到\gisex_dt10\ex08\文件夹中还有两个 DWG 文件：landcode.dwg 和 roadnet.dwg。landcode.dwg 是规划地块，用实体 Polyline 和 Line 绘制边界，用实体 Text 注记地块编号，roadnet.dwg 是规划道路，用实体 Polyline 和 Line 绘制道路中心线。还有一个 MS Excel 工作表文件 plandata.xls，内容为地块规划指标和简要说明。本练习将这两个 DWG 文件、XLS 文件转换到 ArcGIS 地理数据库(Geodatadase，GDB)，检查并修正拓扑差错，生成土地使用多边形要素类，以地块编号为关键字，连接 Excel 工作表，合并到要素属性表，再生成道路线要素类，验证拓扑关系，供将来网络分析使用。

8.2.2　新建地理数据库

在"目录"窗口中鼠标右键点击文件夹 ex08，快捷菜单中选择"新建→文件地理数据库"，立刻将该数据库更名为 DBex08.gdb。已知该城市的空间定位用 2000 国家大地坐标系，中央经线为东经 117 度，3 度投影带，新建要素数据集时，应选择正确的空间参考。鼠标右键点击 DBex08.gdb，选用菜单"新建→要素数据集…"，输入名称：DTsetA，按"下一页"(或回车)键继续。要求定义 XY 坐标系，选择"投影坐标系→Gauss Kruger→CGCS 2000→CGCS 2000 3 Degree GK CM 117E"，按"下一页"键继续。再要求输入垂直坐标系，默认"无坐标系"，按"下一页"键继续。要求输入有关容差值，XY 容差可定为 0.001 Meter，意思是不同坐标点的差距小于 1 毫米时，自动处理成相同点。Z 容差，M 容差按默认值，勾选"接受默认分辨率和属性域范围(推荐)"，按"完成"键，关闭对话框。地理数据库(Geodatabase)中的要素数据集(Feature Dataset)必须设定坐标系，设错后可以修改，容差值设定后不能修改。

8.2.3　DWG 的线实体转换成 GDB 的线要素

在 ArcMap 中，插入一个数据框，更名为 Data frame2。主菜单中选用"地理处理→环境"，出现"环境设置"对话框，进一步设置：

工作空间→前工作空间：\gisex_dt10\ex08\DBex08.gdb	选择路径，添加
工作空间→临时工作空间：\gisex_dt10\ex08\DBex08.gdb	选择路径，添加
输出坐标系：鼠标点击右侧文件夹符号，选择\DBex08.gdb\DTsetA，按"添加"键	
处理范围：输入的并集	下拉选择

按"确定"键返回。在"目录"窗口中展开\ex08\landcode.dwg，右键点击 Polyline，选择"导出→转出至地理数据库(单个)…"，出现"要素类至要素类"对话框：

输入要素: \gisex_dt10\ex08\landcode.dwg\Polyline　　　　已选，默认

输出位置: \gisex_dt10\ex08\DBex08.gdb\DTsetA　　　　　定位在地理数据库的数据集，添加

输出要素类: Prcline　　　　　　　　　　　　　　　　　　键盘输入要素类名称

表达式 (可选)　　　　　　　　　　　　　　　　　　　　保持空白

字段映射 (可选)　　　　　　　　　　　　　　　　　　　全保留，不删除

　　其他选项均为默认，按"确定"键执行。在\DBex08.gdb\DTsetA 中增加了要素类 Prcline，自动加载到当前的数据框(图 8-3)。查看数据框 Data frame2 的属性，可看到它的当前坐标系，和 DTsetA 一致。鼠标右键点击图层名 Prcline，打开图层属性表，可看到 30 多个字段(为了简化操作，暂时保留)，关闭属性表。

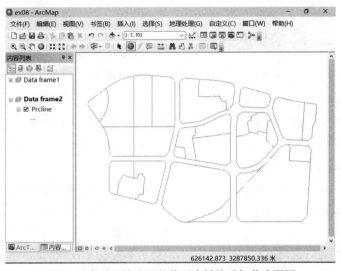

图 8-3　表示地块边界的线要素转换后加载为图层

8.2.4　DWG 的文字实体转换成点要素

　　在目录窗口中展开\ex08\landcode.dwg，右键点击 Annotation，选择"导出→转出至地理数据库(单个)…"，出现"要素类至要素类"对话框:

输入要素: \gisex_dt10\ex08\landcode.dwg\Annotation　　已选，默认

输出位置: \gisex_dt10\ex08\DBex08.gdb\DTsetA　　　　　定位在地理数据库的数据集，添加

输出要素类: Prclabel　　　　　　　　　　　　　　　　　键盘输入转换后的要素类名称

表达式(可选)　　　　　　　　　　　　　　　　　　　　保持空白

字段映射 (可选)　　　　　　　　　　　　　　　　　　　选择特征字段

Text(文本)　　　　　　　　　　　　　　　　　　　　　仅保留一项，其他字段均删除

　　除了字段 Text 要保留，对其他字段均用右侧"×"键删除，大约有 30 多项。特征字段 Text 可用于文字标注，也可成为要素的用户标识，按"确认"键执行，DWG 的 Text 实体转换成点要素类 Prclabel，保存在\ex08\DBex08.gdb\DtsetA 中，自动加载到当前数据框，借助要素识别工具 ❶，点击某个点要素，可看到三个属性字段: OBJECTID、Shape、Text。Text 的值是用 AutoCAD 输入的地块编号(图 8-4)。

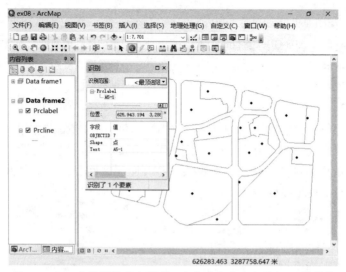

图 8-4　Text 实体转换成点要素，文字内容成为字段 Text 的取值

8.2.5　XLS 工作表转换成独立属性表

　　标准工具条中点击 ，弹出 ArcToolbox 窗口，按自己的操作习惯，调整它的宽度、位置 (如果和内容列表(TOC)重合，可以相互切换)。选用"ArcToolbox→转换工具→Excel→Excel 转表"，出现"Excel 转表"对话框：

　　　输入 Excel 文件：\gisex_dt10\ex08\plandata.xls　　　　借助文件夹按钮，定位选择

　　　输出表：\gisex_dt10\ex08\DBex08.gdb\plan01　　　　借助文件夹按钮，定位输入

　　　工作表(可选)：plandata　　　　　　　　　　　　下拉选择

　　按"确定"键，Excel 的 XLS 工作表转换成地理数据库 DBex08.gdb 的独立属性表，转换时字段的数据类型能自动识别，转换后自动加载到当前的数据框。如果内容列表中看不到，可点击上侧按钮 ，鼠标右键点击表名 plandata，选择快捷菜单"打开"，可看到该表的字段名和内容，其中 CODE 字段表示地块编号。关闭属性表。

8.2.6　建立拓扑关系检查数据质量

　　目录窗口中右键点击\DBex08.gdb\DTsetA，选用菜单"新建→拓扑..."，按"下一步"键，设定拓扑类：

　　　输入拓扑名称：D1_Topology1　　　　键盘输入新建拓扑关系名称

　　　输入拓扑容差：0.01　米　　　　　　键盘输入容差值

　　按"下一页"键继续：

　　选择将要参与到拓扑的要素类

　　□ Prclabel　　　　　　　　　　　不参与

　　☑ Prcline　　　　　　　　　　　勾选线要素类，参与拓扑关系

　　按"下一页"键进入等级设置，本练习无须设置此项，按默认值，再按"下一页"键，点击右侧"添加规则..."按钮，进一步选择：

　　　要素类的要素：Prcline　　　　下拉选择

　　　规则：不能有悬挂点　　　　　下拉选择

　　☑ 显示错误　　　　　　　　　　勾选

　　按"确定"键返回，可看到有关拓扑规则的说明，按"下一页"键，提示有关摘要，按"完成"键，生成拓扑关系，提示："已创建新拓扑。是否要立即验证？"选择"是"，软件验证拓扑关系。在 DTsetA 中生成拓扑类 D1_Topology1，可将其作为要素类添加到当前的数据框 Data frame2，加载拓扑类时，软件提示："是否还要将参与的要素类都添加"，选择"否"。可看出，地块边界有 4 处差错(图 8-5)。

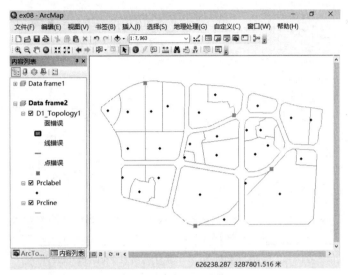

图 8-5　加载拓扑类，显示差错

　　转换后有质量问题很普遍，常见的原因有：①原始 DWG 文件中线和线之间没有严格用捕捉方式对准输入；②AutoCAD 和 ArcGIS 的坐标精度控制不一致，即使在 AutoCAD 中用了捕捉，转换后也可能有少量错位；③建立拓扑关系时拓扑容差值取得太小，检验要求过高，增加出错机会。当然，拓扑容差设得太大，有可能降低转换后要素的坐标精度。

　　使用 ArcMap 的编辑功能，修改要素类 Prcline 的错误，既有线过短、也有线过长问题。一般使用高级编辑工具条中的延伸工具修正线过短，用修剪工具修正线过长，修正过程可参考第 6 章、第 7 章。

　　修改完毕，从编辑器的菜单"更多编辑工具"调入拓扑工具条，选择工具 ▧(验证指定区域中的拓扑)，框选曾经发生错误的位置，重新验证拓扑类 D1_topology1。如果表示差错的红点消失，修改正确。修改完毕，使用编辑器中的菜单"编辑器→停止编辑"，提示是否保存编辑，选择"是"，保存结果，编辑结束。

8.2.7　线要素生成多边形

　　选用"ArcToolbox→数据管理工具→要素→要素转面"，继续设置：

输入要素：Prcline　　　　　　　　　下拉选择

输出要素类：\gisex_dt10\ex08\DBex08.gdb\DTsetA\Prcpolygon　生成的要素类位置、名称

XY 容差：0.05 米　　　　　　　　　键盘输入

☑ 保留属性(可选)　　　　　　　　　勾选，保留来自标注的属性

标注要素：Prclabel　　　　　　　　　下拉选择点要素类，其属性将进入多边形

　　按"确定"键执行，线要素类 Prcline 转换成多边形要素类 Prcpolygon，自动加载。打开 Prcpolygon 的要素属性表，可以看到每一地块多边形有 5 个字段，面积、周长均自动产生，Text

为多边形编号，来自点要素类 Prclabel 的字段 Text。打开 Prcpolygon 的"图层属性"对话框，进入"标注"选项，勾选"标注此图层中的要素"，使 Text 成为属性标注字段，按"确定"键返回。多边形的属性 Text 标注在地图上，进一步检验多边形编号有无遗漏、是否编错。可以发现，右侧偏上方有一个较小的多边形没有 Text 属性值(图 8-6)。

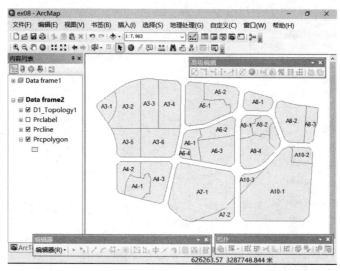

图 8-6　多边形 Prcpolygon 带有点要素 Prclabel 的属性

本练习假设多边形和标注点在空间位置上存在一对一的包含关系，即每个多边形内部均有一个点要素。如果原始 DWG 的某个多边形内肯定有一个 Text 实体，转换后该多边形都会有一个编号。出现差错的原因可能是 AutoCAD 输入的实体有遗漏，也可能是 Text 实体与地块多边形有错位。如果启动 AutoCAD，打开 landcode.dwg，可以看到 Text 实体的位置和内容，有一个 Text 实体的插入位置(起点)在相邻地块内(图 8-7 中的 A9-3)，带来的问题是右侧多边形内部没有编号，左侧多边形却多了一个。ArcGIS 转换时自动选取其中之一，选对还是选错，靠操作人员事后判断。

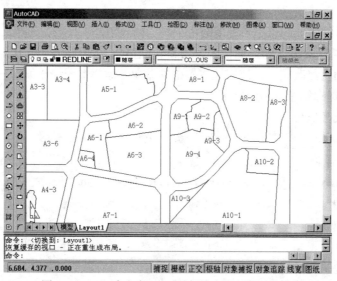

图 8-7　DWG 中文字 A9-3 的标注点在相邻地块内

在 ArcMap 中，打开 Prcpolygon 的要素属性表，选用"编辑器→开始编辑"，使该表处于编辑状态，利用要素和属性的对应关系，找到有差错的记录，输入空缺的属性值：A9-3，如果其他多边形有编号但不正确，也可修改。选用菜单"编辑器→停止编辑"，保存结果，完成地块编号的补缺、改错。

8.2.8　连接、转换多边形的其他属性

内容列表中，鼠标右键点击图层名 Prcpolygon，选择快捷菜单"连接和关联→连接…"，弹出连接数据对话框：

　　要将哪些数据连接到该图层：某一表的属性　　　　下拉选择
　　选择该图层中连接将基于的字段：Text　　　　　　下拉选择连接字段名
　　选择将要连接至此图层的表，或者从磁盘加载表：plan01　　利用文件夹按钮 📁，读入 \gisex_dt10\
ex08\DBex08.gdb\plan01

　　☑ 显示此列表中的图层的属性表　　　　　　　　勾选
　　选择此表中作为连接基础的字段：CODE　　　　　下拉选择连接字段名
　　◉ 保留所有记录　　　　　　　　　　　　　　　点选

按"确定"键。打开图层 Prcpolygon 的要素属性表，可看到该表增加了 LANDUSE、FAR、DENSITY、GREEN、HEIGHT、REMARK 等字段(图 8-8)。目前的连接是临时的，关闭地图文档，连接就会解除，其他的图文档使用该要素类，还要做连接操作才有规划指标和说明。内容列表中，鼠标右键点击图层名 Prcpolygon，选用菜单"数据→导出数据…"，出现"导出数据"对话框：

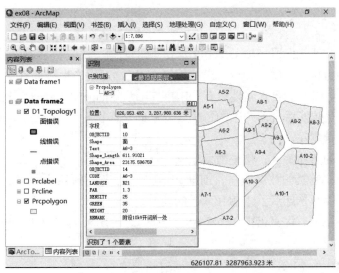

图 8-8　地块多边形连接了外部属性表

　　导出：所有要素　　　　　　　　　　　　　　下拉选择
　　使用与以下选项相同的坐标系
　　◉ 此图层的源数据　　　　　　　　　　　　　点选
　　输出要素类：点击右下侧文件夹按钮 📁，先下拉选择"保存类型"
　　查找范围：DTsetA　　　　　　　　　　　　　再展开选要素数据集
　　名称：Prcend　　　　　　　　　　　　　　　键盘输入要素类名称

保存类型: 文件和个人地理数据库要素类　　　　　先下拉选择数据格式，然后按"保存"键返回

输出要素类: gisex_dt10\ex08\DBex08.gdb\DTsetA\Prcend

按"确定"键，提示"是否要将导出的数据添加到当前的地图中？"，选择"是"，Prcend 被加载。打开 Prcend 的要素属性表，其中包含了 LANDUSE、FAR、DENSITY、GREEN、HEIGHT、REMARK 等字段，这些字段从独立属性表进入了要素属性表，今后各种应用中，不再需要临时连接。

地块多边形的数据转换、维护工作完成。在内容列表中，选择图层名 Prcpolygon，单击鼠标右键，在弹出的菜单中选择"移除"，该图层从数据框中移除，但是要素类依然保存在 DTsetA 中，如果要从数据库中删除，必须到"目录"窗口操作。

8.3　转换生成线要素类、修正拓扑差错

8.3.1　DWG 的线实体转换成线要素

在 ArcMap 的目录窗口中展开\gisex_dt10\ex08\DBex08.gdb，鼠标右键点击 DTsetA，选用菜单"导入→要素类(单个)…"，进一步设置:

输入要素:\gisex_dt10\ex08\roadnet.dwg\Polyline　　利用文件夹按钮 📁 定位\ex08\，鼠标双击 roadnet.dwg，展开选择 Polyline，按"添加"键

输出位置: \gisex_dt10\ex08\DBex08.gdb\DTsetA　　　　默认

输出要素类: road　　　　　　　　　　　　　　　　键盘输入转换后的要素类名称

表达式 (可选)　　　　　　　　　　　　　　　　　保持空白

字段映射 (可选)　　　　　　　　　　　　　　　　转载保留字段

对字段映射，此处仅保留一项 Layer(文本)，借助右侧"×"键，删除其他字段，大约 30 多个。其他选项均为默认，按"确定"键执行，在 DTsetA 中产生线要素类 road，自动加载。打开图层属性表，可以看到要素属性表有 OBJECTID*、Shape*、Layer、Shape_Length 四个字段，Shape_Length 是转换后自动产生的每个线要素的几何长度，Layer 是多余的，可以在表的上部，借助鼠标右键删除该列。

8.3.2　利用线要素的拓扑关系，检查数据质量

为了保证网络要素类的数据质量，前期数据应满足以下条件: ①不能有伪结点。②线和线不能重叠。③不能有悬挂点。④相互交叉的线要素必须在交叉点打断。

在目录窗口中鼠标右键点击\DBex08.gdb\DTsetA，选用菜单"新建→拓扑…"，按"下一步"键继续:

输入拓扑名称: D1_Topology2　　　　输入拓扑类名称

输入拓扑容差: 0.01 米　　　　　　　输入容差值

按"下一页"键继续:

选择将要参与到拓扑中的要素类

☐ Prclabel　　　　　不参与

☑ road　　　　　　　勾选，参与

☐ Prcend　　　　　　不参与

按"下一页"键进入等级设置，本练习中无须设置此项，采用默认值，再按"下一页"

键，点击"添加规则…"按钮，进入添加规则对话框。为线要素类 road 添加拓扑规则，要重复选择、勾选"显示错误"、重复确认，一共入选 3 项规则："不能有悬挂点""不能有伪结点""不能相交或内部接触"。核对入选规则表，按"下一页"键，出现新建拓扑类的简要说明，确认无误，按"完成"键，计算生成拓扑关系，再提示："已创建新拓扑，是否要立即验证？"选择"是"，经验证，生成拓扑类 D1_Topology2。添加到当前数据框，有很多红色的小方块和红色线条(屏幕显示)(图 8-9)，提示有多处拓扑差错，有 11 个悬挂点不符合规则"不能有悬挂点"、11 个伪结点不符合规则"不能有伪结点"、19 个相交点不符合拓扑规则"不能相交或内部接触"、1 处重复线不符合拓扑规则"不能相交或内部接触"。

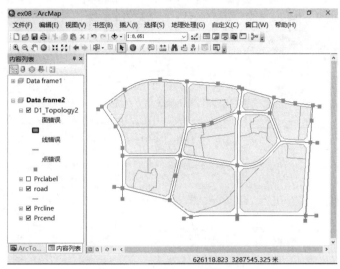

图 8-9　拓扑类显示的拓扑差错

8.3.3　标记异常、修正悬挂点

仅两个图层 road 和 D1_Topology2 处于打开显示状态，可看出 D1_Topology2 有 9 处悬挂点错误是道路尽端引起，属异常(Exception)，不是差错。在内容列表中鼠标右键点击图层名 D1_Topology2，在弹出的快捷菜单中选用"属性…"，再选"符号系统"标签，增加勾选"点异常"，按"确定"键返回。

编辑工具条中选择"编辑器→开始编辑"，工具条右侧点击按钮 ![icon]，在"创建要素"窗口上侧要素模板中点击 road 为当前编辑要素类。编辑器工具条中选择"编辑器→更多编辑工具→拓扑"，在调出的拓扑工具条上，点击"错误检查器"工具 ![icon]，弹出"错误检查器"对话框，进一步设置：

显示：<所有规则中的错误>　　　　　下拉选择
☑ 错误(勾选)　　☑ 异常(勾选)　　☐ 仅搜索可见范围　取消勾选，全范围搜索

在"错误检查器"对话框的左侧，点击"立即搜索"按钮，检查错误，对话框以表格方式将显示所有点拓扑差错、线拓扑差错(图 8-10)，列表中的行与地图上的红点、红线(屏幕显示)为一一对应。

在拓扑查错信息列表中，点击某条记录，地图上对应的红点或红线会暂时变为黑色。如果"不能有悬挂点"对应的是道路尽端，可再用鼠标右键点击该行，在弹出的菜单中选择"标记为异常"，该黑点会变为浅绿色，该条记录也从错误检查器窗口消失，这样的异常点共有 9

处。标记"异常"完毕，剩余两处"不能有悬挂点"是拓扑差错(图 8-11)，必须手工修正。错误检查器对话框可关闭。

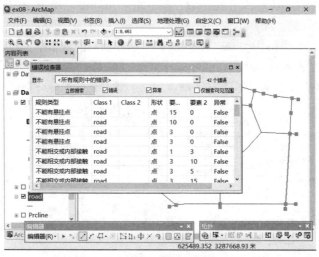

图 8-10　拓扑查错列表显示错误

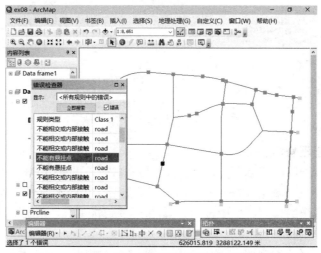

图 8-11　非"异常"差错的悬挂点

除了异常，有 2 处悬挂点，是该连续的线未连接造成(图 8-12)。修正这类差错采用的方法是利用捕捉功能，在两个应连接的端点之间输入一条短线，或者用编辑折点的方法，拖动某个端点，使它靠到另一个端点上。修改完毕之后，用"验证指定区域中的拓扑工具" ，框选两个悬挂点，实施验证，其结果应该是悬挂点变成了伪结点。

8.3.4　消除伪结点、重复线，打断交叉线

内容列表中，鼠标右键点击图层 road，在弹出的快捷菜单中选用"选择→将此图层设为唯一可选图层"，点击编辑器工具条上的工具 ，框选图层 road 中的所有线要素。选用编辑器工具条上的菜单"编辑器→合并…"，系统弹出合并处理对话框，按"确定"键，经处理，进入选择集的所有线要素都合并成一个要素，伪结点错误也没有了。

在编辑器工具条上，选择菜单"编辑器→更多编辑工具→高级编辑"，调出高级编辑工具条。用要素选择工具 ，选择合并后的唯一线要素，点击高级编辑工具条上"拆分多部件要

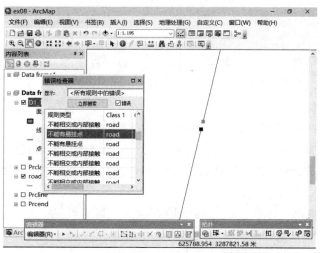

图 8-12　连续线未连接，产生 2 个悬挂点

素"工具 ，将合并后的要素解开，成为若干相互独立、连续的线要素，可能还有一些线要素相交处没有断开，再次将所有线要素进入选择集，使用"打断相交线"工具 ，输入"拓扑容差 0.1 米"，按"确定"键，合并后的线要素会在交叉点断开。可以看到，图层 road 的线要素伪结点已去除，重复线也被删除，所有线要素在交叉处被打断，成为独立的线段，表示拓扑错误的红色标记均消失[注]。

用"验证指定区域中的拓扑"工具 ，重新计算验证拓扑 D1_Topology2，也可使用另一个"验证当前范围内的拓扑"工具 。如果上述修改工作正确，可以看到仅 9 处表示拓扑差错的红点(屏幕显示)，都是原先标注的悬挂点"异常"，即事实上的道路尽端，其他拓扑差错均不存在。

使用编辑器工具条中的菜单"编辑器→停止编辑"，结束编辑，提示是否保存编辑，选择"是"，线要素类 road 的数据质量检查和维护完成(图 8-13)。

图 8-13　消除差错后的道路中心线和地块多边形

[注] 如果要打断的线要素多而复杂，"打断相交线"工具可能无效，可以一次处理少量，分几次完成，也可用"ArcToolbox→数据管理工具→要素→要素转线"，后者可一次处理的数据量较大，结果较完整，但会产生新的要素类。

练习结束，选"文件→退出"，关闭地图文档，退出 ArcMap。

8.4　本章小结

8.4.1　数据转换的途径

为了使用其他软件产生的数据，本章涉及了 5 种途径：

(1) 直接加载，如 DWG、XLS，它们可直接进入 ArcMap 的数据框，无须特别转换。

(2) 上述数据成为图层、独立属性表后，用"数据→导出数据"方式，将它们转换成 ArcGIS 的要素类或属性表。

(3) 通过 ArcMap 的"目录"窗口或 ArcCatalog 的"目录树"窗口，对外部数据文件用"导出"方式，转换成 ArcGIS 的要素类或属性表。

(4) 在上述窗口中，将外部数据"导入"地理数据库。

(5) 运用 ArcToolbox 的转换工具，实现数据格式转换。

上述第一种途径，不产生新的数据源，可实现简单查询、显示，若要分析，不但功能有限，稳定性也较差。其他途径均会产生新的数据源，但是便于后续分析。

8.4.2　实体类型

CAD(Computer Aided Design and Drafting)在工程设计行业应用广泛，CAD 和 GIS 之间双向数据交换很常用，ArcGIS 可转换 AutoCAD 的 DWG 和 DXF，Intergraph/Microstation 的 DGN 文件。

DWG 文件向 Geodatabase 或 Shapefile 转换时，ArcGIS 并不按 DWG 中的层(Layer)读取，而是按实体类型读取(分点、线、多边形、文字注记、多面体等)，每一类 DWG 实体转换为一个要素类，Line、Polyline、Arc 实体一般转换成线要素类，首尾闭合的 Polyline 实体可转换成多边形要素类。

DWG 的实体和要素类的对应关系如表 8-1 所示。实际应用时，AutoCAD 的文件名、路径名尽量不用中文，实体尽量不用样条函数曲线。DWG 的层和 ArcMap 的图层有较大差异，两者不能混淆。

表 8-1　DWG 实体(Entity)和要素类(Feature Class)之间的对应关系

DWG Entity(实体类型)	Geodatabase Feature Class 或 Shapefile
Line, Arc, Circle, Polyline, Solid, Trace, 3DFace	线(Polyline，Line)
Point, Shape, Block 的起始点	点(Point)
闭合的 Polyline，Circle, Solid, 3Dface	多边形(Polygon)
Text	点(Point)，注记(GDB，Annotation)

8.4.3　坐标值

DWG 图形数据转换成 Shapefile 或进入 Geodatabase，一般直接使用原始的 X、Y 坐标值，不发生坐标变换。对 Geodatabase 的 Feature Dataset(要素数据集)必须预设坐标系，如果用户对 DWG 文件也设置了坐标系，就有可能发生坐标系的变换，对初学者来说，两者的坐标系尽可能一致。

8.4.4　实体的特征

DWG 文件中的实体特征可转换成要素属性表的字段，用户按应用的需要选择、保留，例如，将原有的层、颜色、高度等特征转换到要素属性表中，可用于简单查询、分类显示，还可做进一步的拆分处理。如果用户不需要任何特征，将字段所映射的特征全删除，处理结果却是全保留，这时可保留一个特征，待转换成功后，再将该列删除(如 8.3.1)。

8.4.5　空间数据的质量

利用拓扑规则检查拓扑差错，便于修正、保证质量，当然过程较复杂，不能用 Shapefile。

多边形转换输入方法不同也会影响转换后的数据质量。ArcGIS 读取 DWG 时，按 Polyline 是否闭合来识别多边形。当多边形边界比较复杂或者带有弧段，ArcGIS 识别会有困难，很可能不准确。先将线要素作为多边形的边界，不要求闭合，相邻公共边界仅出现一次，利用拓扑规则查错、改错，再由线要素产生多边形，容易保证数据质量，还可减轻 AutoCAD 图形输入的工作量。这种方法也适合 ArcGIS 自身数据的输入和维护。

可用 AutoCAD 的 Text 实体作为多边形编号，将 Text 实体转换为 ArcGIS 的点要素，再进入多边形属性表，是一种比较实用的途径，Text 就成为了多边形的用户标识。为此，用 AutoCAD 输入 Text 实体时，必须将起始点(Start Point)定位在对应的多边形内部，参与建立 ArcGIS 的多边形时，就可得到一对一的对应关系，不必在 ArcMap 中逐个多边形用手工输入用户标识，对大批量数据而言，可节省输入、转换工作量。

将线要素转换为多边形，ArcGIS 会自动识别、处理起点、终点，输入线要素时，不必考虑先后顺序。相邻多边形的公共边界只要输入一次，如果发生了重复输入，可用软件识别、消除。

线要素类若要用于网络分析，数据质量要求较高(详见第七篇)。一般而言，路段必须去除悬挂点、伪结点，不能有重复线，路段线必须在交叉口打断，对此可一次利用多条拓扑规则检验数据质量。检验结果可能是"错误"，也可能是"异常"，比较常见的"异常"是道路尽端。靠经验判断，标注为异常，可提高编辑、修改的效率。

8.4.6　关于属性表

日常办公中，MS Excel 得到广泛使用，ArcGIS 可将 Excel XLS 文件中的工作表加载为独立属性表，直接显示、查询，也可以和要素属性表连接。XLS 工作表和 ArcGIS 自身的属性表相比(Geodatabase 或 DBF 格式)，后者的数据规范性较强，将前者转换成后者再连接，稳定性较好。本章练习先将 XLS 文件中的工作表转换为独立属性表，这一操作看似多余，但在实践中相对可靠、稳妥。如果转换出错，常见的原因是工作表中的字段名、数据类型不规范，必须手工调整。

属性记录和地理要素之间，靠内部标识(OBTECTID，FID)建立对应关系，由软件自动产生、赋值、更新，保证唯一。要素属性表和独立属性表之间的连接，往往靠用户标识，其唯一性、正确性要靠其他途径来保证。

8.4.7　进一步学习

读者可以使用 AutoCAD 软件打开本练习提供的 DWG 文件，将这些文件中各种图形实体的层、厚度、闭合等特征与转换后的要素类(Geodatabase 或 Shapefile)及属性表进行对照，有助于理解 DWG 和要素类(Geodatabase 或 Shapefile)的对应关系。

DWG 文件中的 Text 实体也可转换成地理数据库的注记要素类 Annotation，有兴趣的读者可以自练(第 26 章将练习 ArcGIS 注记要素的输入、编辑、显示)。

有兴趣的读者可自行尝试将 Geodatabase 的要素类(或 Shapefile)转换成 DWG、DXF 文件。

思 考 题

1. DWG 的特征值可以和要素的属性相互转换，除了本章练习，还有什么其他用途？

2. 先输入线要素，再转换成多边形，有什么优点？

3. 如果将要素的内部标识和外部属性表连接，会有什么局限性？

4. 为了纠正 8.2.7 中多边形缺少用户标识的差错，读者可尝试在线要素类生成多边形之前，凭经验观察标注点 A9-3 的位置误差，在 ArcMap 中移动点要素，使其位于对应的多边形内，再生成多边形要素类。

第9章　空间参考及坐标系

9.1　坐标系的临时变换

9.1.1　全球陆地地图

启用\gisex_dt10\ex09\ex09.mxd，激活 Data frame1，有两个图层：一是覆盖全球的格网 world_grid，二是全球陆地范围 world_land(图 9-1)。全球格网由经线、纬线组成，经线呈垂直方向，纬线呈水平方向，到南北两极各有一条纬线，与赤道平行、等长。鼠标在地图上移动，视窗底部状态栏中显示坐标值，单位是十进制的度。横坐标最左侧是西经 180°，最右侧是东经 180°，纵坐标最下方是南纬 90°，最上方是北纬 90°。可以看出，当前地图直接以经纬网为空间参考。

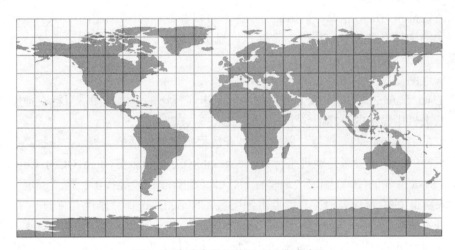

图 9-1　直接参考经纬网显示全球陆地

选择菜单"地理处理→环境"：

工作空间→当前工作空间：\gisex_dt10\ex09\temp　　借助文件夹按钮选择、添加

工作空间→临时工作空间：\gisex_dt10\ex09\temp　　借助文件夹按钮选择、添加

输出坐标系：与输入相同　　　　　　　　　　　　下拉选择

处理范围：输入的并集　　　　　　　　　　　　　下拉选择

按"确定"键，完成地理处理环境的设置。

鼠标双击图层名 world_grid，进入"图层属性→源"对话框，可看到图层的数据源是地理坐标系 GCS_WGS_1984(Geographic Coordinate Systems World Geodetic System of 1984)。关闭"图层属性"对话框，鼠标双击 Data frame1，出现"数据框 属性"对话框，再进入"坐标系"选项，本数据框的当前坐标系也是 WGS_1984，与图层数据源的坐标系一致。在下侧，展开"投影坐标系"，选择"World→Mollweide(world)"，按"变换"键，出现"地理坐标系变换"返回。

地图的经纬线网格发生明显变化(图 9-2(a))，这是改变了数据框坐标系的设置所引起。摩尔威德投影坐标系常用于世界地图，纬线呈水平直线，赤道位置最长，南北两极趋于零，中央经线呈竖向直线，偏向东西两侧，经线呈弧形，越远弯曲越明显，全球陆地的形状也发生了明显变化。

(a) 摩尔威德(Mollweide)投影坐标系　　　　(b) 古德(Goode Homolosine(land))投影坐标系

图 9-2　两种不同投影坐标系显示的全球陆地和经纬网

　　鼠标双击 Data frame1，进入"数据框属性"对话框，再进入"坐标系"选项，在下侧，展开"投影坐标系"，选择"World→Goode Homolosine(land)"，按"确定"键返回。数据框改成了古德投影坐标系，后者也常用于世界地图。地图中经纬线网格、全球陆地形状均再次发生明显变化(图 9-2(b))。

　　图层的坐标系对应数据源，数据框的坐标系可以和数据源(即图层)不一致，这时，软件自动将数据源的坐标系转换到数据框的坐标系，显示为地图，不改变数据源自身的坐标系、坐标值，满足制图需要。

9.1.2　全国地图

　　激活 Data frame2，图层 CN_bnd 所显示的是未经投影的全国地图。鼠标在地图上移动，视窗底部状态栏中显示的坐标值是十进制经纬度。

　　右键点击 Data frame2，选择"属性"，打开数据框属性对话框，进入"坐标系"选项，可以看到数据框的当前坐标系是地理坐标系(Geographic Coordinate System, GCS)：China Geodetic Coordinate System 2000(2000 国家大地坐标系，CGCS2000)，未经投影，按"确定"键返回。

　　在 ArcMap 的内容列表中，右键点击图层名 CN_bnd，选择"属性"，打开"图层属性"对话框。进入"源"选项可以看到，该图层的数据源是 Shapefile，数据源的坐标系和数据框一致(GCS_China_Geodetic_Coordinate_System_2000，未经投影的地理坐标系)，按"确定"键返回。

　　在标准工具条中点击"目录"图标 ，在"目录"窗口中展开\gisex_dt10\ex09，右键点击 CN_river.shp，选择"属性"，弹出"Shapefile 属性"对话框，进入"XY 坐标系"选项，可看到该要素类的坐标系是"自定义 China_Lambert_Conformal_Conic"，属兰勃特等角割圆锥投影坐标系，常用于小比例尺地图。在"当前坐标系"文本框的底部，还可以看到，投影之前的地理坐标系也是 GCS_China_Geodetic_Coordinate_System_2000，按"确定"键返回，关闭"目录"窗口。

　　在 ArcMap 中插入一个新的数据框，打开数据框属性对话框，进入"常规"选项，将数据框更名为 Data frame3，再查看"坐标系"选项，该数据框的坐标系是空的，没有任何设置，按"确定"键返回。

　　在 Data frame3 中添加数据源\gisex_dt10\ex09\CN_river.shp，其内容是全国的主要河流(图 9-3)。鼠标在地图上移动，视窗底部状态栏中显示坐标值的单位是米。可看出，Data frame3 所显示的 CN_river 形状，与 Data frame2 中的 CN_bnd 明显不同，这是两者数据源的坐标系不同引起的。再次打开 Data frame3 的"数据框属性"对话框，可看出该数据框的坐标系设置不再是空的，而是与 CN_river.shp 一致，显示为 China_Lambert_Conformal_Conic。某个数据框的坐标系事先未设置，当第一次加载要素类时，ArcMap 自动将数据框的坐标系设定为该要素类的数据源坐标系。

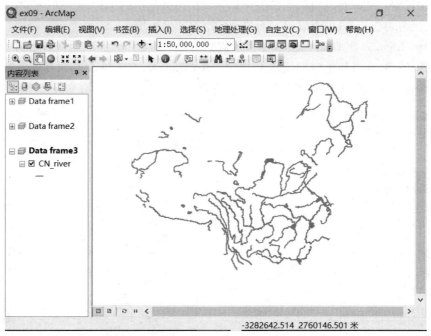

图 9-3　全国主要河流(兰勃特圆锥投影坐标系)

按"确定"键返回，激活 Data frame2，添加数据源 CN_river.shp，可看出图层 CN_river 与 CN_bnd 显示的形状一致，河流水系和全国地图相互吻合(图 9-4)。ArcMap 将数据源 CN_

图 9-4　全国主要河流的投影坐标系临时变换为地理坐标系

river.shp 向数据框的坐标系做了临时变换，投影坐标系变为地理坐标系。打开 Data frame2 中的 CN_river 图层属性对话框，进入"源"选项，可看到数据源 CN_river 自身的坐标系没有变化，仍然是投影坐标系 China_Lambert_Conformal_Conic。当图层的数据源与所在数据框的坐标系不一致时，ArcMap 自动将数据源的坐标系转换为数据框的坐标系，这一过程是临时变换(本章 9.1 已经练习过)，只用于显示，不改动数据源的坐标值。

激活 Data frame3，在 Data frame3 中添加数据源 CN_bnd.shp，完成后，CN_bnd 与 CN_river 的形状一致，全国地图和重要河流水系吻合。ArcMap 将 CN_bnd 临时变换为投影坐标系 China_Lambert_Conformal_Conic(图 9-5)，与数据框的坐标系一致。

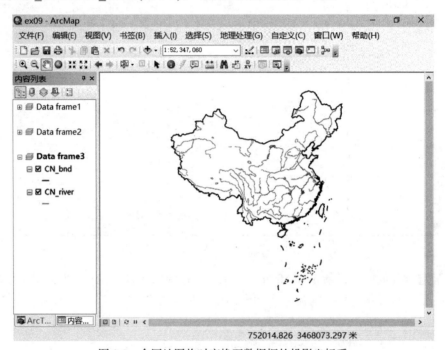

图 9-5 全国地图临时变换至数据框的投影坐标系

再进入"Data Frame3→属性→格网"，按"新建格网…"按钮，进一步设置：

⊙ 经纬网：用经线和纬线分割地图　　　　　　点选
格网名称"经纬网"　　　　　　　　　　　　键盘输入
按"下一页"键继续：

⊙ 经纬网和标注　　　　　　　　　　　　　　点选

	度	分	秒		
放置纬线间隔	5	0	0	纬度	键盘修改
放置经线间隔	5	0	0	经度	键盘修改

按"下一页"键继续：

☑ 长轴主刻度　　　　　　　　　　　　　　勾选，线样式用默认的
☑ 短轴主刻度　　　　　　　　　　　　　　勾选，线样式用默认的
每个长轴主刻度的刻度数：0　　　　　　　　下拉选择
标注　文本样式　　　　　　　　　　　　　默认，不改

按"下一页"键继续：

⦿ 在经纬网边缘放置简单边框　　　　　　　点选，线型不改

☐ 　在格网外部放置边框　　　　　　　　　不勾选

⦿ 存储为随数据框变化而更新的固定格网　　点选

　　按"完成"键返回，可以看到提示："只能在布局视图中的数据框上绘制参考格网"，勾选"经纬网"，再按"确定"键关闭对话框。在主菜单中选择"视图→布局视图"，因地图文档中有多个数据框，可能会全都加入到地图布局中，相互重叠在一起。为突出 Data frame3，在地图布局窗口中用鼠标将不需要的地图拖动到页面之外，布局中央仅显示 Data frame3，适当放大地图布局的显示，地图内自动产生经线、纬线，可以看到兰勃特等角割圆锥投影坐标系的经线是直的，相互间距是下大上小，向上收敛，纬线呈两侧向上翘起的弧形(图 9-6)。

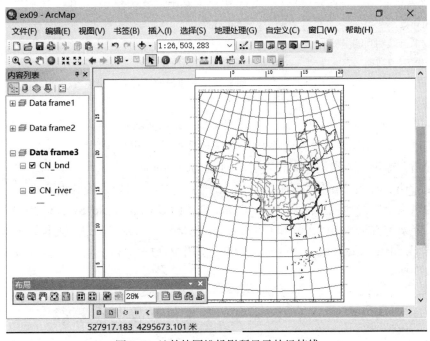

图 9-6　兰勃特圆锥投影所显示的经纬线

　　再进入"Data Frame3→属性→坐标系"，在坐标系下拉框的中部展开"图层→GCS_China_Geodetic_Coordinate_System_2000→CN_bnd"，本操作是将数据框的坐标系修改为与 CN_bnd.shp 相一致，按"确定"键返回。再切换到"布局视图"，可看出地理坐标系直接显示为地图，经纬线变得横平、竖直、平行、正交、等间距。

9.2　坐标系的持久变换

9.2.1　使用"投影"工具实现变换

　　Data frame3 处于激活状态，在标准工具条中点击 🔲，加载 ArcToolbox，选用"ArcToolbox→数据管理工具→投影和变换→投影"，继续操作：

输入数据集或要素类：CN_bnd.shp　　　　　　　　　　　　　下拉选择

输入坐标系(可选)：GCS_China_Geodetic_Coordinate_System_2000　　　默认

输出数据集或要素类：\gisex_dt10\ex09\temp\CN_bnd01.shp　　　路径和名称

输出坐标系：　　点击右侧图标 📋

　　出现"空间参考属性"对话框，进入"XY 坐标系"选项，展开"图层→China_Lambert_Conformal_Conic→CN_river"，意思是将分省地图数据源坐标系转换为河流水系图层的坐标系，可以在"当前坐标系"文本框内看到有关参数和具体设定，按"确定"键返回，其他选项均保持空白，按"确定"键继续。经 ArcToolbox 处理，\gisex_dt10\ex09\temp 路径下产生要素类 CN_bnd01.shp，自动加载。再启用"目录"窗口，查看\gisex_dt10\ex09\temp\CN_bnd01.shp 的属性，可以看到该要素类的当前坐标系是 China_Lambert_Conformal_Conic。使用投影工具实现了持久变换。

9.2.2　使用"导出数据"实现变换

　　激活 Data frame2，鼠标右键选择"CN_river→数据→导出数据"，进一步输入：

导出：所有要素　　　　　　　　　　　下拉选择

使用与以下选项相同的坐标系：

○　此图层的源数据　　　　　　　　　不选

◉　数据框　　　　　　　　　　　点选，输出要素类与数据框坐标系相同

输出要素类：

\gisex_dt10\ex09\temp\CN_river01.shp　　　输出要素类的路径和名称

　　按"确定"键，提示："是否要将导出的数据添加到地图图层中？"，点击"是"，经处理完成数据导出，输出的要素类 CN_river01 添加到 Data frame2。

　　打开 CN_river01 的图层属性对话框，进入"源"选项，可以发现数据源 CN_river01 的坐标系转变为未经投影的地理坐标系 GCS_China_Geodetic_Coordinate_System_2000。再用"目录"窗口，要素类 CN_river01.shp 和 CN_bnd.shp 的坐标系一致，都是未经投影的地理坐标系 GCS_China_Geodetic_Coordinate_System_2000。使用数据框"导出数据"，也完成了要素类坐标系的持久变换。

9.3　含 XY 坐标的文本文件转换为点要素

9.3.1　向图层添加 XY 数据

　　在操作系统的文件管理器中，用文本编辑器查看\gisex_dt10\ex09\路径下的文本文件 zjcities.txt。第一行的 POINT_X，POINT_Y 说明后续两列数值分别是 X、Y 坐标值，它们是浙江省的县城、县级市市区所在位置的经纬度点坐标。

　　在 ArcMap 中插入一个新的数据框，命名为 Data frame4，先查看该数据框所设置的坐标系，确认为空，然后选择菜单"文件→添加数据→添加 XY 数据"，出现对话框，选择：

从地图中选择一个表或浏览到另一个表：

\gisex_dt10\ex09\zjcities.txt　　　　　　　　借助文件夹按钮，浏览选择

指定 X、Y 和 Z 坐标字段：

X 字段　　　　POINT_X　　　　　　　　　　下拉选择(不要选错)

Y 字段　　　　POINT_Y　　　　　　　　　　下拉选择(不要选错)

Z 字段　　　　<无>　　　　　　　　　　　不选

　　按"添加"键。在对话框下方的"输入坐标的坐标系"显示框的右下侧，点击按钮"编辑"，出现"空间参考属性"对话框，当前选项只有"XY 坐标系"，展开"地理坐标系→Asia→China Geodetic Coordinate System 2000"，按"确定"键返回，再按"确定"键。系统会提示"表中没有 Object-ID 字段"的警告，按"确定"键，完成 XY 数据导入。文本文件 zjcities.txt 导入后，显示为事件图层"zjcities 个事件"(图 9-7)。

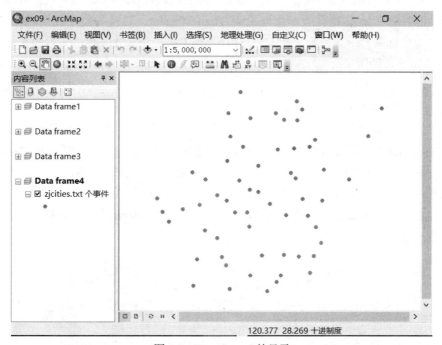

图 9-7　Data frame4 的显示

9.3.2　转换为点要素类

　　在 Data frame4 中右键点击图层"zjcities 个事件"，在弹出菜单中选择"数据→导出数据"，进一步输入：

　　导出：所有要素　　　　　　　　　　　　下拉选择

　　使用与以下选项相同的坐标系：

　　⊙ 数据框　　　　　　　　　　　　　　点选，输出要素类的坐标系与数据框相同

　　输出要素类：\gisex_dt10\ex09\temp\zjcities01.shp　　　输出要素类的路径和名称

　　按"确定"键，提示："是否要将导出的数据添加到地图图层中？"，点击"是"，完成数据导出，转换输出的要素类 zjcities01.shp 添加到 Data frame4。zjcities01.shp 是 GCS_China_Geodetic_Coordinate_System_2000 地理坐标系，和当前的数据框一致。视窗底部状态栏中显示坐标值，单位是十进制度。

9.3.3　转换为投影坐标系

　　在标准工具条中点击 ![icon]，加载 ArcToolbox，选用"ArcToolbox→数据管理工具→投影和变换→投影"，继续操作：

　　输入数据集或要素类：zjcities01.shp　　　　　　　　　　下拉选择

　　输入坐标系(可选)：GCS_China_Geodetic_Coordinate_System_2000　　　默认

输出数据集或要素类：\gisex_dt10\ex09\temp\zjcities02.shp　　　　　　路径和名称

输出坐标系：　　　　点击右侧图标 ⊡

　　出现"空间参考属性"对话框，进入"XY 坐标系"选项，展开"投影坐标系→Gauss Kruger→CGCS2000→CGCS2000_GK_CM_117E"，按"确定"键关闭对话框。此时"输出坐标系"是 CGCS2000_GK_CM_117E，按"确定"键返回，再按"确定"键。经 ArcToolbox 处理，\gisex_dt10\ex09\temp\路径下产生要素类 zjcities02.shp，转换为使用高斯-克吕格投影的 2000 国家大地坐标系 CGCS2000_GK_CM_117E，是中央经线为 117 度的 6 度投影带，适用小于 1：10000 比例尺地图。

　　插入一个新的数据框，更名为 Data frame5，添加要素类 zjcities02.shp，鼠标在地图上移动，视窗底部状态栏中显示坐标值单位为米。

　　ArcGIS 附带有在线基础地图，能用于辅助判断空间数据坐标是否大致准确。选用菜单"文件→添加数据→添加底图"，出现添加底图对话框(图 9-8)。可以选择其中的"中国地图灰色版"，按"添加"键，会出现"地理坐标警告提示"。这是由于基础地图是使用地理坐标系，与当前数据框使用的投影坐标系不一致，但是会自动临时变换。按"关闭"键，可显示出 zjcities02 所显示的浙江省县级城市的空间分布与基础地图基本匹配，说明由文本文件转换得到点要素类的坐标系、坐标值基本准确。

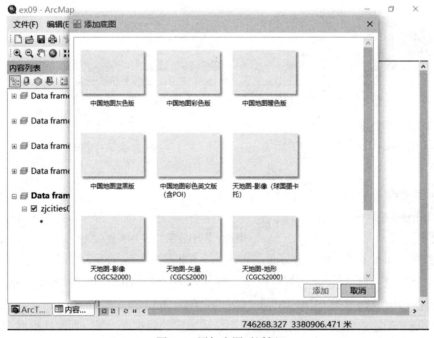

图 9-8　添加底图对话框

9.4　设置投影坐标系，转化输出 KMZ 文件

9.4.1　选择正确投影坐标系

　　ArcMap 中插入一个新的数据框，更名为 Data frame6，添加数据源\gisex_dt10\ex09\

fc01.shp，软件警告：该数据源缺少空间参考，可按"确定"键继续，数据框 Data frame6 中出现图层 fc01。需要为缺失空间参考的图层数据源 fc01 选择对应的坐标系。

已知数据源 fc01.shp 使用 2000 国家大地坐标系，中央经线为 123 度的 3 度投影带。用鼠标右键将 fc01 从数据框中移除，打开"目录"窗口，右键点击\gisex_dt10\fc01.shp，选择"属性"，在"Shapefile 属性"对话框中，进入"XY 坐标系"选项，将 fc01.shp 设置为"投影坐标系→Gauss Kruger→CGCS2000→CGCS2000_3_Degree_GK_CM_123E"，按"确定"键返回，然后将 fc01.shp 加载到 Date frame6(图 9-9)，鼠标在地图上滑动，视窗底部显示 X 方向的坐标值在 363700～376000 之间，Y 方向的坐标值在 3416800～3431300 之间。

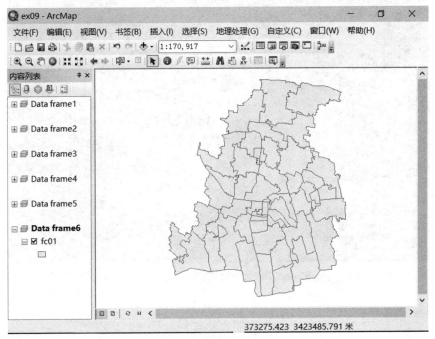

图 9-9　Data frame6 的显示

知道某地精确经度值，才能正确选择对应投影带。如不知道某地的精确经度值，可以使用谷歌地球、ArcGIS Earth 等软件查询得到。

9.4.2　要素类的数据输出为 KMZ 文件，在 ArcGIS Earth 软件中加载显示

图层 fc01 坐标系的设定是否正确，可以借助 ArcGIS 在线底图大致判断。国内公开上线的互联网地图有规定的算法加偏、加密，ArcGIS 提供在线基础地图也是按规定加偏的结果。如果地图是小比例尺、空间范围大，对精度要求不高，可以忽略这个偏差。如果地图是大比例尺、空间范围小，这一偏差会比较明显。为此，可使用 ArcGIS Earth 软件或谷歌地球(Google Earth)软件来核对坐标系的选择是否正确。在 ArcToolbox 中选择"转换工具→转为 KML→图层转 KML"，继续输入：

图层：fc01　　　　　　　　　　　　　　　　下拉选择

输出文件：\gisex_dt10\ex09\temp\fc01.kmz　　路径和文件名

其他设置均为默认，按"确定"键，多边形要素类 fc01.shp 转换为 fc01.kmz。KMZ 是一种地理信息数据文件格式，可以在谷歌地球中加载、打开，也可以在 ArcGIS Earth 软件打开。主菜单中选择"文件→退出"，按需要选择是否保存对地图文档的修改，退出 ArcMap。

　　ArcGIS Earth 是一种免费的、易于使用的交互式三维地球软件。如果读者已安装了 ArcGIS Earth 软件，启动 ArcGIS Earth 后，选择"Add data"按钮，在弹出对话框中选择"Add Files – Select files"，进一步选择 fc01.kmz，就能看到村庄多边形叠加在影像图上，影像图与村庄边界的匹配比 ArcGIS 的基础底图要好(图 9-10)。KMZ 文件也能在谷歌地球(Google Earth)软件加载显示，操作步骤、效果基本一致。

图 9-10　在 ArcGIS Earth 软件影像图上叠加村庄多边形

9.5　本　章　小　结

9.5.1　数据框、数据源的坐标系

　　在 ArcGIS 中，数据源、数据框的坐标系相对独立。如果数据框的坐标系尚未设定，第一次添加图层时，会自动设定为该数据源的坐标系。如果数据框有了坐标系，添加图层时，和数据源的坐标系不一致，软件自动将后者转变为前者，这一过程是临时变换，不会改动数据源自身的坐标系、坐标值。为了制图或其他目的，利用临时变换，可对数据框的坐标系再做修改，还可比较变换的效果。

　　临时变换使坐标系互不相同的数据源相互匹配，又不产生新的数据源，但是不熟悉坐标系原理的用户对处理过程、结果可能产生误解，而且当数据量大、数据源的空间参考互不相同时，受计算机运算速度的制约，地图的显示速度会变慢。

　　做复杂分析时，对不同坐标系的数据源做持久变换，统一空间参考，后续处理时，量算长度、面积，控制分析误差，叠加制图，等等，相对简单，即使数据量大，要素种类多，计算机处理速度也会比较快。当然，持久变换造成数据冗余，给同步更新带来困难。

9.5.2　变换地理坐标系可能引起误差

　　任何投影坐标系，都要以地理坐标系为基础。变换坐标系，涉及投影、地理坐标系两种变换，虽然可以组合在一起，简化操作，但是计算方法有本质区别。地理坐标系相同，投影不同，只要变换投影，无须变换地理坐标系。地理坐标系不同，即使未经投影，也要变换地理坐标系。不同地理坐标系之间的变换，除了椭球体参数，还需要大地基准转换参数、相应的计算方法。如果仅有椭球体参数，大地基准转换参数尚未公开(或者 ArcGIS 未纳入)，ArcGIS 采用近似的计算方法，给转换结果带来误差，如果椭球体、转换参数都已纳入 ArcGIS，这类误差就容易控制。当然，底层地理坐标系相同，即使大地基准转换参数未知，因为不需要转换地理坐标系，所以这类误差也就不会发生。

9.5.3　持久变换坐标系的途径

常用的持久变换有 3 种途径：①ArcToolbox 的"投影"工具；②ArcMap 的图层"导出数据"；③地理数据库中要素数据集的导入、导出。在实践中，会经常遇到如下 3 种情况：

(1) 地理坐标系的技术参数已经被 ArcGIS 纳入。

(2) 地理坐标系的技术参数尚未纳入 ArcGIS，要用近似计算方法。

(3) 地理坐标系相同。

显然，情况(1)转换精度高，情况(2)会有误差，情况(3)即使有误差也不可能来自地理坐标系的转换。

用 ArcToolbox 的"投影"工具做持久变换，对话框的中部有"地理(坐标)变换(可选)"下拉条，对情况(1)，软件会主动显示计算方法名称，供用户选择；对情况(2)，该下拉条中出现黄色警示符号，提醒用户，结果可能有误差；对情况(3)，下拉条为空白，用户不必关心。

将要素类加载到 ArcMap 的数据框，如果地理坐标系不一致，会出现"地理坐标系警告"对话框，显示数据源和地理坐标系的名称，用户可点击右下侧的"变换"按钮，进入"地理坐标系变换"对话框，如果是情况(1)，用户可以选择 ArcGIS 所提供的计算方法，还可查看该计算方法所对应的一些参数；如果遇到情况(2)，计算方法显示为<无>，意思是只能近似计算；如果是情况(3)，"地理坐标系警告"对话框不会出现。

用户已知技术参数、计算方法，ArcGIS 尚未纳入，或者和 ArcGIS 所提供的方法不同，可以使用"创建自定义地理(坐标)变换"工具(本教材未涉及)。

9.5.4　坐标系的初始设置

直接从互联网地图等途径获取地理信息，往往是带 XY 坐标值、两个字段的文本文件，用户先要了解该文件的内容，所表示的点要素，其次要把握哪种坐标系适宜，使用 ArcMap，先做临时变换，再做持久变换，使文本文件成为可直接使用的数据源，这一过程也可借助 ArcToolbox 的"投影和变换→投影转换坐标记法"工具，一次实现。

在数据框内插入基础底图，利用小比例尺地理数据，可以目视检验上述设置、转换是否大致正确。也可以将图层转为 KMZ 文件，在谷歌地球或 ArcGIS Earth 软件中加载，检验坐标系的设置、转换结果。

将 CAD 数据文件转换成 Shapefile 时，坐标系往往处于<未知>状态，对此，先要了解要素类的实际坐标系，以及相关参数，然后对 Shapefile 做初始设置，有 3 种途径：

(1) 将该要素类加载到 ArcMap 的数据框，如果该数据框的坐标系和实际已知坐标系一致，用"数据导出"功能，导出的要素类就有了数据框的坐标系。

(2) 将坐标系未知的要素类加载到地理数据库(Geodatabase)的某个要素数据集(Feature Dataset)中，该数据集的坐标系和实际已知坐标系一致，该要素类也就有了相应的坐标系。

(3) 在 ArcMap 的"目录"(或 ArcCatalog 的"目录树")窗口中，用鼠标右键打开"Shapefile

属性"对话框,在"XY 坐标系"选项窗口内选择已知的实际坐标系名称,输入相关参数,按"确定"键返回。这一步骤等于给 Shapefile 补初始设置。

第一种途径可以目视检验,或加载其他数据,观察初始设置有无差错;第二种途径可以批量处理;第三种途径不会产生新的数据源,而且一旦发现初始设置有差错,可以进入"XY 坐标系"选项,再次修改。

和坐标系转换不同,初始设置不会改变每个要素的坐标值。

9.5.5　关于空间参考、坐标系的基本原理

任何事物要地理定位,必须有空间参考,坐标系是空间参考的核心,用计算机处理地理信息,也要依靠坐标系。本章无法对空间参考、坐标系的基本原理展开讨论,建议读者进一步阅读有关的教学参考书,重点了解如下概念和术语:椭球体、大地基准、地理坐标系、投影坐标系、高斯-克吕格投影、6 度带、3 度带、2000 国家大地坐标系(CGCS2000)。

思　考　题

1. 比较地理坐标系制图和兰勃特投影坐标系制图,经线、纬线形状、走向的差异。
2. 为何用地理坐标系的数据源一般不能直接计算要素的长度、面积?
3. 自己所熟悉的城市的地理信息,一般使用什么坐标系,有哪些参数,取什么数值。

第10章 空间校正

10.1 仿射变换校正

启用\gisex_dt10\ex10\ex10.mxd，激活 Data frame1，有 3 个图层(图 10-1)，roadcenter(线)和 plan(多边形)是已经完成的某地区规划道路中心线和规划地块，它们的位置基本准确。design(线)是其他设计单位完成的规划设计图，和前两者的位置有明显偏差，可以看出design(线)需要移动、旋转、拉伸，才能和 roadcenter(线)、plan(多边形)相匹配。

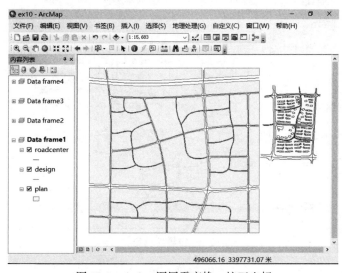

图 10-1 design 图层需变换、校正坐标

10.1.1 选择校正对象

在标准工具条中点击编辑器按钮 ，出现编辑器工具条，选用菜单"编辑器→开始编辑"，"编辑器→更多编辑工具→空间校正"，弹出空间校正工具条(图 10-2)。在空间校正工具条中选择菜单"空间校正→设置校正数据..."，继续设置：

图 10-2 空间校正工具条

◉ 以下图层中的所有要素　　　点选
☐ roadcenter　　　　　　　　取消勾选，不校正
☑ design　　　　　　　　　　勾选，指定校正图层
☐ plan　　　　　　　　　　　取消勾选，不校正

按"确定"键关闭对话框。

10.1.2　设置位移链接线

在编辑器工具条中，选择菜单"编辑器→捕捉→捕捉工具条"，可点击4种捕捉方式：点 ⊙、端点 ⊞、折点 □、边 ◨，使这4个图标的黑框消失，选捕捉工具条中的菜单"捕捉→选项"，将容差像素设定在10左右(捕捉方式的含义在第6章已有解释)，再根据需要恢复捕捉方式(出现黑框)。在空间校正工具条中点击 ⤢(新建位移链接工具)，先在需要校正的图层 design 上找到主要道路中心线的某一交叉点为特征点，单击鼠标确定，再到 roadcenter 图层上找到应该校正到的正确位置，单击鼠标确定另一个特征点，这样就绘出了一条位移链接线(Displacement Link)，起点是校正前的位置，终点是校正后的位置。按原理，仿射校正至少要设3对位移链接点(即3条线)，为了提高校正的精度，可多设几对，本练习建议设6对，而且都是在道路中心线的交叉处(图10-3)。

图 10-3　设置位移链接线

输入位移链接线的位置有差错或不够精确，可用图形元素选择工具 ▶，点击需要调整的位移链接线，该线进入选择集，改变颜色，放大地图的显示，再点击工具 ⤢(修改链接)，用鼠标对准该线某个端点，用拖动方式实现微调。若要删除入选的位移链接线，按键盘中 Delete 键。在空间校正工具条中点击工具 ⊞(查看链接表)，弹出位移链接表(表10-1)，如果某些坐标点的取值事先知道，可用键盘直接修改，实现精确控制。如果表的行数比需要的链接线数量多，说明存在非正常的链接线，点选该行，点击右侧按钮"删除链接"，将重复输入或坐标值有明显差错的链接线删除。

表 10-1　位移链接表中的字段

ID	X 源	Y 源	X 目标	Y 目标	残差
链接线编号	原来 X 值	原来 Y 值	转换后 X 值	转换后 Y 值	残差值

10.1.3　实现校正

空间校正工具条中勾选"空间校正→校正方法→变换-仿射"，再选"空间校正→校正预览"，可以大致观察校正后的效果。如果未能达到预期效果，回到上一步，继续删除、增设、调整位移链接线。选用菜单"空间校正→校正"，图层 design 中的要素经计算，调整位置，实现仿射变换，位移链接线自动消失(图 10-4)。如果校正后的要素位置不够精确，多数原因是位移链接线输入不准，操作时应适度放大地图的显示，合理捕捉。如果校正后的图形有明显不正常的变形，一般原因是不正常的链接线未删除。

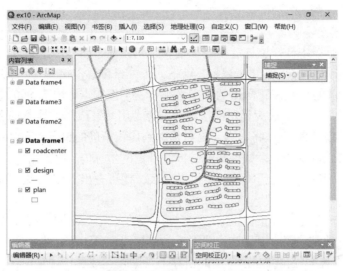

图 10-4 经变换处理，图层 design 中的要素实现校正

本练习在选用"空间校正→设置校正数据"菜单时，点选了"⊙ 以下图层中的所有要素"，入选图层中所有要素均被同步校正，如果点选了"⊙ 所选要素"，进入选择集的部分要素被正常校正，未进入选择集的要素留在原处，不发生变化。选择菜单"编辑器→停止编辑"，按提示，可使坐标校正的结果得到持久保存，如果不保存，恢复到校正前的状态。

10.2 橡皮页变换校正

激活 Data frame2，有两个图层(图 10-5)：road3(道路，线)、district(行政区划，多边形)，分别进入两个图层各自的"图层属性→源"对话框，再进入"Data frame2→数据框属性→坐标系"对话框，可看到三者的坐标系都相同。road3 为某地区已有的道路线，空间位置较准确，行政区划图 district 经扫描后数字化得到，不但距离、方位偏差明显，而且各方向的变形也不均匀，上部宽、下部窄，本练习以道路为参照，校正行政区划，使后者的空间位置和前者基本匹配，采用橡皮页变换(Rubber Sheeting)方法。

在编辑器工具条中选择菜单"编辑器→开始编辑"，进入编辑状态。如果无法进入，很可能是另一个图层正在编辑，先激活处于编辑状态的图层所在数据框，停止编辑，再激活当前数据框，启动编辑。

10.2.1 选择校正对象、校正方法

在空间校正工具条中选择菜单"空间校正→设置校正数据..."，继续设置：

⊙ 以下图层中的所有要素　　　　点选

☐ road3　　　　　　　　　　　取消勾选

☑ district　　　　　　　　　　勾选，所有要素需校正

按"确定"键关闭对话框。

10.2.2　选择校正方式

选用菜单"空间校正→校正方法→橡皮页变换"(勾选)，进入"空间校正→选项…→常规"选项，对"校正方法"，下拉选择"橡皮页变换"，点击右侧"选项"按钮，点选"⊙自然邻域法"，按"确定"键逐级返回。

10.2.3　输入位移链接线

在空间校正工具条中选择位移链接线工具，先在 district 中找到某个关键点，单击鼠标，然后在 road3 中找到对应点，再单击鼠标，就输入了一条位移链接线。可利用捕捉功能，使链接线定位在道路交叉点。被校正图形的外围必须有若干控制点，内部也可设定若干已知点(参见图 10-5)。为了保证精度，放大显示链接线的端点，用元素选择工具选择链接线，借助捕捉功能，用修改链接工具，将起点、终点移动到比较精确的位置。对多余的链接线，可选择后用键盘中的 Delete 键删除。如果知道链接线端点的坐标值，可点击工具，弹出位移链接表，键盘输入坐标值，实现精确控制。借助该表，还可查出、删除多余的链接线。

10.2.4　实现校正

选用菜单"空间校正→校正预览"，观察校正后的大致效果(图 10-5)，如果发现某个部位校正后的形态不正常，多数原因是该位置附近的链接线定位不准，少数原因是参照点(即链接线端点)分布不均或者太稀，可在预览图的引导下，删除、增设、调整位移链接线。

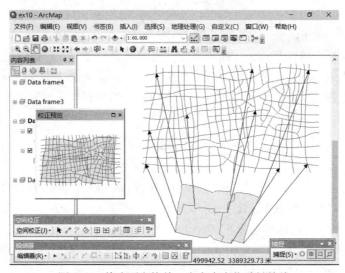

图 10-5　橡皮页变换前，应有多个位移链接线

选用菜单"空间校正→校正"，district 的要素经不同方向的拉伸、压缩处理，校正到合适的位置，位移链接线消失，校正目标点上显示出特别的符号(图 10-6)。可以看出，在位移链接线端点(即参照点)处，被校正的要素可以严格对准，离参照点(即端点)较远的要素稍有偏差。本次校正偏差较明显的是在上部边缘、偏右处，行政区划边界还可向上多拉伸一些。按一般规律，宜在偏差较明显的位置外围、边缘，增设链接线。若有必要，可以先做仿射变换，然后增加若干参照点，再进行橡皮页变换。

选择"编辑器"工具条中菜单"编辑器→停止编辑"，结束编辑状态，按提示，可持久保存校正的结果，也可放弃，恢复到校正前的状态。

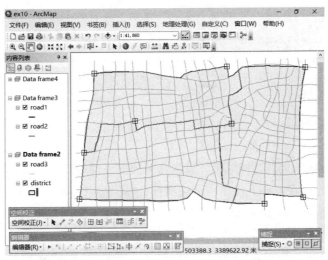

图 10-6　校正后的行政区划多边形

10.3　边匹配校正

激活 Data frame3，有两个图层：road1(线)、road2(线)，它们的坐标系一致，road1 和 road2 是分图幅输入的道路网，两者的坐标误差均在允许的范围内，因分开输入，图幅边缘的拼接处并不严格对接，稍有错位(图 10-7)。在编辑器工具条中，选择菜单"编辑器→开始编辑"，进入编辑状态。如果无法启用，很可能是另一个图层正在编辑，激活该图层所在的数据框，停止编辑，再激活当前数据框，启动编辑。在空间校正工具条中选择菜单"空间校正→设置校正数据…"，继续设置：

⊙ 以下图层中的所有要素　　　　点选

☐ road1　　　　　　　　　　　取消勾选(注意：两个图层不能选错)

☑ road2　　　　　　　　　　　勾选

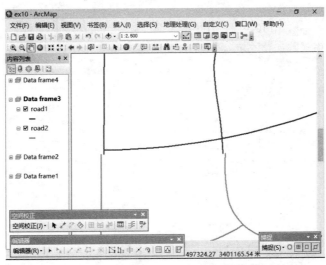

图 10-7　不同图幅中的同一条道路线相互不连接

按"确定"键关闭对话框。在空间校正工具条中选择菜单"空间校正→校正方法→边捕捉"，再选用菜单"空间校正→选项...",进入"常规"选项,针对校正方法,先下拉选择"边捕捉",再点击右侧"选项..."按钮,点选"⊙平滑",按"确定"键返回。再进入"边匹配"选项:

源图层:(需要校正的图层)	目标图层:(不发生变化的图层)
road2　　(下拉选择)	road1　　　(下拉选择)
□ 使用属性	取消勾选
☑ 每个目标点一条链接	勾选
☑ 避免重复链接	勾选

　　按"确定"键逐级返回。选择菜单"编辑器→捕捉→选项",容差像素可设定为20。使用边匹配工具 ，用光标在屏幕上拉出一个选择框,各拼接点被纳入选择框(图10-8),经计算,实际需要处理的是3处,自动生成位移链接线。选择菜单"空间校正→校正预览",可预览接边后的变化。选用菜单"空间校正→校正",完成road1,road2两个图层的拼接,线的端点严格对齐,位移链接线自动消失(图10-9)。选择菜单"编辑器→停止编辑",结束编辑状态,按提示保存接边结果,也可放弃,恢复到校正前的状态。关闭编辑器工具条。

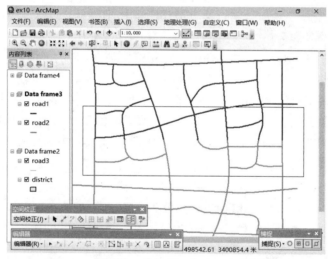

图10-8　使用边匹配工具,自动生成位移链接

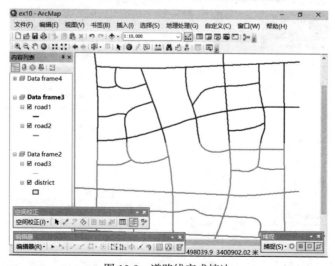

图10-9　道路线完成接边

10.4 影像配准

激活 Data frame4，有 3 个图层："公路""县界""遥感影像"，公路和县界的坐标系一致、精度符合要求，影像图的坐标有明显偏差，需要配准。本例已经有了 9 对参照点，仅仅为了练习方便而输入，是图形元素(Element)，不是地理要素(Feature)，位置精度并不高。在配准过程中，影像图会移动，这些参照点不会跟着移动。选择主菜单"自定义→工具条→地理配准"，调出地理配准工具条，选择工具条中的菜单"地理配准→自动校正"，如果被勾选，应取消。配准的对象自动选择为"遥感影像"(图 10-10)。读者应先熟悉一下 9 对参照点的相互对应关系，按自己的习惯，确定从 1 到 9 的顺序。

图 10-10 Data frame4 的图层显示

放大影像图的显示，看清参照点的具体位置，选择地理配准工具条上的添加控制点工具 ⚡(和校正矢量数据时的位移链接线相似)，先在影像图上选一个起点，这个起点应尽量精确，然后缩小地图显示，在"公路""县界"图层上找到对应的大致位置，输入终点。和矢量校正的位移链接线不同，输入的结果是在两端分别留下起点和终点，显示相同的编号、不同的颜色，一般起点为绿色，终点为红色，链接线不显示。再放大影像图，输入另一个起点，缩小地图显示，大致输入对应的终点。按这种顺序，将 9 对控制点都输入。

放大地图的显示，在"公路""县界"图层上找到不精确的终点，用工具 ⚡(选择链接)选择并微调，使终点移动到精确的位置，工具 ⚡可使被选点进一步放大。如果发现起点的位置不够精确，只能用工具 ⚡删除链接，重新输入，起点不能微调。点击"地理配准→变换"，可看到有多种变换方式可选：零阶多项式(平移)、一阶多项式(仿射)、二阶多项式、三阶多项式、校正、样条函数、投影变换，本练习选择"一阶多项式(仿射)"。可以选用菜单"地理配准→更新显示"和"地理配准→重置变换"，使影像图在配准后、配准前两个位置上变换显示。

点击图标 ⊞，弹出链接表，字段 X 源、Y 源为原始坐标，即链接线的起点，X 地图，Y 地图为配准后的坐标，即链接线的终点(和表 10-1 相似)，如果知道控制点的确切坐标值，可用键盘输入，实现精确配准。点选某行，按键盘 Delete，实现删除。取消链接线左侧的勾选，表示暂不发挥作用。如果选用菜单"地理配准→Delete Link",将一次删除所有链接。如果控制点的位置都合适,选用菜单"地理配准→更新显示",可以看到配准后的效果(图 10-11)。影像配准虽然也靠链接,但是链接线本身不显示,不能微调起点,只能微调终点。

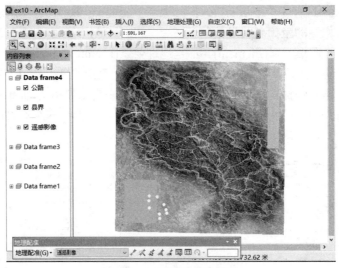

图 10-11　配准后的影像图

到目前为止,对原始影像数据的坐标均是临时变换,地图文档可保存变换的各项设置,不会改变影像数据自身。选用菜单"地理配准→校正…",出现"另存为"对话框,需要进一步设置的内容有:

(1) 像元大小。

(2) 重采样类型。有最邻近、双线性、双三次卷积 3 种计算方法。

(3) 输出数据的位置、数据集名称。

(4) 数据格式。有十多种常用格式可选。

(5) 数据的压缩类型。有 NONE(不压缩)、LZ77、JPEG、JPEG2000 等多种类型可选。

(6) 压缩质量。数据压缩率越高,图像质量越低。

设置完成后,按"保存"键,经处理后,当前影像图转换为新格式,坐标值也发生持久改变,有关文件保存在设定的路径,原始影像数据依然不变。如果要改用校正后的影像数据,进入"遥感影像→图层属性→源→设置数据源",选用配准后保存的数据,按"添加"键,再按"确定"键返回。

练习结束,选用菜单"文件→退出",提示是否将更改保存到地图文档,为了不影响以后、他人的练习,应选"否"。

10.5　数据输入、坐标校正综合练习

本练习要求对照一个扫描图,输入多边形边界,利用拓扑规则检验数据质量,建立多边形,校正坐标,添加多边形用户标识。以下步骤供读者参考,实际操作可按自己的习惯,灵活掌握:

(1) 通过 ArcCatalog(或者在 ArcMap 中打开"目录"窗口),在\gisex_dt10\ex10\路径下,

新建地理数据库(Geodatabase)，线要素类(Line Feature Class)，对照已有练习，为该要素类设定合适的空间参考，用于输入多边形的边界。

(2) 启动 ArcMap(如果已启动，则关闭"目录"窗口)，通过主菜单"插入"，在地图文档\gisex_dt10\ex10\ex10.mxd 中新建一个数据框，取名为 Data frame5，加载新建的线要素类(Line Feature Class)。设置地理处理环境，包括空间参考、处理范围。

(3) 在\gisex_dt10\ex10\路径下，加载扫描图 scan_digi.tif(图 10-12)，用影像图配准法，校正扫描图的坐标。跟踪扫描图，输入多边形的边界，并保存。

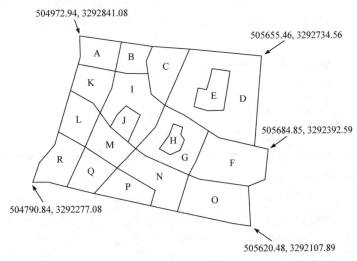

图 10-12　需要跟踪数字化的扫描图，参照点的坐标值

(4) 进入 ArcCatalog，设置地理处理环境，参考前几章练习，针对刚输入的线要素，利用拓扑关系，打断线和线的交叉，检查有无悬挂点(Dangle)、伪结点(Pseudo)、重复线，如果有问题，到 ArcMap 中修正，再检验，再修正，直至无差错。

(5) 从线要素类生成多边形要素类(Polygon Feature Class)。

(6) 再次进入 ArcMap，继续利用拓扑关系，检查、改正所生成的多边形差错，检验岛状多边形的正确性。参照扫描图中的字符，为多边形要素属性表输入用户标识，标注显示。检查属性记录和多边形要素之间的一对一关系、标识符是否正确。保存编辑结果。

(7) 用橡皮页变换方法校正多边形要素类，用光标指点参照点，观察窗口右下侧提示的坐标值，以及扫描图和矢量图的位置差异。

10.6　关于校正方法的若干解释

参与校正的数据源坐标系应一致(若不一致，参考第 9 章先解决坐标系的变换)。ArcMap 既可变换整个图层中所有要素，也可以只变换进入选择集的部分要素。

10.6.1　仿射变换(Affine Transform)

仿射变换考虑 4 种因素对坐标变换的影响：非等比例缩放、倾斜、旋转、平移。计算公式为

$$x' = Ax + By + C \tag{10-1}$$

$$y' = Dx + Ey + F \tag{10-2}$$

式中，x，y 为转换前的坐标，x'，y' 为转换后的坐标，六个待定参数一般用最小二乘法算出，位移链接线至少要设 3 条，实际使用一般有 4 条或更多。

10.6.2　相似变换(Similarity Transform)

相似变换仅考虑 3 种因素对坐标变换的影响：缩放、旋转、平移。计算公式为

$$x' = Ax + By + C \tag{10-3}$$

$$y' = -Bx + Ay + F \tag{10-4}$$

式中，$A = s \cdot \cos t$；$B = s \cdot \sin t$；C 为 x 方向的平移；F 为 y 方向的平移；s 为 x 和 y 方向相同的缩放因子；t 为旋转角度。使用相似变换，有两条位移链接线(也允许更多)就能计算出 4 个待定参数。

10.6.3　投影变换(Projective Transform)

投影变换的数学公式更复杂一些：

$$x' = (Ax + By + C) / (Gx + Hy + 1) \tag{10-5}$$

$$y' = (Dx + Ey + F) / (Gx + Hy + 1) \tag{10-6}$$

使用投影变换，至少要设 4 条位移链接线，8 个待定参数用最小二乘法算出。

10.6.4　橡皮页变换(Rubbersheet)

橡皮页变换时，每条链接线决定了参照点的移动距离、方向，需要校正的坐标点的移动距离、方向由若干相邻参照点共同决定，离开某个参照点越远，该链接线所起的作用越小，离开某个参照点越近，该链接线所起的作用越大，正好位于参照点，完全由该链接线决定距离、方向，其他链接线不起作用。相比之下，前述 3 种方法靠数学函数实现校正，校正对象的坐标变化相对均匀，位于参照点的对象并不一定精确对准。橡皮页变换适用于数据采集、输入过程中各个方向不均匀伸缩、变形而引起的偏差，位于参照点的对象可精确对准。本方法至少需要 3 条位移链接线，实际应用时，参照点应更多，特别是在外围、边界、拐角，参照点宜多不宜少。可以假设，将外围参照点连成多边形，要变换的要素是否在该多边形内部，如果超出，容易出现不正常变形，超出越远，偏差越严重。ArcMap 提供两种计算方法：①自然邻域法(Natural Neighbor)和②线性插入法(Linear)，前者参考了反距离权重插入法(第 16 章将练习反距离权重法空间插值)，后者参考了基于不规则三角网的线性插入法(第 19 章将练习不规则三角网的生成)。

10.6.5　边匹配(Edge Match)

边匹配俗称"接边"，软件界面也称"边捕捉"。相邻地图之间直接拼接往往有误差。如果原始地图是分图幅输入，在图幅相邻之处，双方的坐标即使满足精度要求，也会有少量错位。边捕捉处理使要素少量移动后对准，消除拼接处的错位，不但使显示、制图美观，而且可以使不同图层上的要素进一步合并，建立多边形、网络，满足拓扑规则。边匹配有两种计算方法：①平滑(Smooth)和②线(Line)，前者使链接线附近的点也发生移动，较常用，后者仅使链接线端点(即指定点)发生移动，其他点保持在原位。

10.6.6　影像配准(地理配准，Georeferencing)

影像配准也称地理配准，针对栅格型空间数据，基于多项式的一阶、二阶、三阶变换较常用，如果是一阶变换，计算公式和矢量型的仿射变换相同，较复杂的计算方法，可参考影像处理教科书。和矢量型空间数据的校正不同，配准不但使控制点的栅格像元位置发生变化，

而且因拉伸会插入新像元，因压缩会合并相邻像元。影像配准可对栅格坐标作临时变换，将处理参数保存在地图文档中，也可作持久变换，另外保存结果，原始影像不发生变化。

10.6.7 残差(Residual Error)

链接表对残差的定义如下：

$$RMS = \sqrt{(e_1^2 + e_2^2 + ... + e_n^2)/n} \qquad (10\text{-}7)$$

$$e_i^2 = (x_i - x_i')^2 + (y_i - y_i')^2 \qquad (10\text{-}8)$$

式中，RMS(Root Mean Square)为均方根，表示综合残差；e_i 为某点的残差(Residual Error)；x_i，y_i 为目标点的坐标；x_i'，y_i' 为源点经转换后的坐标；i 为第 i 对参照点；n 表示源点、目标点共有几对。源点相当于位移链接线的起点，目标点相当于位移链接线的终点。

10.6.8 要素的几何属性

要素属性表中，面要素有面积、周长属性，线要素有长度属性，如果数据源是 Geodatabase，有默认的面积、周长、长度字段，会随着几何校正的结束而自动更新属性值，如果是 Shapefile，校正结束后，要对特定的字段重新计算，否则属性值会和校正后的结果不一致，具体操作，读者可自行尝试。

在实践中，可能会出现待校正的要素位置和校正后的位置有很大差异，在计算机屏幕中显示很不方便，可以先将待校正的要素大致平移到该校正的位置附近，再做进一步处理。

完成本章练习，会改变练习数据内容，到\gisex_dt10\DATA\路径下复制对应的数据库、数据文件，使数据内容恢复到练习之前的状态。

思 考 题

本章第二个练习校正行政区划，如果先用仿射变换，再用橡皮页变换，得到的效果和直接使用橡皮页变换有什么区别？

第四篇 栅格数据生成和分析

第11章 栅格数据生成、显示

11.1 生成高程栅格

11.1.1 初始设置

打开地图文档\gisex_dt10\ex11\ex11.mxd，激活 Data frame1，可见到两个图层：线状图层"边界"和点状图层"高程点"(图 11-1)，后者为地形高程的采样点，打开图层属性表"高程点"，有 HEIGHT 字段，存储采样点的高程值，关闭属性表。鼠标双击 Data frame1，弹出"数据框属性"对话框，进入"常规"选项，确认"地图"和"显示"单位为"米"，按"确定"键返回。主菜单中选择"地理处理→环境..."，进一步展开设置：

工作空间→当前工作空间：\gisex_dt10\ex11\DBtemp.gdb   借助文件夹按钮选择、添加

工作空间→临时工作空间：\gisex_dt10\ex11\DBtemp.gdb   借助文件夹按钮选择、添加

输出坐标系：与输入相同   下拉选择

处理范围：与图层 边界 相同   下拉选择

栅格分析→像元大小→如下面的指定：20   下拉选择，键盘输入

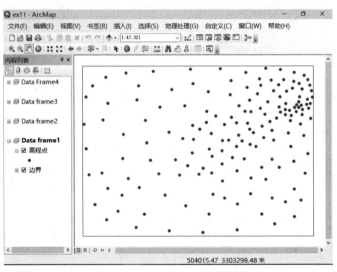

图 11-1 Data frame1 的显示

其他内容均为默认，按"确定"键返回。选用主菜单"自定义→扩展模块..."，勾选 Spatial Analyst，按"关闭"键返回，栅格分析模块 Spatial Analyst 的许可证被加载。

11.1.2 空间插值

在标准工具条中点击按钮 (或在主菜单中选择"地理处理→ArcToolbox")，弹出

ArcToolbox 窗口，读者可按自己的习惯，将它安排在相对固定的位置(如果和内容列表重合，两者可相互切换)。在 ArcToolbox 中，展开并双击"Spatial Analyst 工具→插值分析→反距离权重法"，继续设置：

输入点要素: 高程点	下拉选择，图层"高程点"为插值的数据来源
Z 值字段: HEIGHT	下拉选择，Z 坐标来自高程点属性表中 HEIGHT 字段
输出栅格: \gisex_dt10\ex11\DBtemp.gdb\surface1	产生栅格数据的路径、名称
输出像元大小(可选): 20	和处理环境设置一致
幂(可选): 2	距离的权重为 2 次幂
搜索半径(可选): 变量	按距离相邻计算，不设固定搜寻半径
点数: 10	键盘输入，计算每个单元时搜寻相邻 10 个采样点
最大距离:	不设最大搜寻距离，保持空白
输入障碍折线要素(可选)	保持空白，不考虑

按"确定"键执行，Spatial Analyst 按反距离权重法实现空间插值，产生栅格数据集 surface1，自动加载，以默认方式显示。切换到内容列表，鼠标右键点击该图层名 surface1，进入"图层属性→符号系统"选项，左上角"显示"定义区中选"已分类"，右侧点击"分类"按钮，调出分类定义对话框：

方法: 相等间隔	下拉选择
类别: 7	下拉选择或键盘输入，分为 7 类

按"确定"键返回，在"色带"下拉表中选择一种单色渐变色系。色系大都是从浅到深，如果要求由深到浅，在图例表中，鼠标点击"符号"两字，在弹出的快捷菜单中选择"翻转颜色"。如果觉得最深的颜色太深，或最浅的颜色不够浅，可以在"符号"列中双击最深的或最浅的填色框，弹出调整颜色色谱，按需调整，按"确定"键返回。在图例表中，鼠标点击"符号"两字，在弹出的快捷菜单中选择"渐变颜色"，使得分类颜色分段过渡。关闭图层属性设置对话框，栅格图层显示效果如图 11-2 所示。鼠标点击图层名 surface1，借助识别工具 ❶ ，可以在窗口中查询某单元的所在位置(XY 坐标值)，处于哪个分类区间(类值)、取值(像素值)。

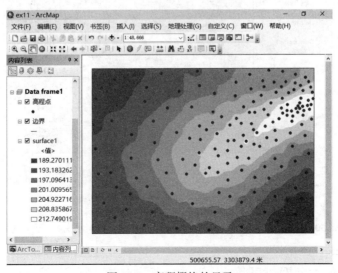

图 11-2　高程栅格的显示

　　将图层的显示放大到一定程度，鼠标右键点击 surface1，进入"图层属性→显示"选项，在"显示期间使用此项重采样"下拉表中选择"最邻近(用于离散数据)"，按"应用"键，可以看出不同分类的交界处栅格显示呈锯齿形(图 11-3)，符合栅格自身的形状。在"显示期间使用此项重采样"下拉表中还有 3 个选项："双线性(用于连续数据)"、"双三次卷积(用于连续数据)"和"众数(用于离散数据)"，前两项使不同栅格分类交界处的锯齿状变得比较平滑，或者边界呈曲线。进入"符号系统"选项，在左上角"显示"框内点击"拉伸"，在"色带"下拉条中选择由浅变深色带，右下侧勾选"☑ 反向"，按"确定"键关闭"图层属性"对话框，可看到地形高程栅格图的显示呈颜色平滑渐变的效果(图 11-4)，这是栅格数据特有的，不适合矢量数据。

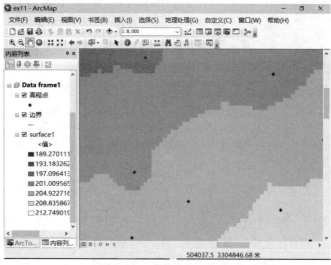

图 11-3　栅格图层放大显示

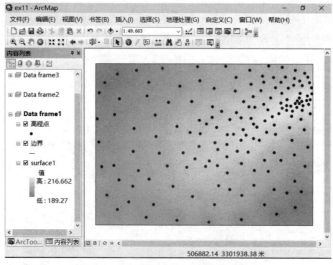

图 11-4　高程栅格用平滑渐变颜色显示

　　选用"ArcToolbox→Spatial Analyst 工具→表面分析→等值线"，进一步设置：

输入栅格：surface1　　　　　　　　　　　　　　下拉选择栅格图层名
输出折线要素：\gisex_dt10\ex11\DBtemp.gdb\cntour　　数据项路径、名称
等值线间距：2　　　　　　　　　　　　　　　　　键盘输入

起始等值线(可选): 0	键盘输入, 从高程 0 起算
Z 因子(可选): 1	Z 方向比例不夸张
等值线类型(可选): CONTOUR	下拉选择
每个要素的最大折点数(可选):	保持空白

按"确定"键, 生成矢量等高线 cntour, 自动加载。本练习使用了典型的距离倒数权重法, 练习者会看到等高线和一般规律稍有出入(图 11-5), 这是使用插值的计算方法, 相关参数对该地形不是太合适所致。

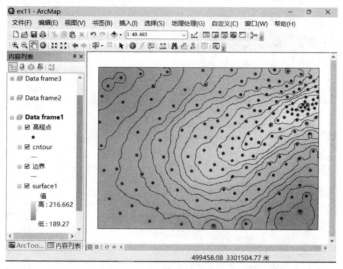

图 11-5　等高线图层的显示

11.2　高程栅格转换成坡度栅格

切换到 ArcToolbox, 选用"Spatial Analyst 工具→表面分析→坡度":

输入栅格: surface1	下拉选择产生坡度的栅格
输出栅格: \gisex_dt10\ex11\DBtemp.gdb\slope1	数据项路径、名称
输出测量单位(可选): PERCENT_RISE	下拉选择
方法(可选): PLANAR	下拉选择
Z 因子(可选): 1	纵向比例不夸张
Z 单位(可选): METER	默认

按"确定"键, 产生新的栅格图层 slope1。切换到内容列表, 进入"slope1→图层属性→符号系统"选项, 左上角"显示"定义区中选"已分类", 点击右侧"分类…"按钮, 调出分类定义对话框:

方法: 相等间隔	下拉选择
类别: 5	下拉选择或键盘输入, 分为 5 类
方法: 手动	再选择, 改为手工方式分类
中断值	在对话框右下侧文本框内输入分类界限值

0.15

0.30

0.60

1.20

4.70

　　按"确定"键返回"符号系统"对话框,在"色带"下拉表中选择一种单色渐变色系,在标注项,输入对坡度的解释:"平坡,缓坡,中等,较陡,很陡"(图11-6),按"应用"键,可观察到显示效果,按"确定"键,还可调整显示顺序,使等高线图层放在最上面,坡度放在下面。扩大坡度图和等高线图之间的颜色对比差异,可观察到等高线密的地方坡度大,等高线疏的地方坡度小(图11-7)。

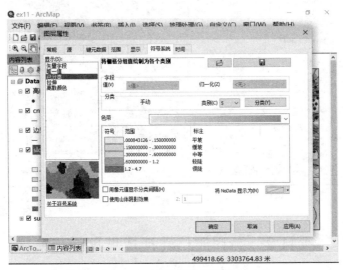

图 11-6　坡度图例表的设置

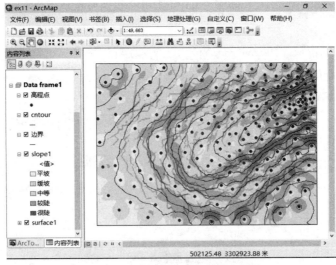

图 11-7　从高程栅格产生的坡度栅格

11.3　生成密度栅格

用矢量数据计算密度，一般针对多边形，用分布在多边形内的对象总数和多边形面积相除，得到该多边形的平均密度。在一些情况下，调查资料是点要素，有关对象分布在调查点的周围，符合近密远稀的规律，基于栅格数据模型可以估计这类对象的密度分布。

11.3.1　核密度估计法

激活 Data frame2，可看到点状图层"便利店"和线状图层"道路"(图 11-8)，后者仅用于显示背景和限定分析范围，打开"便利店"要素属性表，可看到该表中有字段 CST_NUM，是每个便利店的日均顾客数，关闭属性表。本练习将估算顾客来源地分布密度，他们可能在周边居住，也可能是在周边工作。主菜单中选择"地理处理→环境…"，进一步设置：

输出坐标系：与输入相同	下拉选择
处理范围：与图层 道路 相同	下拉选择
栅格分析→像元大小→如下面的指定：25	下拉选择，键盘输入

其他选项、参数均默认，按"确定"键，完成设置。选用"ArcToolbox→Spatial Analyst 工具→密度分析→核密度分析"，进一步设置：

输入点或折线要素：便利店	下拉选择图层名，调查点
Population 字段：CST_NUM	下拉选择"便利店"要素属性表中的字段名
输出栅格：\gisex_dt10\ex11\DBtemp.gdb\kdst_400	数据项路径、名称
输出像元大小(可选)：25	和处理环境设置一致
搜索半径(可选)：400	键盘输入
面积单位(可选)：SQUARE_MAP_UNITS	下拉选择，地图单位
输出值为(可选)：DENSITIES	下拉选择
方法(可选)：PLANAR	下拉选择

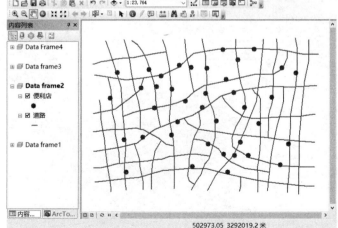

图 11-8　Data frame2 的显示

按"确定"键，软件按既定算法产生密度栅格 kdst_400，自动加载(图 11-9)。继续选用

"ArcToolbox→Spatial Analyst 工具→密度分析→核密度分析"，进一步设置：

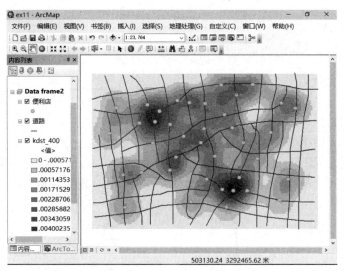

图 11-9　搜索半径为 400m 核密度估计的顾客分布

输入点或折线要素：便利店	下拉选择图层名，调查点
Population 字段：CST_NUM	下拉选择"便利店"要素属性表中的字段名
输出栅格：\gisex_dt10\ex11\DBtemp.gdb\kdst_800	数据项路径、名称
输出像元大小(可选)：25	和处理环境设置一致
搜索半径(可选)：800	键盘输入(和上次不同)
面积单位(可选)：SQUARE_MAP_UNITS	下拉选择，地图单位
输出值为(可选)：DENSITIES	下拉选择
方法(可选)：PLANAR	下拉选择

按"确定"键，产生密度栅格 kdst_800。两次计算不同之处仅仅是搜索半径，可看出，加大搜索半径，达到 800m 时，顾客密度分布比较平滑(图 11-10)，接近双中心模式。搜索半径呈现为 400m 时，顾客呈多中心分布，除了两个主中心，还有一些次要中心(与图 11-9 比较)。

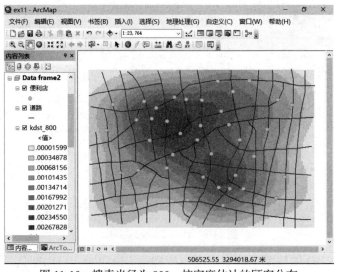

图 11-10　搜索半径为 800m 核密度估计的顾客分布

11.3.2 点密度估计法

选用"ArcToolbox→Spatial Analyst 工具→密度分析→点密度分析",进一步设置:

输入点要素:便利店	下拉选择图层名,调查点
Population 字段:NONE	下拉选择,不考虑
输出栅格:\gisex_dt10\ex11\DBtemp.gdb\pdst_250	数据项路径、名称
输出像元大小(可选):25	和处理环境设置一致
邻域分析(可选):圆形	下拉选择
邻域设置	
半径:250	键盘输入
单位:⊙ 地图	点选
面积单位(可选):SQUARE_KILOMETERS	下拉选择,以平方千米计

按"确定"键,软件按既定算法产生密度栅格 pdst_250,自动加载,在 250m 服务半径内,便利店的绝对数分布有 6 种可能:0、1、2、3、4、5,和服务范围的面积相除,也只有 6 种密度,进入"pdst_250→图层属性→符号"对话框,在左侧的"显示"框内选"唯一值",软件会自动计算出 6 种分类:0、5.09、10.19、15.28、20.37、25.46,选择由浅到深的配色方案,按"确定"键返回(图 11-11)。

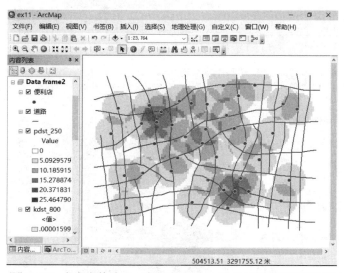

图 11-11　点密度估计法,半径为 250m,得到的便利店密度分布

11.4　显示遥感影像

11.4.1 单波段遥感影像显示

激活 Data frame3,该数据框仅一个图层 ex_img_3.jpg(图 11-12),数据源是单波段遥感影像,5 级灰度显示。进入"ex_img_3.jpg→图层属性→符号系统"(如果提示是否要计算直方图,可选择"是"),在符号系统对话框左侧"显示"栏内点击"已分类",右侧"类别"下拉条内选 7,色带选由浅变深的黑色,按"确定"键。可以看到,影像图按 7 级灰度显示,色调比原来的 5 级灰度分得更细,内容更丰富一些。ArcMap 具有部分图像辐射增强功能,即对单个像

元的灰度值进行变换，增强显示效果。再到"符号系统"选项对话框左侧"显示"栏内点击"拉伸"，对话框下侧"拉伸"栏的"类型"下拉条中选择"标准差"，n：2.5(默认)，这些设置表示用拉伸方式显示栅格数据，用像元值的标准差控制灰度，按"确定"键返回。可以看到拉伸处理后平滑渐变过渡分类的显示效果(图 11-13)，和 7 级灰度相比，除了深浅效果不同，分类更细，感觉比较柔和，肉眼能分辨出的差异不是很明显。

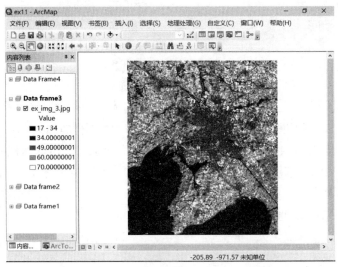

图 11-12　某单波段遥感影像 5 级灰度显示

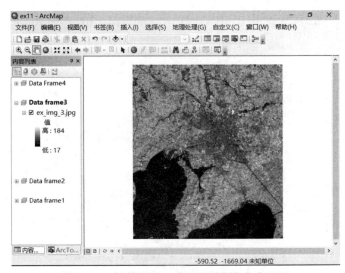

图 11-13　拉伸处理、采用平滑渐变方式显示

　　再进入"图层属性→符号系统"，对话框下侧"拉伸"框的"类型"下拉条中选择"直方图均衡化"(即对图像进行非线性拉伸)，在对话框下侧，找到"统计数据"下拉条，选择"从每个栅格数据集"，意思是重新分布图像像元值，使一定灰度范围内像元的数量大致相等。点击"类型"右侧的"直方图"按钮，可以看到拉伸后的统计结果，按"确定"键返回，按"应用"键，观察显示效果。也可在"类型"下拉条中选择"自定义"，再点击"直方图"按钮，进一步手动调整直方图，由用户自定义显示效果，按"确定"键返回，再按"应用"键，观察显示效果。勾选或取消"反向"，可对图像亮度作反值处理，读者可比较不同的显示效果。

做上述操作时，可随时按"应用"键，体验影像图的显示效果有什么变化。

关闭"图层属性"对话框，主菜单下选择"自定义→工具条→效果"，调出图像显示效果工具条，从左到右有"调节对比度""调节亮度""调节透明度"等图标式工具，可点击后，用鼠标滑动方式操作，进一步调整影像图的显示效果。

11.4.2　多波段遥感影像显示

激活 Data frame4，该数据框有一个图层 ex_img_4.jpg，来自陆地资源卫星 Landsat 的 TM 多波段(Multi Band)合成影像。Band_1 对应 TM7，Band_2 对应 TM4，Band_3 对应 TM3，从图例可以看到，Band_1 用红色，Band_2 用绿色，Band_3 用蓝色，显示效果为：植被呈绿色，水体为深蓝色，建设用地深棕色，水泥公路、广场偏白色。Landsat TM4(Band_2)波段对地表植被反射较强，赋予绿色，其结果使绿色为植被，绿色越鲜艳饱和，表示绿色植物生长越茂盛、健壮。

借助鼠标右键进入"图层属性→符号系统"选项，左侧显示栏中点击"RGB 合成"，目前的对照表中，"红色"对应第一波段(Band_1)，下拉改为 Band_2(对应 TM4)，"绿色"对应第二波段(Band_2)，下拉改为 Band_3(对应 TM3)，"蓝色"对应第三波段(Band_3)，下拉改为 Band_1(对应 TM7)。进入"显示"选项，勾选"显示地图提示"，按"确定"键返回。可以看到显示效果接近彩红外影像特征：绿色植被呈红色，水体偏墨绿色，建设用地偏深灰、深紫色，水泥公路、广场依然偏白色。选择基本工具条中的识别工具 ⓘ，在影像图上移动到任一位置点击，将显示该像素点的红、绿、蓝三种数值有多大。

前一个练习中，利用直方图均衡化，以及图像对比度、亮度、透明度改进显示效果，对多波段遥感影像也适用，读者可自行尝试。

练习结束，选用菜单"文件→退出"，提示是否将更改保存到地图文档，为了不影响以后、他人的练习，应选"否"。

11.5　本 章 小 结

栅格型数据统称 Raster，可分为格网(Grid)、影像(Image)、图片(Picture)三大类，格网适合地学分析，影像来自遥感，图片仅用于显示。扩展模块 Spatial Analyst 专用于栅格型空间分析，默认格式为格网，一个格网数据集表示一类空间事物，单元取值有字符型、短整型、长整型、浮点型之分。本章练习产生的栅格均为格网。

栅格数据很难经人机交互方式输入，往往由矢量数据处理、转换而来，或者经遥感、扫描获得。本章练习了点状矢量数据向栅格转换的 3 种功能。

(1) 空间插值(Spatial Interpolation)。点状高程数据经插值计算转变为高程栅格，常称数字高程模型(Digital Elevation Model，DEM)。反距离权重法计算过程简单，当地形起伏较复杂时，会不合适。ArcToolbox 还提供其他插值法，如样条函数法、趋势面法、克里金法，等等。读者可以进一步参考原理类的教科书，再尝试其他方法。数字高程栅格可进一步转换成坡度、坡向栅格，还可产生矢量等高线。除了地形，空间插值还可用于自然环境、社会经济的多个领域。

(2) 核密度估计。从观测点获得某个属性的数值，如果现实中该属性的空间分布是近密远稀，可借助特定计算方法，做大致的估计。观测点所在位置密度最高，大于搜索半径(也称带

宽)的位置密度为零(图 11-14)。如果相邻观测点的带宽有重叠，重叠部分的密度值相加。以便

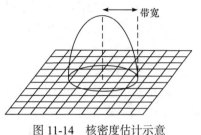

图 11-14　核密度估计示意

利店顾客的来源地为例，密度值和单元面积相乘得到该单元的估计顾客数，所有单元估计数相加，应该等于观测点的顾客总数。但是，当估计范围超出了计算所限定的边界，外部单元被忽略，得到的顾客累计数会少于各观测点之和。带宽(搜索半径)较小时，估计得到的栅格密度起伏较明显，带宽较大时，估计得到的密度起伏较平缓，如何确定带宽(即搜索半径、估计半径)，首先要了解该方法的理论假设，其次要掌握事物的自身规律。核密度估计所用的计算公式可查阅 ArcGIS 的帮助文件或有关教科书。

(3) 点密度估计。该方法有两种典型用途，一是计算单位面积内点数的分布，不涉及点的属性或权重(本练习将 Population 字段设为 NONE)；二是以点要素的某属性为依据，估计相应的密度，在搜索半径内均匀分布(本章未练习)，而核密度估计法是近密远疏。

空间插值和密度估计都是从点要素估计周围栅格单元取值，除了计算方法不同，目的和误差来源也不同。空间插值观测点的量纲和计算结果一致，靠增加、合理布置观测点来提高精度，反之相对粗略、简略。密度估计将观测点的属性转变为密度，量纲发生变化，一般靠全样本来维持精度，如果某观测点被遗漏，该点周围的估计值就明显偏低，甚至为零，如果观测点是随机的，得到的密度只能是相对值。

经遥感得到的栅格数据常称影像(Image)。单波段或全色遥感影像(包括卫星影像、航空影像)往往以像元的灰度反差，即不同明暗程度显示，映射具有不同电磁辐射特性的地物。人眼对单色明暗程度的区分大约有黑、灰黑、暗灰、灰、浅灰、灰白和白 7 级，再细分，效果的改善并不明显。人眼对彩色的识别能力远高于单色，根据影像的颜色识别地物比单色更容易。影像的颜色，可以是地物目标对可见光天然色的反映，更多的是假彩色或近似、模拟的天然色，将多波段影像合成后实现。假彩色往往比天然色提供更多的色彩层次，反映的地物信息更细致。如何利用这一规律，需从其他途径学习遥感原理、积累判读经验、掌握影像数据的处理技能。

遥感影像可分为前期处理、后期应用两个阶段，前期处理有遥感专业软件，GIS 软件为后期应用，两者除了分工、互补，也会有少量功能重叠。

ArcToolbox 是 ArcGIS 的地理处理(Geoprocessing，也称地学处理)工具箱，将各种功能组合在展开式的列表中，双击某个名称，就启用了该项功能，出现进一步的提示、设置界面，设置完毕，按"确定"键执行。处理结束时，屏幕右下方会出现一个提示小窗口，如果出现绿色的勾号，表示处理过程正常，出现黄色感叹号，表示处理过程可能有部分不正常，出现红色叉号，表示处理过程明显出错。

在启用 ArcToolbox 的处理功能之前，要设置地理处理环境，较常用的有当前工作空间(Current Workspace)、临时工作空间(Scratch Workspace)、输出坐标系、处理范围，等等，使后续处理过程有序、方便。所谓工作空间(Work Space)，是集中存放数据源的操作系统目录或特定的地理数据库，当前工作空间表示 Geoprocessing(地理处理)的结果存储在什么位置，临时工作空间表示处理过程中的临时数据存放在何处交换。输出坐标系是为新产生的空间数据而设定。处理范围是限定数据处理的空间范围(Extent)。像元大小(Cell Size)决定栅格的空间分辨率，它和空间范围(Extent)一起决定格网的行数、列数。像元也称基本单元(Cell)或像素(Pixel)，每

个像元只能赋一个值。通过主菜单设置地理处理环境，其结果将保存在地图文档内(Map Document)，可对不同数据框发挥相同作用。工作空间、坐标系、处理范围、像元大小一旦需要变化，必须对地理处理环境部分重设(如 11.3 节)。初学者经常会遇到数据项的输入、输出路径、名称、类型，选用的处理功能、关键参数和选项都正常，计算结果却反常，很可能是地理处理环境初始设置有问题，或者发生了不必要的改动。

思　考　题

1. 反距离权重法插值，加大搜索半径，增多搜寻采样点数，减小幂值，得到的效果会起什么变化？

2. 密度估计，缩小栅格单元，后续处理会有什么变化？

3. 点密度估计，加大半径值，结果可能会有什么变化？

4. 简述 Grid 和 Image 分别适用于什么场合。

第 12 章　栅格重分类、叠合

12.1　中学选址依据、评价方法

本练习要求对现有中学、人口分布、规划土地使用进行分析，为新建中学提供选址评价，可利用的数据包括：

(1) 现有中学。空间数据为点状，新建中学不应离现有中学太近，为此建立离开现有中学的距离栅格。

(2) 规划土地使用。空间数据为多边形，除土地使用属性，还有人口数量。

人口数量属性表示了该地块的居住人口总数，需要将其折算为人口密度，并转换为人口密度栅格。按土地使用性质，某些用地不应该建中学，如工业用地，某些用地不太合适建中学，如商业用地，居住用地最合适。土地使用性质也转换为土地使用性质栅格。

根据上述数据和评价依据，离开现有中学的距离分为 4 类，分别赋予评价指标。

0～500m：0，500～1000m：1，1000～1500m：2，>1500m：3 (栅格①)

人口密度分为 4 类(人/hm²)，分别赋予评价指标。

0～50：0，　50～100：1，　100～200：2，　>200：3 (栅格②)

土地使用分为 3 类，分别赋予评价指标。

工业或绿地：0，　商业：1，　居住：2 (栅格③)

初步的综合评价：栅格① + 栅格② + 栅格③　(栅格④)

得到的栅格④，单元取值越大的位置，越适合选为中学。

但是离开现有中学太近(<500m)，人口密度太低(<50 人/hm²)，规划土地使用为工业或绿地，肯定不适合。只要符合这三个条件之一，就要排除，不考虑其他条件如何，对此还需要特别处理。

单项指标相乘：栅格① × 栅格② × 栅格③ (栅格⑤)，只要某单项指标出现零，在栅格⑤中该单元肯定为零。

将栅格⑤分为两类，= 0：0，　>0：1 (栅格⑥)，栅格⑤中取零的保留，大于零的都取 1。

综合评价：栅格④ × 栅格⑥ (栅格⑦)

通过乘法计算，栅格数据集⑦中取值为零的单元明显不合适是要排除的位置，其他单元的取值依然是相加的结果。综合取值较大的位置，相对适合新建中学。

12.2　离开现有中学距离、人口密度、土地使用栅格的生成

12.2.1　设置运行环境

启用地图文档\gisex_dt10\ex12\ex12.mxd，仅有一个数据框 Data frame1，3 个图层：点状要素图层"现有中学"、面状要素图层"土地使用"、线状要素图层"道路"(只起限定栅格边

界和背景图的作用)(图 12-1)。主菜单中选择"地理处理→环境...",进一步设置:

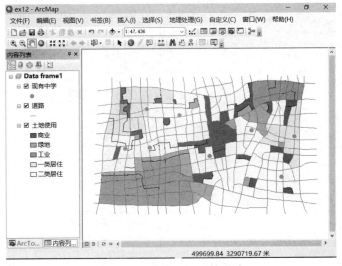

图 12-1　Data frame1 的显示

工作空间→当前工作空间: \gisex_dt10\ex12\DBtemp.gdb　　　　　借助文件夹按钮添加

工作空间→临时工作空间: \gisex_dt10\ex12\DBtemp.gdb　　　　　借助文件夹按钮添加

输出坐标系: 与输入相同　　　　　　　　　　　　　　　　　　　下拉选择

处理范围: 与图层 道路 相同　　　　　　　　　　　　　　　　　下拉选择

栅格分析→像元大小→如下面的指定: 50　　　　　　　　　　　　下拉选择,键盘输入

　　其他内容均默认,按"确定"键,完成处理环境设置。如果 Spatial Analyst 许可证未加载,选用主菜单"自定义→扩展模块...",勾选 Spatial Analyst,按"关闭"键返回。

　　在内容列表中,鼠标右键点击"土地使用"选择"打开属性表",可以看到属性表中有表示土地使用性质的 LANDUSE 字段,表示居住人口数量的 popu 字段。

12.2.2　产生离开现有中学的距离栅格

　　如果 ArcToolbox 窗口未出现,可在标准工具条中点击按钮 ,选用"ArcToolbox→Spatial Analyst 工具→距离→欧氏距离",继续设置:

输入栅格数据或要素源数据: 现有中学　　　　　　　　　　　　下拉选择计算距离的起始点

输出距离栅格数据: \gisex_dt10\ex12\DBtemp.gdb\school　　　　数据项路径、名称

输入障碍栅格或要素类(可选):　　　　　　　　　　　　　　　保持空白

最大距离(可选):　　　　　　　　　　　　　　　　　　　　　保持空白

输出像元大小(可选): 50　　　　　　　　　　　　　　　　　　和处理环境设置一致

距离法(可选): PLANAR　　　　　　　　　　　　　　　　　　下拉选择

输出方向栅格数据(可选):　　　　　　　　　　　　　　　　　保持空白

输出反向栅格(可选):　　　　　　　　　　　　　　　　　　　保持空白

　　按"确定"键,产生离开现有中学的距离栅格 school,自动加载(图 12-2)。

12.2.3　产生人口密度栅格

　　打开"土地使用"图层属性表,在属性表左上角通过表选项菜单 ,选择"添加字段...",在随后出现的对话框中输入字段定义:

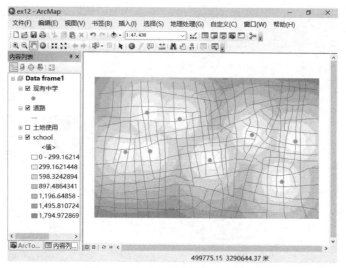

图 12-2　离开现有中学的距离栅格

名称：density　　　　　　键盘输入字段名

类型：浮点型　　　　　　下拉选择

其他内容均默认，按"确定"键返回，属性表增加了字段 density。鼠标右键点击字段 density，选用快捷菜单"字段计算器…"，出现对话框，在上部点选"⊙ VB 脚本"，下侧提示："density ="，鼠标双击左上侧的字段名，配合键盘在下部文本框内输入："[popu] / [Shape_Area]"，按"确定"键，人口密度字段 density 计算完毕，关闭属性表窗口。

启用"ArcToolbox→转换工具→转为栅格→面转栅格"，继续设置：

输入要素：土地使用　　　　　　　　　　　　　　下拉选择

值字段：density　　　　　　　　　　　　　　　　下拉选择

输出栅格数据集：\gisex_dt10\ex12\DBtemp.gdb\popu_den　　　输出栅格的路径、名称

像元分配类型(可选)：CELL_CENTER　　　　　　下拉选择

优先级字段(可选)：NONE　　　　　　　　　　　下拉选择

像元大小(可选)：50　　　　　　　　　　　　　　和初始设置一致

按"确定"键，产生人口密度栅格 popu_den，自动加载(图 12-3)。

12.2.4　土地使用多边形转换为栅格

在内容列表中，鼠标右键点击"土地使用"选择"打开属性表"，可以看到该要素属性表有字段 LANDUSE，为每个地块的规划土地使用性质。土地使用分类编码的含义：B 为商业，G 为绿地，M 为工业，R1 为一类居住，R2 为二类居住，关闭属性表。启用"ArcToolbox→转换工具→转为栅格→面转栅格"，继续设置：

输入要素：土地使用　　　　　　　　　　　　　　下拉选择

值字段：LANDUSE　　　　　　　　　　　　　　　下拉选择

输出栅格数据集：\gisex_dt10\ex12\DBtemp.gdb\ld_use　　　数据项的路径、名称

像元分配类型(可选)：CELL_CENTER　　　　　　下拉选择

优先级字段(可选)：NONE　　　　　　　　　　　下拉选择

像元大小(可选)：50　　　　　　　　　　　　　　和初始设置一致

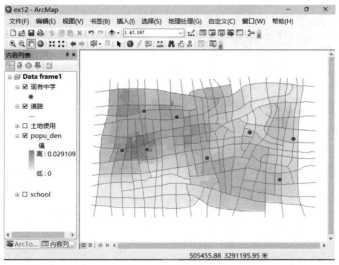

图 12-3　人口密度栅格

　　按"确定"键，产生土地使用栅格 ld_use，自动加载(图 12-4)。使用借助识别工具 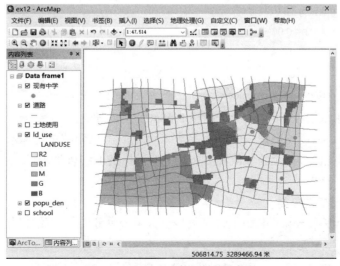，可以在窗口点击 ld_use 的某个位置，可以查看到栅格单元的位置(XY 坐标值)，像素值(Value)，和土地使用(LANDUSE)。在内容列表中打开 ld_use 图层属性表(栅格数据集的值属性表)，内容如下：

OBJECTID	Value	Count	LANDUSE	
内部标识	栅格单元取值	取该值的单元累计	转换前的属性	
1	1	1568	M	(工业用地)
2	2	854	B	(商业用地)
3	3	4120	R2	(二类居住用地)
4	4	1079	R1	(一类居住用地)
5	5	658	G	(绿化用地)

关闭属性表。

图 12-4　矢量土地使用转换为栅格

12.3　重分类获得单项评价栅格

12.3.1　离开现有中学距离栅格重分类

启用"ArcToolbox→Spatial Analyst 工具→重分类→重分类",继续操作:

输入栅格: school　　　　　下拉选择

重分类字段: Value　　　　默认

点击按钮"分类...",在随后的对话框中的"类别"项中用键盘输入 4,按"确定"键返回,按之前分析确定的要求修改分类的间距:

旧值	新值
0 – 500	0
500 – 1000	1
1000 – 1500	2
1500 – 2150	3
NoData	NoData

输出栅格:\gisex_dt10\ex12\DBtemp.gdb\r_school　　　　鼠标选路径,键盘输入数据名

按"确定"键,软件产生新的分类栅格 r_school,自动加载。

12.3.2　人口密度栅格重分类

启用"ArcToolbox→Spatial Analyst 工具→重分类→重分类",继续设置:

输入栅格: popu_den　　　　下拉选择

重分类字段: Value　　　　默认

点击按钮"分类...",在随后的对话框中的"类别"项中键盘输入 4,按"确定"键返回,按分析之前确定的要求修改分类的间距:

旧值	新值
0 – 0.005	0
0.005 – 0.01	1
0.01 – 0.02	2
0.02 – 0.03	3
NoData	NoData

输出栅格:\gisex_dt10\ex12\DBtemp.gdb\r_popu　　　　数据项路径、名称

按"确定"键,软件产生新的分类栅格 r_popu,自动加载。

本章开始,人口密度的面积按 hm^2(万平方米)考虑,当前地图单位是米,计算密度时计算单位是平方米,因此栅格单元的取值和当初确定的指标是 1∶10000 的关系,重分类结果与原来的定义一致。

12.3.3　土地使用栅格重分类

选用"ArcToolbox→Spatial Analyst 工具→重分类→重分类",继续操作:

输入栅格: ld_use　　　　　下拉选择

重分类字段: LANDUSE　　　下拉选择(不要选 Value)

直接修改分类值：

旧值	新值
M (工业用地)	0
B (商业用地)	1
R2(二类居住用地)	2
R1(一类居住用地)	2
G (绿化用地)	0
NoData	Nodata

输出栅格：\gisex_dt10\ex12\DBtemp.gdb\r_ld_use　　　　　数据项路径、名称

按"确定"键，产生新的栅格 r_ld_use，自动加载(图 12-5)。

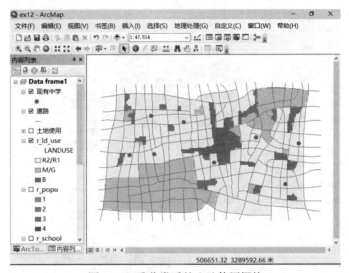

图 12-5　重分类后的土地使用栅格

12.4　确定明显不符合要求位置

在本练习开始阶段，曾设定离开现有中学太近(<500m)、人口密度太低(<0.005)、土地使用为工业用地、绿化用地的范围内，不适合中学选址，这些位置要排除。选用"ArcToolbox→Spatial Analyst 工具→地图代数→栅格计算器"，对话框中可供计算的图层名列在左侧"图层和变量"选择框内，双击"图层和变量"框内的栅格名称，实现如下操作：

"r_school"　*　"r_popu"　*　"r_ld_use"

输出栅格：\gisex_dt10\ex12\DBtemp.gdb\calc01　　　　　　数据项路径、名称

按"确定"键，产生栅格数据集 calc01。再选用"ArcToolbox→Spatial Analyst 工具→重分类→重分类"，继续设置：

输入栅格：calc01　　　　　　　　下拉选择

重分类字段：Value　　　　　　　下拉选择

点击按钮"分类…"，在随后的对话框的"类别"下拉条中选择 2，按"确定"键返回，

按分析之前确定的要求修改分类的间距：

旧值	新值
0	0
1 – 12	1
NoData	NoData

输出栅格: \gisex_dt10\ex12\DBtemp.gdb\r_calcu　　　　数据项路径、名称

按"确定"键，产生 r_calcu，单元取零的位置明显不符合选址要求(图 12-6)。

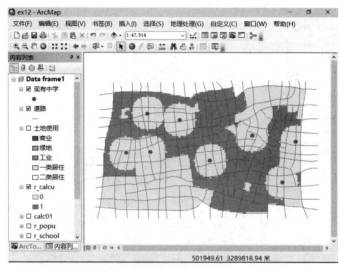

图 12-6　选址范围被分为"0"和"1"两类

12.5　综 合 评 价

12.5.1　获得初步评价栅格

选用"ArcToolbox→Spatial Analyst 工具→地图代数→栅格计算器"，对话框中可供计算的图层名列在左侧"图层和变量"选择框内，双击鼠标实现如下操作：

"r_school" + "r_popu" + "r_ld_use"

输出栅格: \gisex_dt10\ex12\DBtemp.gdb\calc02　　　　数据项路径、名称

按"确定"键，产生综合评价栅格 calc02，自动加载(图 12-7)。经加法计算，可以初步判定单元取值较大的位置，相对适合新建中学，反之不适合。

12.5.2　排除明显不符合要求的位置

选用"ArcToolbox→Spatial Analyst 工具→地图代数→栅格计算器"，双击鼠标实现如下操作：

"calc02" ＊ "r_calcu"

输出栅格: \gisex_dt10\ex12\DBtemp.gdb\calculation　　　　数据项路径、名称

按"确定"键，产生综合评价栅格 calculation，自动加载。在内容列表中调出 calculation 图层属性对话框，进入"符号系统"选项，调整符号如下：

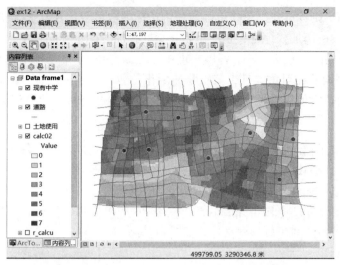

图 12-7 中学选址初步评价，单元取值大的位置相对合适

显示：唯一值　　　　　　　点击选择

值字段：Value　　　　　　　系统默认

配色方案：　　　　　　　　下拉选择一种由淡变深的渐变色系

　　按"确定"键返回。除"道路"、"现有中学"和 calculation 外，关闭其他图层，将图层"道路"和"现有中学"的显示次序调至综合评价栅格图之上，得到较好的观察效果(图 12-8)。可以看出，颜色偏深(栅格单元取值偏大)的位置相对适合新建学校，颜色偏浅(栅格单元取值偏小)的位置相对不适合增设学校，单元取值为零的，明显不适合。

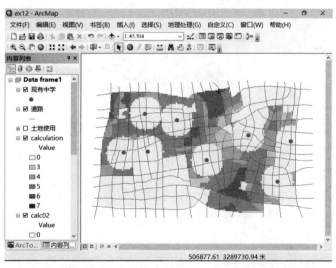

图 12-8 排除明显不符合要求的位置，颜色越深越适合建中学

12.6 准则标准化、加权综合

12.6.1 基本方法

　　目前已完成了单因素评分再综合的学校选址评价，属特事特办。接着将练习准则标准化

和加权综合。所谓准则标准化，是将单因素评价指标的取值限定在 0～1 的区间内，最不适合为 0，最适合为 1。所谓加权综合，是在单因素指标相加时赋予不同权重，相对重要的因素权重较大，相对次要的因素权重较小，各项权重相加之和也是 1。准则标准化和加权综合方法的优点是突出不同因素的相对重要性，其次是通用化，适用于各种场合，不同的评价要求或决策目标都可使用。通常使用线性比例转换法将单因素评价指标标准化，计算公式为

$$C' = (C_0 - C_{min}) / (C_{max} - C_{min}) \tag{12-1}$$

式中，C' 为转换后的评价值，C_0 为原来的评价值，C_{min} 为可能出现的最小值，C_{max} 为可能出现的最大值，经上述公式转换，评价指标被限定在 0～1 的区间内。

12.6.2　离开中学距离的标准化

查看离开中学距离的专题图可知最小值等于 0，最大值不会超过 2150。选用"ArcToolbox→Spatial Analyst 工具→地图代数→栅格计算器"，实现如下操作：

"school" / 2150 　　　　　　　　　　　　　　　最小值为 0，计算公式可简化

输出栅格:\gisex_dt10\ex12\DBtemp.gdb\school_sd 　　　数据项路径、名称

按"确定"键，产生离开中学距离标准化的栅格数据集 school_sd(图 12-9)。

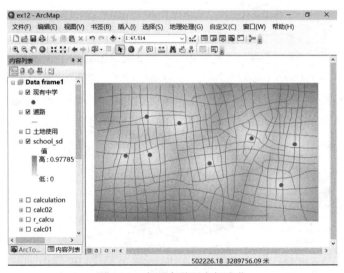

图 12-9　离开中学距离标准化

12.6.3　人口密度标准化

查看人口密度专题图可知最低值等于 0，最高值不会超过 0.02911。选用"ArcToolbox→Spatial Analyst 工具→地图代数→栅格计算器"，实现如下操作：

"popu_den" / 0.02911 　　　　　　　　　　　　　最小值为 0，计算公式可简化

输出栅格:\gisex_dt10\ex12\DBtemp.gdb\popu_den_sd 　　数据项路径、名称

按"确定"键，产生人口密度标准化的栅格数据集 popu_den_sd(图 12-10)。

12.6.4　土地使用标准化

土地使用转换为整数栅格时，M(工业)=0，B(商业)=1，R2(二类居住)=2，R1(一类居住)=2，G(绿地)=0，如果该栅格乘以 0.5，正好符合标准化的要求。选用"ArcToolbox→Spatial Analyst 工具→地图代数→栅格计算器"，实现如下操作：

"r_ld_use" / 2.0　　　　　　　为保证计算结果为浮点，加小数点和 0

输出栅格: \gisex_dt10\ex12\DBtemp.gdb\ld_use_sd　　　　　数据项路径、名称

按"确定"键，产生土地使用标准化栅格数据集 ld_use_sd(图 12-11)。

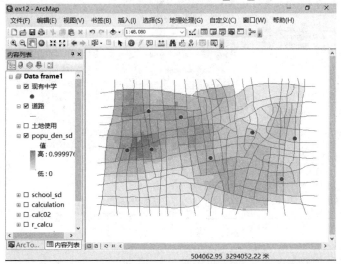

图 12-10　人口密度标准化

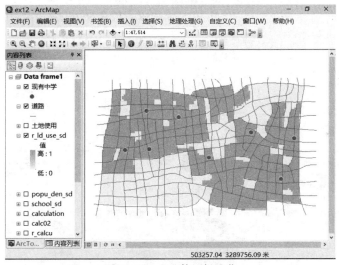

图 12-11　土地使用标准化

12.6.5　加权叠合，获得初步的综合评价栅格

选用"ArcToolbox→Spatial Analyst 工具→地图代数→栅格计算器"，实现如下操作：

"school_sd" * 0.35 + "popu_den_sd" * 0.4 + "ld_use_sd" * 0.25

输出栅格: \gisex_dt10\ex12\DBtemp.gdb\calc03　　　　　　　数据项路径、名称

权重的分配为：离开中学的距离 0.35，人口密度 0.4，土地使用 0.25，按"确定"键，产生经加权的初步评价结果 calc03(图 12-12)。

12.6.6　排除明显不符合要求位置

选用"ArcToolbox→Spatial Analyst 工具→地图代数→栅格计算器"，实现如下操作：

"calc03" * r_calcu

输出栅格: \gisex_dt10\ex12\DBtemp.gdb\calc_sd　　　　　数据项路径、名称

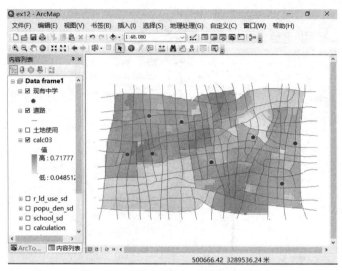

图 12-12　标准化加权后的初步结果

按"确定"键，明显不符合要求的位置均赋值为 0，产生标准化加权评价栅格数据集 calc_sd(图 12-13)。在内容列表中，右键点击该图层，选用快捷菜单"属性"，在图层属性窗口内，点击"源"选项，在下侧"统计值"下可看到栅格数据集的基本统计结果(称"构建参数"):

最小值: 0

最大值: 0.6920

平均值: 0.2221

标准差: 0.2632

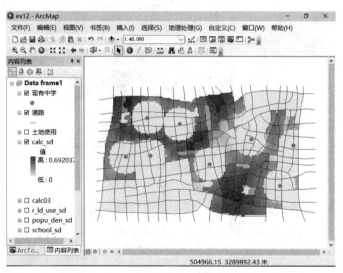

图 12-13　进一步排除明显不符合要求的位置

练习结束。为了不影响以后、他人的练习，土地使用图层属性表中 density 字段应删除，选用菜单"文件→退出"，ArcMap 提示是否将更改保存到地图文档，读者可按需要选"是"或"否"。

12.7　本　章　小　结

本章使用了矢量多边形转换成栅格、栅格数据重分类、多重栅格数据之间叠合计算等功能，重点是栅格叠合，其次是重分类。在地理信息系统原理中，不同栅格数据集之间的数学运算常称为地图代数(Map Algebra)。

读者做完练习后，可回顾本章一开始介绍的中学选址评价依据和基本过程，包括 6 个关键步骤：

(1) 产生离开现有中学的距离栅格、人口分布密度栅格、土地使用栅格。

(2) 分别对离开现有中学距离、人口密度、土地使用重分类，获得单项评价栅格。

(3) 重分类、乘法叠合，处于明显不符合要求位置的栅格单元取值为 0，其他单元取值为 1。

(4) 单项指标相加，获得初步的综合评价栅格。

(5) 再用乘法做叠合，排除明显不适合位置，得到综合评价栅格。取值越大的单元位置越适合，取值为 0 的单元肯定不适合(包括土地使用多边形以外的位置)。

(6) 评价结果分类显示。

多项指标简单相加，不同因素的重要程度被隐含在分类、赋值中，或者将重要程度同等对待。单项指标标准化，再用不同权重相加，可突出不同因素的相对重要程度，也使得该方法变得比较通用，适用各种场合，便于多方参与评价、参与决策。

思　考　题

1. 排除明显不符合要求位置，为何多次计算要用乘法？

2. 调整离开现有中学距离、人口密度、土地使用 3 个因素的相对权重，观察评价结果发生什么变化。

第 13 章　距离及成本

13.1　生成距离栅格

打开地图文档\gisex_dt10\ex13\ex13.mxd，激活 Data frame1，有 3 个图层：点状图层"消防站"、线状图层"道路"、栅格图层"成本(障碍)"(图 13-1)。主菜单中选用"地理处理→环境…"，进一步设置：

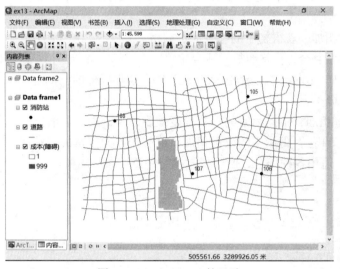

图 13-1　Data frame1 的显示

工作空间→当前工作空间：\gisex_dt10\ex13\DBtemp.gdb	借助文件夹按钮添加
工作空间→临时工作空间：\gisex_dt10\ex13\DBtemp.gdb	借助文件夹按钮添加
输出坐标系：与输入相同	下拉选择
处理范围：与图层 道路 相同	下拉选择
栅格分析→像元大小→如下面的指定：50	下拉选择，键盘输入

其他内容均为默认，按"确定"键，完成初始设置。选用"ArcToolbox→Spatial Analyst 工具→距离→欧氏距离"，进一步设置：

输入栅格数据或要素源数据：消防站	下拉选择计算距离的起始点
输出距离栅格数据：\gisex_dt10\ex13\DBtemp.gdb\distance1	数据项路径、名称
输入障碍栅格或要素类(可选)：	保持空白
最大距离(可选)	保持空白
输出像元大小(可选)：50	和初始设置一致
距离法(可选)：PLANAR	下拉选择
输出方向栅格数据(可选)：	保持空白

输出反向栅格(可选)：　　　　　　　　　　　　　　　　　保持空白

按"确定"键，产生离开消防站的距离栅格图层 distance1，每个单元的取值是离开最近消防站的直线距离。读者可以改变它的显示符号，参照高程栅格生成等值线(等高线)的操作(表面分析)，进一步产生间距为 400m 的等距线(图 13-2)，等距线的意义和用矢量方法产生的多重缓冲区相同(Buffer Zone，第 15 章)。

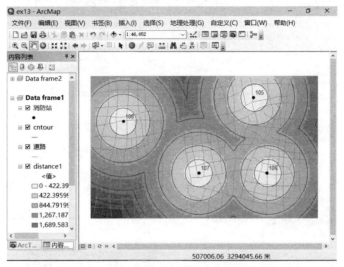

图 13-2　从点状要素产生的栅格距离图

13.2　邻 近 分 配

13.2.1　邻近单元的生成

本练习按就近距离原则，为每个消防站分配服务范围，并计算服务面积。选用"ArcToolbox→Spatial Analyst 工具→距离→欧氏分配"，进一步设置：

输入栅格数据或要素源数据：消防站　　　　　下拉选择图层名，邻近分配的参照点
源字段(可选)：STATION　　　　　　　　　　下拉选择，消防站的用户标识
输出分配栅格数据：\gisex_dt10\ex13\DBtemp.gdb\alloc01　　数据项路径、名称
输入障碍栅格或要素类(可选)：　　　　　　　不设定，保持空白
输入赋值栅格(可选)：　　　　　　　　　　　不设定，保持空白
最大距离(可选)：　　　　　　　　　　　　　不设定，保持空白
输出像元大小(可选)：50　　　　　　　　　　键盘输入
距离法(可选)：PLANAR　　　　　　　　　　下拉选择
输出距离栅格数据(可选)　　　　　　　　　　不设定，保持空白
输出方向栅格数据(可选)　　　　　　　　　　不设定，保持空白
输出反向栅格(可选)　　　　　　　　　　　　不设定，保持空白

按"确定"键，产生栅格数据集 alloc01，自动加载，按(欧几里得)直线距离最近，为每个消防站分配邻近单元(图 13-3)，和第 17 章泰森多边形方法得到的结果非常相似(图 13-4)。

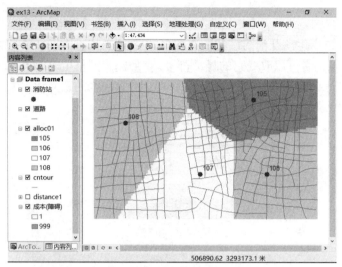

图 13-3　按直线距离最近为每个消防站分配邻近单元

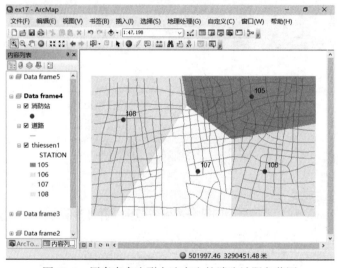

图 13-4　用泰森多边形方法产生的消防站服务范围

栅格数据集 alloc01 的每个单元(像元)值是整数。整数型栅格可以有自己的属性表(Value Attribute Table，VAT)，称为栅格值属性表，在内容列表中鼠标右键点击图层名 alloc01，打开属性表，可看到该表内容：

OBJECTID	Value	Count
(内部标识)	(像元值)	(取该值的像元数)
自动编号	来自 STATION	对应单元的累计
1	105	2442
2	106	2555
3	107	2932
4	108	3359

打开图层"消防站"的要素属性表，可以看到 3 个字段：

Shape	STATION	OBJECTID

(要素类型)	(用户标识)	(内部标识)
点	108	1
点	105	2
点	107	3
点	106	4

本练习对"源字段"选择了 STATION(用户标识)，该字段的内容变为栅格像元的取值 (Value)。在内容列表窗口中暂时关闭图层"道路"、alloc01、"成本(障碍)"的显示，选择基本工具条中的识别工具 ⓘ，点击地图中任何一个消防站，可以看到该消防站的属性中 STATION 的取值和地图上的标注一致。再恢复栅格图层 alloc01 的显示，继续用工具 ⓘ 点击某个栅格单元，可以看到，像素值和消防站的用户标识也一致。打开图层 alloc01 的取值属性表，点击任一条记录左侧小框，该条记录进入选择集，可以看到，消防站所分配的服务范围所有栅格单元同步改变颜色，该条记录的 Value 取值和消防站的标注一致。

13.2.2　消防站的邻近服务面积

打开栅格图层 alloc01 的属性表，左上角选用"表选项"下拉工具"▥▾→添加字段…"：

名称：Sum_Area

类型：长整形

(其他内容均默认)

按"确定"键返回。点击"清除所选内容"按钮 ▣，清空选择集，在属性表窗口中，鼠标右键点击字段名 Sum_Area，选用快捷菜单"字段计算器"，对话框的中部出现提示"Sum_Area ="，在文本框内用鼠标和键盘输入：[Count] * 50 * 50(像元大小在做欧氏分配时设定为 50×50)，按"确定"键返回。各消防站按邻近距离所分配的服务面积如下：

OBJECTID	Value	Count	Sum_Area
(内部标识)	(消防站用户标识)	(分配到的单元数)	(服务面积)
1	105	2442	6105000
2	106	2555	6387500
3	107	2932	7330000
4	108	3359	8397500

13.2.3　栅格数据集的值属性表

每个栅格单元(即像元，Pixel 或 Cell)有一个取值(空值 NoData 是特例)，相当于一个属性。单元数据类型可以是浮点也可以是整型，如果是整型，就有值属性表(Value Attribute Table，VAT)，该表有三个默认字段：OBJECTID(内部标识)，Value(像元取值，值字段)，Count(取该值的像元累计数)，表中一行对应所有取值相同单元，选择属性表中的某条记录，可查询到 Value 值相同的全体单元(不一定都聚集在一起)。记录和像元之间是一对多的关系(图 13-5)，实现同值、同组。虽然每个单元不能有多重属性，但是值属性表可以增加

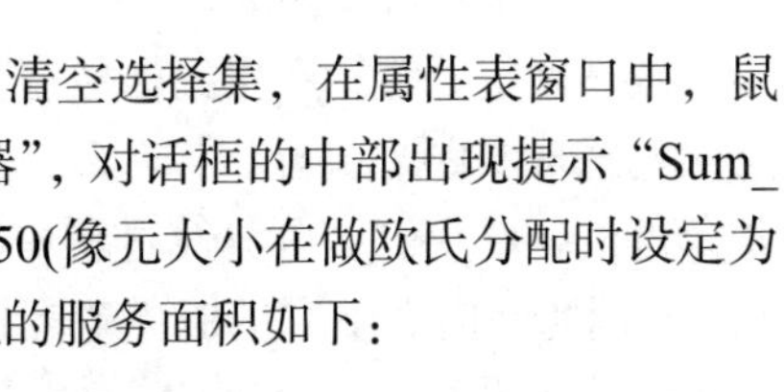

图 13-5　整数型栅格和值属性表的关系

字段，如服务范围的面积(第 12 章自动增加土地使用类型)，这就使同值、同组栅格有了多重属性，如果单元的取值为浮点型，就难以实现多重属性。

13.3　考虑成本的邻近分配

13.3.1　消防救援受湖泊阻碍

本练习将进一步考虑，如果城市内部有湖泊，对消防救援路径产生阻碍，服务范围将会不同。暂时关闭图层 alloc01 的显示，打开图层"成本(障碍)"的显示，该图层的数据源也是栅格，只有两种取值，多数取值为 1，意思是经过该单元，相对的通行成本为 1，少数取值为 999，位于湖泊的位置，意思是经过该单元，相对通行成本超出正常范围，成为消防车的通行障碍。启用"ArcToolbox→Spatial Analyst 工具→距离→成本分配"，进一步设置：

输入栅格数据或要素源源数据：消防站	下拉选择图层名，邻近分配的参照点
源字段(可选)：STATION	下拉选择，消防站的用户标识
输入成本栅格数据：成本(障碍)	下拉选择成本栅格
输出分配栅格数据：\gisex_dt10\ex13\DBtemp.gdb\alloc02	数据项路径、名称
最大距离(可选)：	不设定，保持空白
输入栅格赋值(可选)：	不设定，保持空白
输出距离栅格数据(可选)	不设定，保持空白
输出回溯链接栅格数据(可选)	不设定，保持空白

按"确定"键，产生栅格数据集 alloc02，自动加载，再次为每个消防站分配了邻近单元，这次是按成本距离分配(图 13-6)，和直线距离(欧氏分配)明显不同，由于湖泊的通行成本是正常条件的 999 倍，实际计算过程中不得不绕行，这就造成 107 号消防站向左的服务范围缩小，108 号消防站向右下方的服务范围扩大。另外一个差异是 105 号和 106 号、107 号的服务范围分界处不太平直，这是因为成本距离按 8 个方向计算引起了误差(图 13-6)。

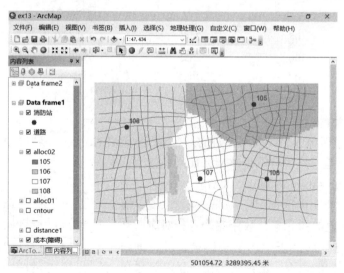

图 13-6　湖泊对消防站服务范围的影响

打开栅格图层 alloc02 的取值属性表，可看到分配单元数量和 alloc01 的差异(显然是湖泊作为障碍引起，为了显示效果，图层可设置成透明)：

OBJECTID(内部标识)　　　Value(像元值)　　　Count(取该值的像元数)

自动编号	来自 STATION	对应单元数的累计	
1	105	2441	和直线距离相比，基本一致
2	106	2571	和直线距离相比，稍有扩大
3	107	2310	服务范围明显缩小
4	108	3986	服务范围明显扩大

13.3.2 考虑成本的距离问题

第 11、12 章练习中的距离计算均基于直线(软件称欧氏距离，图 13-7)，本章的"距离栅格""欧氏分配"练习，也基于直线距离，是栅格单元和指定点之间，或者从一个栅格单元的中心到另一个单元中心之间的直线距离。成本距离(Cost Distance)既要考虑通过每个单元的成本，可称"通行成本"，也要考虑距离，如果每个单元的通行成本都一样，计算结果和直线距离基本相同(无非再乘以统一的单元成本)。如果每个单元的成本有差异，计算就比较复杂，两点之间可能有多条途径，仅保留累计成本最低者。本章的"成本分配"基于成本距离，即离开消防站到达每个单元(或从每个单元到达消防站)沿途经过所有单元的累计成本，如果有多条路径，取最低者，两个相邻消防站服务范围的交界处，最低累计成本相等。本练习的通行成本很简单，仅仅是湖泊的通行成本极高，其他位置成本较低、均等，因此和直线距离的计算结果相比，差异仅在湖泊造成的障碍。

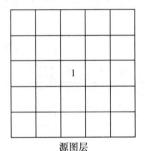

源图层   直线距离的分析结果

图 13-7　直线距离计算示意

13.4　坡度对公路选线的影响

激活 Data frame2，有点状的矢量图层"公路起点"、"公路终点"和栅格图层"地形坡度"(图 13-8)。假定要建设从"起点"出发，分别到达终点 A 和 B 的公路。线路的选择必须考虑建设成本，和两个因素有关：一是公路长度，修建的距离越长，建设费用越高；二是地形坡度，坡度越大，需要付出的单位距离成本越高。本练习先计算从"公路起点"出发到达既定空间范围内任何位置的最小累计成本，再根据这一成本，计算从"起点"到终点 A、B 累计成本最小的路径。选用主菜单"地理处理→环境..."，继续设置：

输出坐标系：与输入相同　　　　　　　　　下拉选择
处理范围：与图层 地形坡度 相同　　　　　　下拉选择
栅格分析→像元大小：与图层 地形坡度 相同　　下拉选择，实际为 1000
像元大小投影方法：CONVERT_UNITS　　　　下拉选择

其他内容均默认，按"确定"键完成。

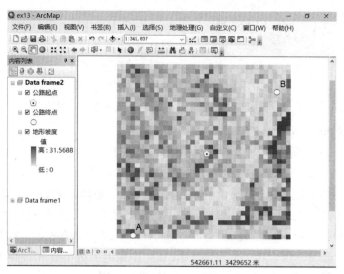

图 13-8　Data frame2 的显示

13.4.1　生成通行成本栅格

"地形坡度"栅格在工程上一般用百分比，已经生成的栅格是角度，需重分类(表 13-1)。选用"ArcToolbox→Spatial Analyst 工具→重分类→重分类"，进一步输入：

输入栅格：地形坡度　　　　　下拉选择

重分类字段：Value　　　　　默认

表 13-1　坡度百分比、角度、相对工程成本对照表

坡度百分比/%	角度/(°)	相对工程成本
0～2	0～1.15	1
2～5	1.15～2.86	2
5～10	2.86～5.71	3
10～15	5.71～8.53	4
15～20	8.53～11.31	5
20～25	11.31～14.04	6
25～30	14.04～16.70	7
30～40	16.70～21.80	8
40～50	21.80～26.57	9
50～60	26.57～30.96	10
60～70	30.96～35.00	11

点击按钮"分类…"，在随后的对话框中的"类别"项中键盘输入 11，按"确定"键返回，修改"重分类"对照表：

旧值(以角度为单位的地形坡度)　　新值(相对工程成本)

0 − 1.15　　　　　　　　　　1

1.15 − 2.86　　　　　　　　　2

2.86 − 5.71　　　　　　　　　3

5.71 – 8.53	4
8.53 – 11.31	5
11.31 – 14.04	6
14.04 – 16.70	7
16.70 – 21.80	8
21.80 – 26.57	9
26.57 – 30.96	10
30.96 – 35.00	11
NoData	NoData

输出栅格: \gisex_dt10\ex13\DBtemp.gdb\cost　　　　　　数据项路径、名称

按"确定"键执行，产生修建公路通行成本的栅格数据集 cost(图 13-9)。

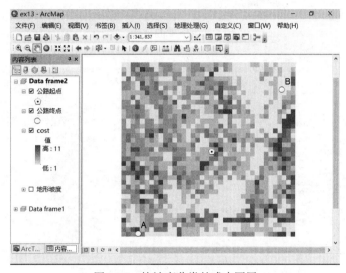

图 13-9　按坡度分类的成本图层

13.4.2　计算成本距离

选用"ArcToolbox→Spatial Analyst 工具→距离→成本距离"，继续设置：

输入栅格数据或要素源数据：公路起点　　　　　　　　　　　下拉选择
输入成本栅格数据: cost　　　　　　　　　　　　　　　　　下拉选择
输出距离栅格数据：\gisex_dt10\ex13\DBtemp.gdb\costdist　　数据项路径、名称
最大距离(可选)　　　　　　　　　　　　　　　　　　　　保持空白
输出回溯链接栅格数据(可选)：\gisex_dt10\ex13\DBtemp.gdb\backlk　数据项路径、名称

按"确定"键，产生成本距离栅格 costdist，每个单元的取值是公路起点到达该位置的最小累计成本，表示相对的最低建设费用(图 13-10，为突出显示效果，增加了等值线，不影响后续计算，读者不一定要操作)。软件还生成回溯链接栅格 backlk(图 13-11)，记录了计算中最小成本的传递方向，用数值 1~8 表示 8 个方向，数值 0 表示原点。

13.4.3　产生公路建设的最低成本路径

选用"ArcToolbox→Spatial Analyst 工具→距离→成本路径"，继续设置：

输入栅格数据或要素目标数据：公路终点　　　　　　　下拉选择表示终点的要素类

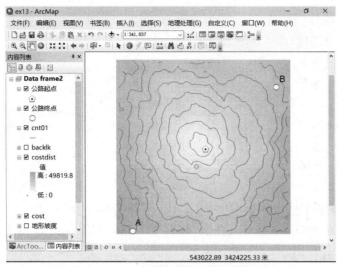

图 13-10　考虑坡度的累计成本图层

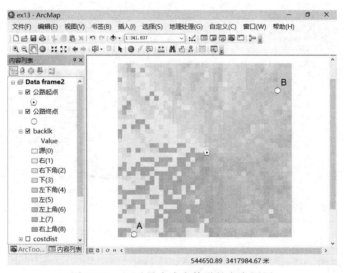

图 13-11　记录最小成本传递的方向图层

目标字段(可选): Id	下拉选择表示终点的属性字段
输入成本距离栅格数据: costdist	下拉选择
输入成本回溯链接栅格数据: backlk	下拉选择
输出栅格: \gisex_dt10\ex13\DBtemp.gdb\path	数据项路径、名称
路径类型(可选): EACH_CELL	下拉选择

按"确定"键,产生基于成本的最佳路径栅格 path,表示由"公路起点"到 A、B 两个终点的最佳路径,依据为相对建设成本最低,综合了公路的总长度成本和地形坡度成本,A 点附近的路径曲折性较明显(图 13-12)。显然,不考虑坡度,从公路起点到达 A、B 应该是直线成本最低。

练习结束,选用菜单"文件→退出",提示是否将更改保存到地图文档,为了不影响以后、他人的练习,应选"否"。

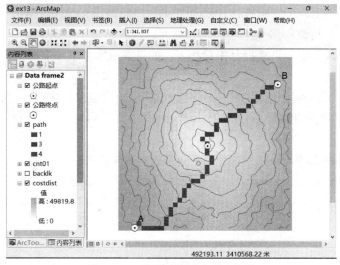

图 13-12　公路建设最小成本路径

13.5　成本距离的计算原理

　　成本距离的计算关键在于累计。计算每一单元通行成本，既考虑栅格单元之间的距离，也考虑各单元的通行成本，累计成本是将上一个单元的累计成本和本单元的通行成本相加，计算公式为

$$accum\_cost = al + ((cost\_a + cost\_b) / 2) \times D \tag{13-1}$$

式中，accum_cost 为某一单元 b 的累计通行成本；al 为上一个相邻单元 a 的累计通行成本；cost_a 为通过单元 a 的成本；cost_b 为通过单元 b 的成本；D 为相邻单元 a、b 之间的距离，按两个单元的中心点计算。如果单元边长为 d，则上下左右相邻单元之间的距离就是 d；对角线方向相邻单元之间的距离为 $\sqrt{2}\,d$(图 13-13)。

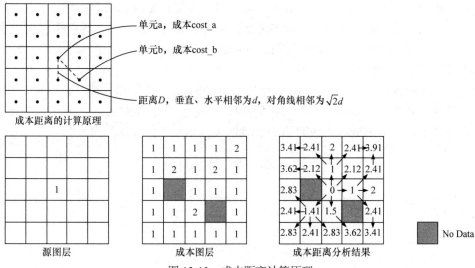

图 13-13　成本距离计算原理

计算过程是从"源"出发的推移过程(可正向，也可逆向)，算出"源"开始的最小累计成本。某个特定单元，可以有多个上一级相邻单元，这就出现了多条路径，上述公式计算出到达单元的多个累计成本值，再选择其中最小者。如果在成本栅格中有"空值"单元(No Data)，计算时将自动避开。

本次练习中，"公路起点"是源，cost 是成本栅格，由坡度决定成本值，backlk 是计算所需的中间数据(成本回溯链接栅格)，相当于图 13-13 中右下侧小图中的箭头方向，每个单元最多有 8 个方向。

costdist 是成本距离的计算结果，公路选线是成本距离的进一步应用，获得基于栅格的成本路径，借助成本回溯链接栅格实现。服务范围分配练习中，"消防站"是源，"成本(障碍)"是成本栅格，alloc02 是基于成本距离而得到的服务范围，计算前不要求输入成本回溯链接栅格。

13.6　本　章　小　结

按直线距离最短原则，为每个设施分配服务范围，即邻近分配。这项功能也可理解为，已知多个出发点(或到达点)，为每个栅格单元确定离开哪个出发点(或到达点)最近。

若要考虑通行成本，计算距离相对复杂。成本距离是从"源"到每一单元的最小累计成本，和单元之间的相邻距离、每个单元的通行成本有关，将上一级单元的最小累计通行成本、本单元的通行成本、通行距离三者相加，得到本单元的最小累计成本。

地理上的障碍物，可按通行成本极高来看待，如果用于服务范围的分配，受障碍影响的服务范围就会缩小。

将地形坡度作为公路建设成本，用于公路选线，沿着坡度较小的方向建设公路，虽然延长路线会增加成本，但是线路最短不一定综合成本最低。

成本栅格中单元的取值往往是相对值，本练习未涉及具体的量纲，实际应用时还可进一步加入距离成本、通行成本的量纲。

当单元取值为整数型时，就有一个值属性表(Value Attribute Table，VAT)，取值相同的单元为一组，每组对应表中的一条记录，对此表可进一步添加字段，所起的作用和矢量多边形要素属性表相似。这一特征可用于矢量多边形转换成栅格(第 12 章，土地使用)、栅格分类统计(本章，消防站服务面积)。对栅格值属性表(VAT)不能添加、删除记录，OBJECTID、Value、Count 是默认字段，不能编辑。

完成第四篇的各章练习，会在地理数据库 DBtemp.gdb 中留下很多栅格数据集，如果这些结果不再需要，可在 ArcMap 中打开"目录"窗口，或者启动 ArcCatalog，将多余的数据项删除。一般用户不宜用 Windows 的文件资源管理器去改动地理数据库的内容。

思　考　题

1. 划分消防站服务范围，栅格邻近分配和矢量泰森多边形(第 17 章)有什么异同？
2. 根据自己的经验，成本距离分析还可用于哪些领域？
3. 栅格数据如何实现多重属性？
4. 栅格值属性表和矢量要素属性表有哪些相似之处？
5. VAT 中的字段 VALUE 为何不可能是浮点型？

第五篇 矢量型空间分析

第14章 基于空间位置的查询

14.1 包含选择查询

启用地图文档\gisex_dt10\ex14\ex14.mxd，激活 Data frame1。显示出两个图层：点状图层"村"，面状图层"乡"。选用主菜单"选择→按属性选择..."，出现条件组合查询对话框：

图层：乡   下拉选择

方法：创建新选择内容   下拉选择

在 SELECT * FROM sub_con02 WHERE 提示下，利用鼠标输入 SQL 查询语句："NAME" LIKE '李顺'，按"确定"键返回，符合条件的一个多边形进入选择集，改变颜色。选用主菜单"选择→按位置选择..."，继续操作：

选择方法：从以下图层中选择要素   下拉选择

目标图层：☑ 村   勾选，在该图层中选择要素

☐ 在此列表中仅显示可选图层   取消勾选

源图层：乡   下拉选择

☑ 使用所选要素   勾选

目标图层要素的空间选择方法：完全位于源图层要素范围内   下拉选择

按"确定"键返回。上述操作的意思是：从图层"村"中选择要素，属于"李顺"乡范围内的村是哪些。可以看到，在点状图层"村"中，有 13 个点要素进入选择集，改变颜色，即"李顺"乡范围内有 13 个村(图 14-1)，打开"村"的图层属性表，可验证进入选择集是否有 13 条记录。关闭属性表。

14.2 相交选择查询

14.2.1 线和线相交

激活 Data frame2，该数据框的两个图层都是线状："铁路""道路"。选用菜单"选择→按位置选择..."，进一步操作：

选择方法：从以下图层中选择要素   下拉选择

目标图层：☑ 道路   勾选，在该图层中选择要素

☐ 在此列表中仅显示可选图层   取消勾选

源图层：铁路   下拉选择

☐ 使用所选要素   默认

目标图层要素的空间选择方法：与源图层要素相交　　　下拉选择

□ 应用搜索距离　　　　　　　　　　　　　　　取消勾选

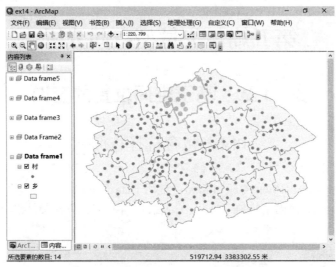

图 14-1　包含在"李顺"乡范围内的村

按"确定"键返回，可以看到 9 段和铁路相交的道路进入了选择集(图 14-2)。

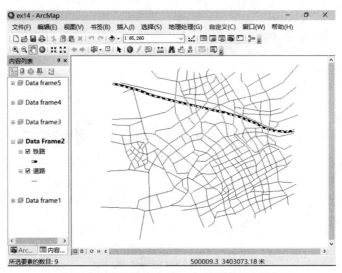

图 14-2　和铁路相交的 9 个路段进入选择集

14.2.2　线和面相交

激活 Data frame3，显示出两个图层：面状图层"地块"、线状图层"供水管"。在内容列表中鼠标右键点击图层名"供水管"，选用菜单"选择→将此图层设为唯一可选图层"。用要素选择工具按钮 ![icon]，配合 Shift 键，点击多段供水管，使它们进入选择集，表示这些供水管即将维修(注意：应选择一些与地块相交的支管)。选用主菜单"选择→按位置选择…"[注]，进一步操作：

[注]　"按位置选择"针对"目标图层""源图层"。用户使用了该功能后，激活另一个数据框，如果出现无法针对后者的图层进行操作，可以先退出 ArcMap 再进入，这是某些 ArcMap 版本的软件差错造成的。正常情况下，激活不同数据框，可立刻针对本数据框内的各图层进行操作。

选择方法：从以下图层中选择要素	下拉选择
目标图层：☑ 地块	勾选，在该图层中选择要素
□ 在此列表中仅显示可选图层	取消勾选
源图层：供水管	下拉选择
☑ 使用所选要素	勾选
目标图层要素的空间选择方法：与源图层要素相交	下拉选择
□ 应用搜索距离	取消勾选

按"确定"键返回，凡是和即将维修的供水管相交的地块都改变了颜色。进入选择集(图 14-3)，打开"地块"要素属性表，可以看到相交地块所对应的属性记录也进入选择集。关闭属性表。

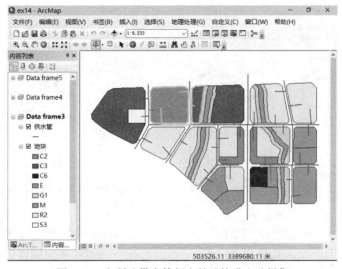

图 14-3　和所选供水管相交的地块进入选择集

14.3　相邻选择查询

14.3.1　点和点相邻选择

激活 Data frame4，有 3 个图层：点状图层"学生"，点状图层"小学"，线状图层"道路"，道路图层仅用于显示，不参与查询(图 14-4)。"光明小学"是新选址的乡村小学，要查询离开该位置 5 千米范围内有哪些学生。进入"Data frame4→数据框属性→常规"选项，确认"地图"和"显示"单位均是"米"，按"确定"键返回。选用主菜单"选择→按属性选择…"，在条件组合查询对话框中进一步操作：

图层：小学	下拉选择
方法：创建新选择内容	下拉选择

在 SELECT * FROM school WHERE 提示下，利用鼠标输入 SQL 查询语句：SCHOOL_NAM LIKE '光明小学'，按"确定"键返回，有一所小学进入选择集。选用主菜单"选择→按位置选择…"，进一步操作：

选择方法：从以下图层中选择要素	下拉选择

目标图层：☑ 学生　　　　　　　　　勾选，在该图层中选择要素

☐ 在此列表中仅显示可选图层　　　　取消勾选

源图层：小学　　　　　　　　　　　下拉选择

☑ 使用所选要素　　　　　　　　　　勾选

目标图层要素的空间选择方法：在源图层要素的某一距离范围内　　　下拉选择

☑ 应用搜索距离　　　　　　　　　　默认

5　　千米　　　　　　　　　　　　键盘输入距离值，下拉选择距离单位(千米)

图 14-4　Data frame4 的显示

上述操作的意思是：在离开"光明小学"5 千米范围内搜索"学生"，按"确定"键返回，有 49 个点要素"学生"进入选择集(图 14-5)，可以打开 "学生"图层属性表验证。他们距"光明小学"的距离在 5 千米以内。关闭属性表。

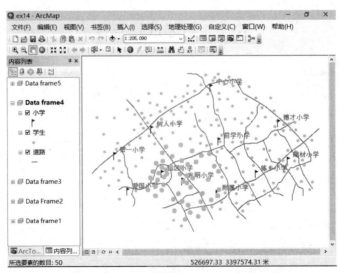

图 14-5　部分点要素"学生"进入选择集

14.3.2　点和线相邻选择

激活 Data frame5，有两个图层：点状图层"村庄"、线状图层"公路"。进入"Data frame5→数据框属性→常规"选项，确认"地图"和"显示"单位均为"米"，按"确定"键返回。选用菜单"选择→按位置选择..."，进一步操作：

选择方法：从以下图层中选择要素　　　　　　下拉选择
目标图层：☑ 村庄　　　　　　　　　　　　勾选，在该图层中选择要素
□ 在此列表中仅显示可选图层　　　　　　　取消勾选
源图层：公路　　　　　　　　　　　　　　下拉选择
□ 使用所选要素　　　　　　　　　　　　　取消勾选
目标图层要素的空间选择方法：在源图层要素的某一距离范围内　　　下拉选择
☑ 应用搜索距离　　　　　　　　　　　　　默认
0.5　千米　　　　　　　　　　　　　　　键盘输入距离值，下拉选择距离单位(千米)

上述操作的意思是：在离开"公路"的 0.5 千米距离内选择"村庄"，按"确定"键返回。距离公路 0.5 千米范围内的村庄全部选出，这些点要素进入选择集，改变了显示颜色(图 14-6)。打开"村庄"的图层属性表，可以看到 37 条记录中，18 条进入选择集，改变颜色，即 37 个村庄中，有 18 个距离公路在 0.5 千米之内。关闭属性表窗口。

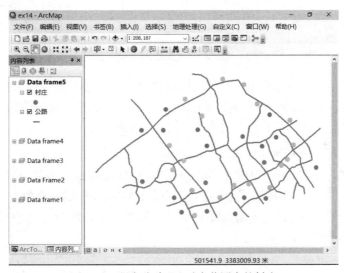

图 14-6　距离公路 0.5 千米范围内的村庄

14.3.3　面和面相邻选择查询

激活 Data frame3，显示出两个图层：面状图层"地块"、线状图层"供水管"。进入"Data frame3→数据框属性→常规"选项，确认"地图"和"显示"单位均为"米"，按"确定"键返回。本练习要求查询距离地图右侧的某块绿地 200 米范围内，有哪些住宅用地。在内容列表中鼠标右键点击图层名"地块"，选用菜单"选择→将此图层设为唯一可选图层"，先点击按钮 ⊠，清空选择集，再用要素选择工具 ⊠，点击地图右侧中部、河道右侧的绿地(G1)，该多边形进入选择集(图 14-7，边界变为浅蓝色)。选用菜单"选择→按位置选择..."，进一步操作：

选择方法：从以下图层中选择要素　　　　　　下拉选择
目标图层：☑ 地块　　　　　　　　　　　　勾选，在该图层中选择要素

☐ 在此列表中仅显示可选图层　　　　　　取消勾选

源图层：地块　　　　　　　　　　　　下拉选择

☑ 使用所选要素　　　　　　　　　　　默认

目标图层要素的空间选择方法：在源图层要素的某一距离范围内　　下拉选择

☑ 应用搜索距离　　　　　　　　　　　默认

200　米　　　　　　　　　　　　　键盘输入距离值，下拉选择距离单位

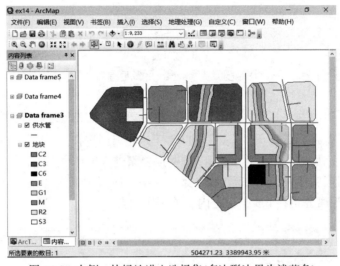

图 14-7　右侧一块绿地进入选择集(多边形边界为浅蓝色)

按"确定"键返回。可以看出，若干地块边界改变了颜色(包括绿地自身)，打开图层"地块"的图层属性表，可以看出从 39 条记录中选出了 23 条，属性表窗口的底部有提示："(23/39 已选择)"。点击属性表窗口左上侧选项菜单"☷▾→按属性选择..."，在对话框中进一步操作：

方法：从当前选择内容中选择　　　　　下拉选择

在"SELECT * FROM lots WHERE"提示下，利用鼠标输入 SQL 查询语句：LANDUSE LIKE 'R%'，按"应用"键，5 个住宅用地地块(即字段 LANDUSE 的属性值中以字符'R'开头)进入选择集，改变边界颜色，它们距绿地的直线距离均小于 200 米，非住宅用地被排斥在选择集之外。关闭属性表窗口。

14.4　空间连接查询

激活 Data frame1。显示出两个图层：点状图层"村"，面状图层"乡"。点击按钮 ⊠，清空选择集。鼠标右键点击图层"村"，快捷菜单中选用"连接和关联→连接..."：

要将哪些内容连接到该图层? 基于空间位置的另一图层的数据　　　下拉选择

1. 选择要连接到此图层的图层，或者从磁盘加载空间数据：乡　　下拉选择

2. 正在连接：　面转点

⦿ 落入其中的面　　　　点选

◯ 与其最接近的面　　　不选

3. 连接结果将保存到一个新图层中

\gisex_dt10\ex14\DBtemp.gdb\Join_Output　　路径和数据项名称，按"保存"键返回

按"确定"键结束。ArcMap 产生新的点状要素类 Join_Output，自动加载到当前数据框，要素的空间位置和"村"一样。打开图层 Join_Output 的要素属性表，可以看到 215 条记录(对应 215 个村)，表的右侧比原来多了 3 个字段：sub_con02_OBJECTID(乡的内部标识号)，SUB_CON_ID(乡的用户标识号)，NAME(乡的名称)。本次空间连接操作，按村位于乡的空间范围计算(点在多边形内)，使每个村有了所在乡的属性字段，可进一步用于统计分析。关闭属性表窗口，用鼠标右键点击图层名 Join_Output，进入选项"图层属性→符号系统→显示：类别→唯一值"，下拉选择"值字段：NAME，在"色带"下拉表中选择配色表，相互之间的明暗差异较大，点击左下侧按钮"添加所有值"，乡名称全加载。可看出，按乡的名称分类，每个乡有多少个村(如"五塘"乡对应 10 个村)，在每个乡名称左侧的"符号"列中双击点符号，调整每个符号，使它们相互之间有颜色差异，取消<其他所有值>前的勾选，按"确定"键返回，得到按乡分类的村庄专题图(图 14-8)。

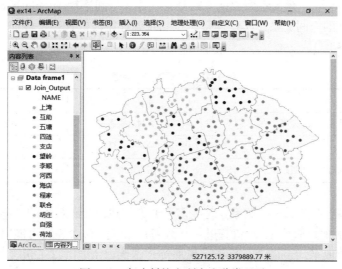

图 14-8　每个村按它所在乡分类显示

练习结束，选用菜单"文件→退出"，提示是否保存对当前地图文档的更改，为了不影响以后、他人的练习，应选"否"。

14.5　本 章 小 结

14.5.1　关于空间位置选择查询

空间位置选择查询是 GIS 和其他软件的重要区别。如果选择要素发生在图层之间，一般分为源图层、目标图层。在一定条件下，也可同属一个图层。借助拓扑关系原理，选择的逻辑关系有多种，ArcMap 提供了 10 多种操作(个别操作从二维空间扩展到三维)，以下是较常用、较基本的选项：

(1) 目标图层要素与源图层要素相交；

(2) 目标图层要素在源图层要素的某一距离范围内；

(3) 目标图层要素包含源图层要素；

(4) 目标图层要素在源图层要素范围内；

(5) 目标图层要素与源图层要素完全相同；

(6) 目标图层要素接触源图层要素的边界；

(7) 目标图层要素与源图层要素共线；

(8) 目标图层要素与源图层要素的轮廓交叉；

(9) 目标图层要素的质心在源图层要素内。

本章所练习的包含、相交、相邻是最基本的选择方法，软件产品提供多种操作，虽有部分重复，但可方便日常使用。原始的提示接近英语口语(中文是翻译的)，有些是基本功能的组合、延伸或逆向实现，例如："相同"在一定条件下可转换为相邻距离为零；目标图层要素的质心在源图层要素内可分解为两步：①目标图层要素转换为质心，②再利用源图层要素包含选择。

14.5.2　关于空间连接

表和表连接、关联，是关系型数据库的基本功能，空间连接(Spatial Join)则是 GIS 的特有功能。先按要素间的空间关系，实现连接，再实现属性字段的连接、传递。功能类型比空间位置选择要少(表 14-1)。

表 14-1　空间连接功能表

要素	点	线	面
点	重合，最近距离	点在线上，最近距离	点在面内，最近距离
线	点在线上，最近距离	线和线相交、部分重合，最近距离	相交、包含，最近距离
面	点在面内，最近距离	相交，最近距离	面的包含，最近距离

上述功能中最近距离属相邻关系，是在多个要素间找出相距最近的，记录在属性字段中，逻辑上通过邻近分析实现(第 17 章将有进一步练习)。相交、包含连接可能出现一对多的关系，这时，可对属性值取平均、最大、最小、累加等。本练习主要尝试了包含关系，这是使用机会较多的。有兴趣的读者可以自己尝试相交、相邻空间连接。

思　考　题

1. 根据自己的经验，相交、包含、相邻查询还可用于哪些领域？

2. 根据自己的经验，空间连接还可解决什么问题？

第 15 章　缓　冲　区

15.1　点要素的缓冲区

15.1.1　相互独立的缓冲区

　　启用\gisex_dt10\ex15\ex15.mxd，激活 Data frame1，可看到 2 个图层：点状图层"公园"，有 9 个点，线状图层"道路"，仅用于显示(图 15-1)。本练习要求产生距离公园 1000 米同心圆式的服务范围。鼠标双击 Data frame1，打开"数据框 属性"对话框，进入"常规"选项，确认"地图"和"显示"单位均是"米"，按"确定"键返回。主菜单中选用"地理处理→环境…"，进一步设置：

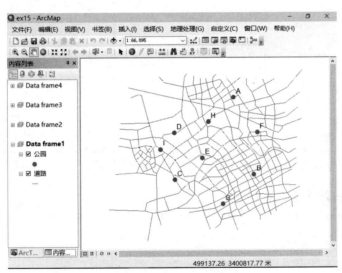

图 15-1　Data frame1 的显示

工作空间→当前工作空间：\gisex_dt10\ex15\DBtemp.gdb	借助文件夹按钮选择、添加
工作空间→临时工作空间：\gisex_dt10\ex15\DBtemp.gdb	借助文件夹按钮选择、添加
输出坐标系：与输入相同	下拉选择
处理范围：与图层 道路 相同	下拉选择

　　按"确定"键返回。标准工具条内点击按钮 ，调出 ArcToolbox。在 ArcToolbox 窗口中，展开、双击"分析工具→邻域分析→缓冲区"，出现对话框：

输入要素：公园	下拉选择图层名
输出要素类：\gisex_dt10\ex15\DBtemp.gdb\buffer1	数据项路径、名称
距离 [值或字段]	
⊙ 线性单位	点选

1000　米	键盘输入缓冲距离，下拉选择距离单位
侧类型(可选)：FULL	默认
末端类型(可选)：ROUND	默认
方法(可选)：PLANAR	下拉选择
融合类型(可选)：NONE	下拉选择，不消除缓冲区的交叉、重叠
融合字段(可选)	不选

按"确定"键，ArcToolbox 按上述要求计算，产生距离公园 1000 米缓冲区多边形，自动加载，图层取名为 buffer1，缓冲区相互独立，但有交叉、重叠(图 15-2)。

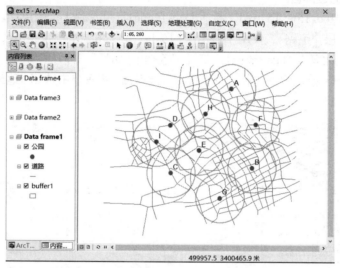

图 15-2　距离公园 1000 米，相互交叉、重叠的同心圆式服务范围

15.1.2　重叠部分合并的缓冲区

再到 ArcToolbox 窗口双击"缓冲区"，产生单环状缓冲区对话框：

输入要素：公园	下拉选择图层名
输出要素类：\gisex_dt10\ex15\DBtemp.gdb\buffer2	数据项路径、名称
距离 [值或字段]	
⊙ 线性单位	点选
600　米	键盘输入缓冲距离，下拉选择距离单位
侧类型(可选)：FULL	默认
末端类型(可选)：ROUND	默认
方法(可选)：PLANAR	下拉选择
融合类型(可选)：ALL	下拉选择，消除交叉、重叠
融合字段(可选)	不选

按"确定"键继续，ArcToolbox 产生距离公园 600 米缓冲多边形，共有 8 个，交叉重叠的位置被合并(图 15-3 中 D 和 I 的缓冲区合并为一个多边形)。

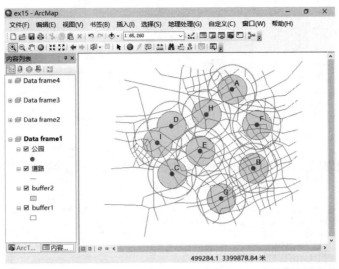

图 15-3　距离公园 600 米缓冲区，D 和 I 的交叉、重叠部分被合并

15.1.3　按要素的属性产生缓冲区

不同的公园可以产生不同的缓冲区，要求如下：

公园名称	邻近距离
A	750
B	500
C	1000
D	1000
E	750
F	500
G	750
H	500
I	750

切换到内容列表，鼠标右键点击图层名"公园"，打开图层属性表，在属性表窗口左上角选用下拉菜单 ▦▾ ，选用"添加字段"，继续输入：

名称：Distn

类型：短整型

其他内容为默认，按"确定"键返回，属性表增加了以 Distn 命名的字段。点击图标按钮 🖉 ，弹出编辑器工具条，选择"编辑器→开始编辑"，软件会提示要编辑的数据，选择"公园"，按"确定"键，该表进入编辑状态，可编辑的字段名改变为白色，参照前述的不同公园不同邻近距离的要求，为字段 Distn 分别输入对应值。行的顺序可能和书上不一致，可右键点击字段名 NAME，选快捷菜单"升序排列"，完成输入后选择"编辑器→停止编辑"，软件提示是否保存编辑结果，点击"是"，编辑状态结束，字段名的颜色变回原来灰色。关闭属性表、编辑器工具条。再切换到 ArcToolbox 窗口，双击"缓冲区"，继续输入：

输入要素：公园　　　　　　　　　　下拉选择图层名

输出要素类：\gisex_dt10\ex15\DBtemp.gdb\buffer3　　　数据项路径、名称

⊙ 字段	这次应改选字段
Distn	下拉选择要素属性表中的字段名
侧类型(可选)：FULL	默认
末端类型(可选)：ROUND	默认
方法(可选)：PLANAR	下拉选择
融合类型(可选)：ALL	下拉选择，消除缓冲区的交叉、**重叠**
融合字段(可选)	不选

按"确定"键继续，ArcToolbox 按上述要求产生离开公园不同距离的缓冲区多边形，有远有近，大小不同，交叉、重叠处被合并(图 15-4)。

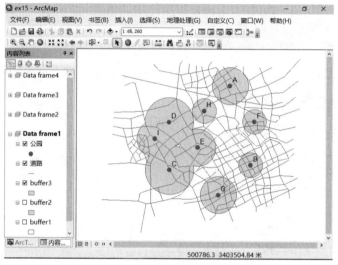

图 15-4　不同公园不同服务距离的缓冲区

15.2　线要素的缓冲区

激活 Data frame2，该数据框有 2 个图层：线状图层"道路"，仅用于地图显示，不参加分析，线状图层"铁路"为缓冲区的分析对象(图 15-5)。假设根据当地的要求，沿铁路两侧 20 米、40 米范围内，进行环境整治、植树，需提供专题地图。

进入"Data frame2→数据框属性→常规"选项，确认"地图"和"显示"单位均为"米"，按"确定"键返回。主菜单中选用"地理环境→环境…"，仅设置：

输出坐标系：与输入相同	下拉选择
处理范围：与图层 道路 相同	下拉选择

其他设置可省略，按"确定"键返回。选用"ArcToolbox→分析工具→邻域分析→多环缓冲区"，出现对话框：

输入要素：铁路	下拉选择图层
输出要素类：\gisex_dt10\ex15\DBtemp.gdb\buffer4	数据项路径、名称
距离：	分两次键盘输入邻近距离值，输完后按"＋"号按钮添加

20

40

缓冲区单位(可选)：Default	默认
字段名(可选)：distance	默认
融合选项(可选)：ALL	下拉选择，重叠的多边形相互合并
☐ 仅外部	不勾选

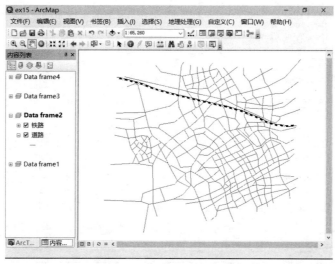

图 15-5 Data frame2 的显示

　　按"确定"键，ArcToolbox 按上述要求产生离开铁路线 20 米、40 米两圈边界组成的 2 个多边形，图层名为 buffer4。因范围很小，要放大图形才能看清楚，可打开图层 buffer4 的图层属性对话框，为缓冲区多边形设置合适的显示符号，还可以打开、关闭图层"铁路"，观察显示效果(图 15-6)。

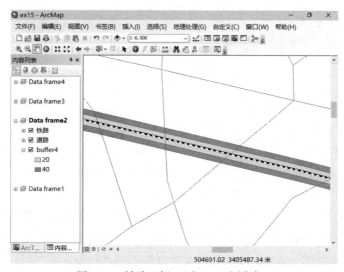

图 15-6 铁路两侧 20 米、40 米缓冲区

15.3 多边形要素的缓冲区

　　激活 Data frame3，该数据框有 2 个图层(图 15-7)："道路"仅用于地图显示，不参加分析，

"仓库"表示某城市中危险品的存储基地。假设存储基地周围 100 米范围内不准有建筑物，也不准堆放易燃易爆物品，周围 200 米范围内可以有一般建筑物，但是仍不能有易燃易爆物品，周围 300 米范围内不准建设住宅，以及商业、学校、办公等设施。为此需要在地图上产生 100 米、200 米、300 米的缓冲区，并计算缓冲区的面积。

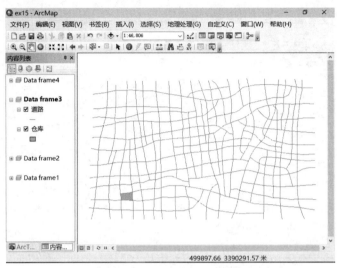

图 15-7　Data frame3 的显示

　　主菜单中选用"地理处理→环境…"，仅设置"处理范围：与图层 道路 相同"，其他不需要修改，按"确定"键返回。选用"ArcToolbox→分析工具→邻域分析→多环缓冲区"，进一步设置：

输入要素：仓库　　　　　　　　　　下拉选择图层名
输出要素类：\gisex_dt10\ex15\DBtemp.gdb\buffer5　　　　数据项路径、名称
距离：　　　　　分三次键盘输入邻近距离值，每次输完后用"＋"按钮继续

　　100

　　200

　　300

缓冲区单位(可选)：Default　　　　　默认

字段名(可选)：distance　　　　　　默认

融合选项(可选)：ALL　　　　　　下拉选择，重叠的多边形相互合并

□ 仅外部　　　　　　　　　　不勾选

　　按"确定"键，ArcToolbox 按上述要求产生 3 个缓冲区多边形，离开仓库多边形分别为 100 米、200 米、300 米共 3 圈，图层名称默认为 buffer5。用鼠标右键打开 buffer5 的图层属性对话框，进入"符号系统"选项，为缓冲区设置合适的显示符号，还可以打开、关闭图层"仓库"，观察显示效果(图 15-8)，可以看出，100 米缓冲区没扣除仓库多边形自身。

　　打开 buffer5 的图层属性表，可看到缓冲区多边形的面积(因软件版本不同，面积值可能有很小的差异)：

OBJECTID　　　　　Shape*　　　　　distance　　　　Shape_Length　　　　Shape_Area

(内部标识)	(几何形状)	(邻近距离)	(多边形周长)	(多边形面积)
0	面	100	1829.37	230174.80
1	面	200	4286.96	214332.89
2	面	300	5543.37	277144.27

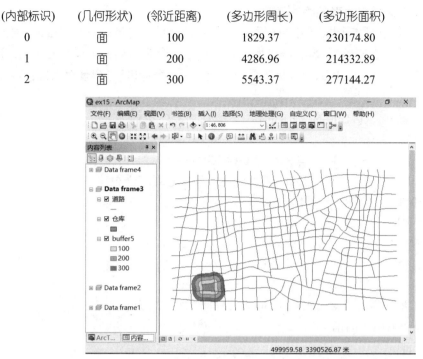

图 15-8　多边形的缓冲区显示

15.4　利用缓冲区计算道路网密度

关闭属性表，激活 Data frame4，该数据框有 2 个图层：线状图层"道路"、面状图层"区界"(图 15-9)，要求计算某个区界范围内的道路网密度。按一般定义：道路网密度 = 区界范围内的道路总长度 / 该区面积，常用单位是每平方千米面积内有多少千米长度的道路。主菜单中选用"地理处理→环境..."，仅设置"处理范围：与图层 道路 相同"，其他不需要修改，按"确定"键返回。

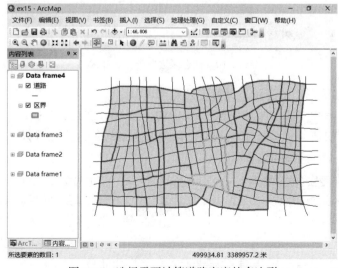

图 15-9　选择需要计算道路密度的多边形

15.4.1　产生离开某个区界多边形的缓冲区

内容列表中，鼠标右键点击图层名"区界"，选用快捷菜单"选择→将此图层设为唯一可选图层"，基本工具条中点击图标 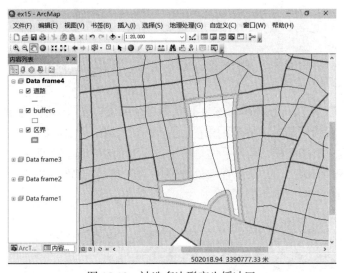，在地图窗口中点选一个多边形，边界改变颜色，进入选择集(图 15-9)。选用"ArcToolbox→分析工具→邻域分析→缓冲区"，出现对话框：

输入要素：区界　　　　　　　　　　　下拉选择图层名

输出要素类：\gisex_dt10\ex15\DBtemp.gdb\buffer6　　　数据项路径、名称

距离 [值或字段]

⊙ 线性单位　　　　　　　　　　　点选，采用线性距离单位

　–50　　米　　　　　　　　　　注意：距离为负值，下拉选择距离单位

侧类型(可选)：FULL　　　　　　　下拉选择

末端类型(可选)：ROUND　　　　　默认

方法(可选)：PLANAR　　　　　　下拉选择

融合类型(可选)：ALL　　　　　　下拉选择

融合字段(可选)　　　　　　　　　不选

按"确定"键，被选择区界多边形产生 50 米缓冲区，图层名为 buffer6，因距离值小于零，缓冲区在多边形的内侧(图 15-10)。

图 15-10　被选多边形产生缓冲区

15.4.2　选择指定多边形内的道路、计算道路网密度

选用主菜单"选择→清除所选要素"(或借助按钮)，切换到内容列表，鼠标右键点击图层 buffer6，选择快捷菜单"选择→全选"，刚才生成的缓冲区进入选择集。选用主菜单"选择→按位置选择"，出现对话框：

选择方法：从以下图层中选择要素　　　　　　　　　　下拉选择

目标图层：☐ 道路　　　　　　　　　　　　　　　仅"道路"图层被勾选，其他图层均取消

源图层：buffer6　　　　　　　　　　　　　　　下拉选择，用该图层的要素作为参照

☑ 使用所选要素　　　　　　　　　　　　　　　勾选，仅用进入选择集的要素

目标图层要素的空间选择方法：与源图层要素相交　　下拉选择

□ 应用搜索距离　　　　　　　　　　　　　　　　　　保持空白，不勾选

　　按"确定"键，可以看到和选定多边形交叉(含包围)的道路进入选择集，改变了显示颜色(图 15-11)。

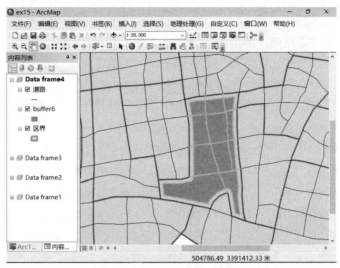

图 15-11　参与计算的道路进入选择集

　　打开"道路"的图层属性表，可以看到，585 条记录中，16 条记录进入了选择集。鼠标右键点击字段名 Shape_Length(每段道路的长度)，选择菜单"统计"，属性 Shape_Length 的统计结果文本框显示如下：

计数：16　　　　进入计算的路段数(即记录数)

…　…

总和：4134.56　　　　选择集内道路路段长度总和

…　…

　　关闭统计结果文本框，关闭属性表"道路"，返回内容列表。暂时关闭"道路"和 buffer6 的显示，基本工具条中点击"识别"工具 ⓘ，在地图窗口中点击最初选择的那个多边形内部，出现该要素的属性：

字段	值
Shape	面
BOUND_ID	2010
OBJECTID	17
Shape_Length(多边形周长)	5354.68
Shape_Area(多边形面积)	991566.35

　　需要计算道路网密度的边界既是多边形自己，也是周围其他多边形的边界，在几何上，边界线由两侧多边形共享，而且周边道路重合，因此在计算道路网密度时，和边界重合的道路长度应对半分，分别计入两侧多边形。该多边形范围内道路网密度为

$$(4134.56 + 5354.68 / 2)/ 991566.35 \times 1000 = 6.87$$

　　道路网密度常用计算单位是"千米/平方千米"，而本练习的地图单位是米，因此上述计算

式中要乘 1000。

15.4.3　本练习说明

计算道路网密度的范围边界如果和道路重合，直接用"按位置选择"或者"空间连接"选择道路路段，原理上可行，但因原始数据的误差，坐标计算中的误差，容易出现该进入选择集的路段未进入，不该进入的却进入了。在计算边界的内侧产生一个缓冲区，可保证边界内以及和边界有交叉的道路路段都进入选择集，边界上、边界外的道路不进入，防止误差。

还有一种更简单的操作，也可防止选择误差。主菜单中点击按钮 ⊠，清空选择集，暂时关闭"道路"和 buffer6 的显示，借助按钮 ⊠，在地图窗口中再次点选最初要选择的那个多边形，该要素改变颜色，进入选择集。主菜单中选择"选择→按位置选择"，弹出对话框：

选择方法：从以下图层中选择要素　　　　　下拉选择

目标图层：☑ 道路　　　　　　　　　　仅道路图层被勾选，其他图层均取消

源图层：区界　　　　　　　　　　　　下拉选择，用该图层的要素作为参照

☑　使用所选要素　　　　　　　　　　勾选，仅用进入选择集的要素

目标图层要素的空间选择方法：与源图层要素相交　　　下拉选择

☑ 应用搜索距离　　　　　　　　　　勾选

　–50　　米　　　　　　　　　　　键盘输入负值距离，下拉选择距离单位

按"应用"键，打开图层"道路"的显示，可以看到选择的结果和缓冲区相同，按"关闭"键返回。靠位置相邻实现选择，搜索距离为负值，相当于在多边形内侧产生一个隐性的缓冲区，虽不显示、不持久保存，但基本方法也是靠缓冲区，和产生显性缓冲区，再相交选择的作用一样。如果仅仅为了选择，显然后一种操作相对简便。

练习结束，选用菜单"文件→退出"，ArcMap 提示是否将更改保存到地图文档，为了不影响以后、他人的练习，应选"否"。

15.5　本 章 小 结

本章涉及的缓冲区的英语词汇为 Buffer Zone，可以针对点、线、面三类要素。可以是单距离的缓冲区，也可以是多重距离的缓冲区，可以在多边形外侧，也可在内侧。缓冲区的距离可以在操作过程中输入，也可以从要素的属性表中获得，前者便于交互操作，后者更适合程序处理。缓冲区的结果是多边形，相互交叉、重叠部分可以保留，也可消除、合并。

地理数据库对线要素的长度、面要素的周长、面积，均有默认字段，一旦改变几何形态，会自动更新，给各种应用带来方便。

思 考 题

1. 根据自己的经验，点、线、面的缓冲区功能还可用于哪些领域？
2. 复述本章练习获得道路网密度值的计算过程。

第16章 多边形叠合、归并

16.1 线和面的叠合

启用\gisex_dt10\ex16\ex16.mxd，激活数据框 Data frame1，有 3 个图层："区界"(多边形，仅用于显示，不参与计算)，"计算范围"(多边形)，"道路"(线)，本练习要求得到"计算范围"内的道路网密度，该范围和区界多边形不重合(图 16-1)。鼠标右键点击 Data frame1，选择"属性"，进入"常规"选项，确认"地图"和"显示"单位均为"米"，按"确定"键返回。主菜单中选用"地理处理→环境…"，进一步设置：

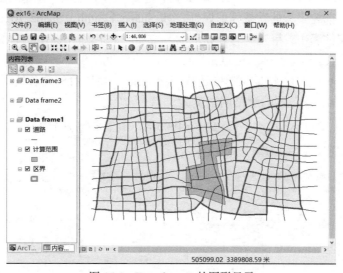

图 16-1　Data frame1 的图形显示

工作空间→当前工作空间：\gisex_dt10\ex16\DBtemp.gdb	借助文件夹按钮选择、添加
工作空间→临时工作空间：\gisex_dt10\ex16\DBtemp.gdb	借助文件夹按钮选择、添加
输出坐标系：与输入相同	下拉选择
处理范围：与图层 道路 相同	下拉选择

按"确定"键返回。鼠标右键点击该图层名"计算范围"，打开属性表，窗口左上角选用菜单"▦ ▾→添加字段"，进一步输入：

名称：Area

类型：双精度

其他内容均默认，按"确定"键返回。鼠标右键点击字段名 Area，选"字段计算器"，在随后出现的对话框左上角点选◉VB 脚本，选字段名 Shape_Area，在下侧文本框上方有"Area ="的提示，文本框内出现[Shape_Area]，按"确定"键，可以看到，字段 Area 的取值和 Shape_Area 相同，关闭属性表。

　　如果 ArcToolbox 尚未加载，点击按钮 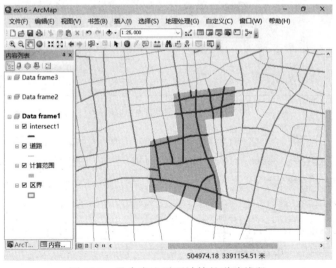 ，展开、选用"ArcToolbox→分析工具→叠加分析→相交"，出现对话框：

输入要素：	分 2 次利用下拉箭头分别选择
要素	
道路	
计算范围	

输出要素类：\gisex_dt10\ex16\DBtemp.gdb\intersect1　　　　输入路径、数据名

连接属性(可选)：ALL　　　　　下拉选择所有属性均连接到输出的要素属性表

XY 容差(可选)：　　　　　　保持空白

输出类型(可选)：LINE　　　　下拉选择，输出线要素类

　　按"确定"键。经计算，产生要素类 intersect1，自动加载，可看出原来的"道路"被切割后限定在"计算范围"内(图 16-2)。打开 intersect1 的图层属性表，可以看到该属性表有一个字段 Area，所有记录的取值均为 1579952.74，这是"计算范围"多边形的面积，在做叠合处理过程中，处理前要素类的默认几何属性，如 Shape_Length，Shape_Area 不会自动带入到计算后要素类的属性表中，事先为"计算范围"增加一个字段(Area)，方能将该多边形的面积带入处理结果的属性表中。鼠标右键点击 intersect1 的字段名 Shape_Length(这是该要素类产生过程中自动添加后赋值的)，快捷菜单中选择"统计…"，可以看到叠合处理后有 55 个路段，长度总和：11167.20，该范围的道路网密度为

$$11167.20 / 1579952.74 \times 1000 = 7.07(千米/平方千米)$$

关闭统计数据窗口，关闭属性表窗口。

图 16-2　叠合产生需要计算的道路线段

16.2　多边形叠合练习简介

　　激活 Data frame2，可以看到"高程""地块"2 个多边形图层(图 16-3 和图 16-4)。"高程"多边形由地形等高线加分析范围边界线围合而成，每个多边形涉及一种或两种高程相邻的等

第 16 章　多边形叠合、归并

高线，打开要素属性表"高程"，可看到字段 HEIGHT，属性值等于较高的等高线高程值，当洪水水位到达或超过属性值时，该多边形范围被淹没。打开要素属性表"地块"，可以看到 LANDUSE，VALUE，CLASS，P_area 等字段，分别表示土地使用、财产估计、地基类型、地块面积(该属性值和 Shape_Area 相同)。

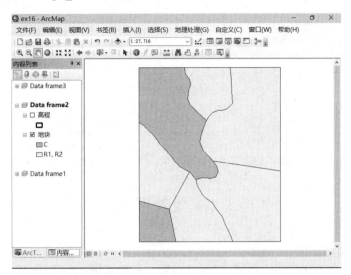

图 16-3　Data frame2 中仅显示"地块"

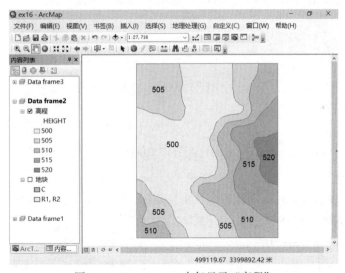

图 16-4　Data frame2 中仅显示"高程"

点击添加数据工具 ✚，在 \gisex_dt10\ex16\DBex16.gdb 路径下，选择独立属性表 found，按"添加"键，加载该表。内容列表中看不到表名，点击左上角的按钮 (按源列出)，用鼠标右键点击"found→打开"，可看到该表有 CLASS 和 PARA 两个字段，表示地基类型和损失参数(图 16-5)，关闭属性表。

本练习是一个假设的洪水淹没分析，考虑因素和分析要求如下：

(1) 洪水水位的高程为 505 米，淹没范围按等高线考虑。

(2) 住宅用地为财产损失的估计对象。

(3) 淹没引起的损失除了和居民的财产有关，也和场地的稳定性有关。

(4) 计算被淹没的面积，估计损失的财产。

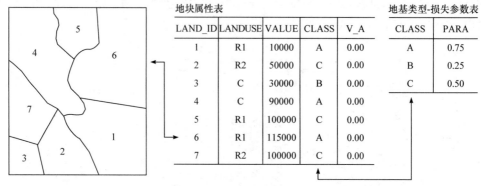

地块属性表

LAND_ID	LANDUSE	VALUE	CLASS	V_A
1	R1	10000	A	0.00
2	R2	50000	C	0.00
3	C	30000	B	0.00
4	C	90000	A	0.00
5	R1	100000	C	0.00
6	R1	115000	A	0.00
7	R2	100000	C	0.00

地基类型-损失参数表

CLASS	PARA
A	0.75
B	0.25
C	0.50

图 16-5　地块属性、地基类型、损失参数的逻辑关系

16.3　主要处理过程

16.3.1　计算地块财产密度

主菜单中选用"地理处理→环境…"，仅设置"处理范围：与图层 地块 相同"，其他不变，按"确定"键返回。用鼠标右键打开 "地块"的图层属性表，点击菜单"▤▾→添加字段"，进一步输入：

名称：V_A

类型：浮点型

按"确定"键返回，鼠标右键点击字段名 V_A，选用"字段计算器…"，对话框下侧提示："V_A="，用鼠标点击输入：

[VALUE] / [P_area]

按"确定"键，可看到表示地块财产按密度计算的字段 V_A 被赋值，关闭属性表。

16.3.2　多边形叠合

展开并选用"ArcToolbox→分析工具→叠加分析→联合"，进一步操作：

输入要素：分 2 次利用下拉箭头分别选择"高程""地块"

输出要素类：\gisex_dt10\ex16\DBtemp.gdb\union1　　　数据项路径、名称

连接属性(可选)：ALL　　　　　　　　　　　　　　　下拉选择，所有字段都连接

XY 容差(可选)：　　　　　　　　　　　　　　　　保持空白

☑ 允许间隙存在　　　　　　　　　　　　　　　　勾选

按"确定"键执行，产生叠合结果 union1，自动加载(图 16-6)。

16.3.3　计算地块损失、损失密度

点击鼠标右键打开 union1 的图层属性表，在 unionl 窗口的左上角点击菜单"▤▾→添加字段"，进一步输入：

名称：Estloss(地块的估计损失)

类型：双精度

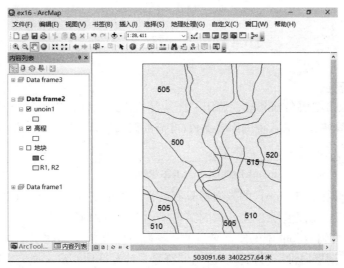

图 16-6　叠合后的多边形图层

按"确定"键，再选用菜单"⊞▼→添加字段"：

名称：Lossden(单位面积的损失密度)

类型：浮点型

按"确定"键返回，关闭属性表。下一步将地基类型—损失系数表连接到叠合多边形属性表。如果地基类型—损失参数表未加载，点击工具 ✚，在 \gisex_dt10\ex16\路径下选择 found，按"添加"键。内容列表中鼠标右键点击图层名 union1，选用快捷菜单"连接和关联→连接..."，执行表和表的连接操作：

要将哪些内容连接到该图层？

某一表的属性　　　　　　　　　　　　　　　　　下拉选择，执行表和表连接

1. 选择该图层中连接将基于的字段：CLASS　　　　下拉选择 Union1 的关键字段

2. 选择要连接到此图层的表，或从磁盘加载表：found　　　下拉选择表名

☑ 显示此列表中的图层的属性表　　　　　　　　　勾选

3. 选择此表中要作为连接基础的字段：CLASS　　　　下拉选择 found 的关键字段

连接选项

⦿ 保留所有记录　　　　　　　　　　　　　　　　点选

按"确定"键，完成连接，打开 union1 的属性表，可看到该表多了字段 PARA，即损失系数。鼠标右键点击字段名 Estloss，选用"字段计算器..."，对话框下侧提示："union1.Estloss ="，借助鼠标在文本框内输入：

[union1.Shape_Area] * [union1.V_A] * [found.PARA]

按"确定"键，字段 Estloss 被赋值，即：地块估计损失 ＝ 地块财产密度×叠合后的多边形面积×损失系数。再用鼠标右键点击字段名 Lossden，选用"字段计算器..."，对话框下侧提示："union1. Lossden ="，借助鼠标在文本框内输入：

[union1.V_A] * [found.PARA]

按"确定"键，字段 Lossden 被赋值，即：地块的损失密度 ＝ 地块财产密度 × 损失系数。关闭属性表。

16.4　结果表达、汇总

16.4.1　显示损失密度

内容列表中双击图层名 union1，调出"图层属性"对话框，进入"定义查询"选项，点击按钮"查询构建器..."，输入查询组合条件(可借助鼠标输入，如果键盘输入，单双引号必须都是英文字符)：

　　　union1.HEIGHT <= 505 AND union1.LANDUSE LIKE 'R%'

按"确定"键返回。Union1 的数据源只有高程值小于或等于 505，并且土地使用为住宅的要素(LANDUSE 的属性值以 R 为开头的字符串)才进入选择集，按"确定"键关闭"图层属性"对话框，可以看到 unionl 中的要素被过滤，要素明显减少(关闭图层"地块"可看得清楚)。再打开 unionl 的"图层属性"对话框，进入"符号系统"选项，定义损失密度图的显示符号。左侧显示框内，展开并选择"数量→分级色彩"，中部字段框内，下拉选择"值：Lossden""归一化：无"，右侧分类框内下拉选择"类：3"，色带下拉表中选择由浅到深的色带，下侧图例表中"范围"列，分别输入：0.03，0.06，0.09，标注列分别输入："低""中""高"，提示如下：

符号	范围		标注	
对应的颜色符号	0.004968 – 0.030000		低	(键盘输入汉字)
对应的颜色符号	0.030001 – 0.060000		中	(键盘输入汉字)
对应的颜色符号	0.060001 – 0.090000		高	(键盘输入汉字)

根据需要，调整多边形的填充符号、颜色，按"应用"按钮，观察地图显示效果，满意后按"确定"键，关闭"图层属性"对话框。可以关闭高程、地块两个图层的显示状态，再打开，比较显示效果(图 16-7)。

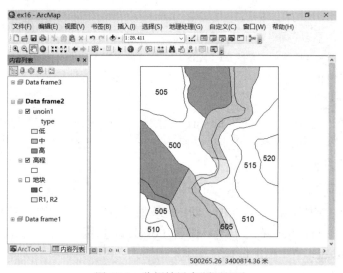

图 16-7　分析结果专题图显示

16.4.2　汇总损失值

鼠标右键打开 union1 的图层属性表,右键点击该表的字段名 LAND_ID,选用"汇总…":

1. 选择汇总字段: union1.LAND_ID

2. 选择一个或多个要包括在输出表中的汇总统计信息:

展开 union1.P_area,勾选"平均"

展开 union1.Shape_Area,勾选"总和"

展开 union1.Estloss,勾选"总和"

3. 指定输出表: \gisex_dt10\ex16\DBtemp.gdb\Sum_Output

按"确定"键,软件提示是否要将结果添加到地图文档,点击"是",可以看到当前的内容列表中出现了独立属性表 Sum_Output,鼠标右键点击,选择"打开",右键再点击表中的字段名 Average_P_area,选用"字段计算器…",在"Average_P_area ="的提示下,利用鼠标双击字段名,在文本框内实现输入:

[Sum_Shape_Area] / [Average_P_area] * 100

按"确定"键。Average_P_area 原来的值是地块的原始面积,经计算后,变成该地块的淹没比例,实际结果如表 16-1 所示。关闭属性表。

表 16-1　估计损失汇总表

地块号 LAND_ID	淹没比例(%) Sum_Shape_Area / Average_P_area * 100	被淹面积 Sum_Shape_Area	估计损失 Sum_Estloss
1	15.7152	237261.84	1178.64
2	98.5289	764946.51	24632.22
5	100.0000	578469.31	50000.01
6	38.2793	733818.52	33015.91
7	99.1289	774175.37	49564.46

16.5　本练习小结

本练习的基本处理过程:

(1) 在地块属性表中增加一个字段,按地块面积计算财产密度。

(2) 将地块多边形和高程多边形作叠合处理(联合,union),叠合生成的多边形(union1)具有高程、土地使用、地基类型、地块财产密度等属性。

(3) 计算地块损失和损失密度。将地基类型-损失参数表(found. dbf)连接到 union1,以地基类型(CLASS)为关键字,使叠合后的多边形属性表获得损失系数字段 PARA,就可进一步计算:

每个多边形的估计损失 = 财产密度×叠合后的多边形面积×损失系数

估计损失密度 = 财产密度×损失系数

(4) 专题地图表达,损失结果汇总。在"图层属性"中过滤 union1 的要素,只有高程小于等于 505 米、土地使用为住宅的多边形才进入估计损失的选择集。据此,按损失密度高低分类显示地图,按原地块编号汇总淹没比例、淹没面积、估计损失。

空间数据叠合过程可参考图 16-8 和图 16-9。初次练习的读者可能会将精力集中在计算机操作上，顾不上处理功能的含义，做完练习后，应回顾数据处理过程，体会每个步骤的意义，进一步理解相关原理(本例部分参考：Environmental Systems Research Institute, 1990, PC Overlay Users Guide, Redland, C. A.)。

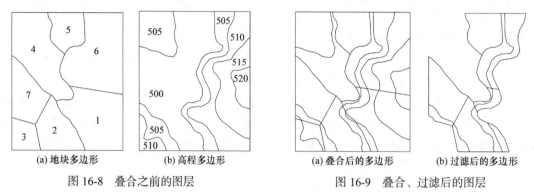

(a) 地块多边形　　　　　(b) 高程多边形　　　　　(a) 叠合后的多边形　　　　　(b) 过滤后的多边形

图 16-8　叠合之前的图层　　　　　　　　　图 16-9　叠合、过滤后的图层

16.6　叠合功能简介

叠合(软件界面称其为"叠加"，Overlay)是 GIS 的典型功能，不但使空间数据既叠又合，属性数据也可有选择地合到一起。点和面、线和面、面和面的叠合较常用，图 16-10 为两种面和面叠合功能的示意。叠合会使多边形的形状变得破碎、复杂，若有必要，可利用多边形归并功能，将细小的多边形合并成较大的。

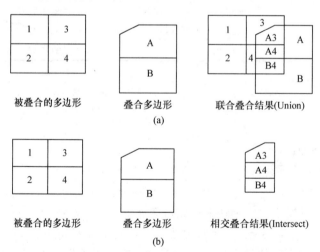

被叠合的多边形　　　　　叠合多边形　　　　　联合叠合结果(Union)
(a)

被叠合的多边形　　　　　叠合多边形　　　　　相交叠合结果(Intersect)
(b)

图 16-10　两种典型叠合示意

16.7　多边形归并

激活 Data frame3，该数据框仅有一个面状图层"乡镇"(图 16-11)。鼠标右键点击图层名"乡镇"，选择"打开属性表"，每条记录对应一个乡镇多边形，Cnt_Name 为该乡镇所在县的名称，Popu 为每个乡镇的人口，GDP 为乡镇的地区生产总值，关闭属性表。主菜单中选用"地

理处理→环境…",仅设置"处理范围:与图层 乡镇 相同",其他不变,按"确定"键返回。
选用"ArcToolbox→数据管理工具→制图综合→融合",进一步设置:

输入要素:乡镇　　　　　　　　　　　　下拉选择图层名
输出要素类:\gisex_dt10\ex16\DBtemp.gdb\dissolve　　数据项路径、名称
融合字段(可选):

☑ Cnt_Name　　　　　　　　　　　　勾选,所在县的名称相同合并
统计字段(可选):　　　　　　　　　　下拉选择字段名(分两次)

字段	统计类型	
Popu	SUM	在表中"统计类型"列下拉选择
GDP	SUM	在表中"统计类型"列下拉选择

☑ 创建多部件要素(可选)　　　　　　　勾选
☑ 取消线分割(可选)　　　　　　　　　勾选

图 16-11　Data frame3 的显示

按"确定"键,经处理,归并后的要素类 dissolve 自动加载(图 16-12)。按每个乡镇所在

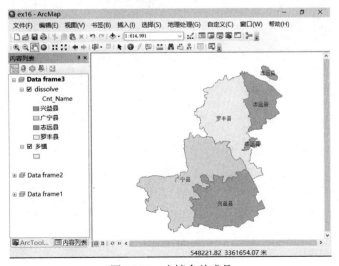

图 16-12　乡镇合并成县

县(Cnt_Name)作归并处理(软件界面称"融合", Dissolve), 除了取消县域内的乡界、镇界(飞地例外), 保留县界, 还可对指定字段(如 Popu, GDP)作简单统计。

进入 dissolve 的图层属性对话框, 再进入"符号系统"选项, 为每个县设定一种颜色, "显示"区中选"类别→唯一值", "值字段"下拉选择 Cnt_Name, 点击左下侧按钮"添加所有值", 调整符号。再进入对话框的"标注"选项, 进一步设置:

☑ 标注此图层中的要素	勾选
方法: 以相同方式标注所有要素	下拉选择
标注字段: Cnt_Name	下拉选择

按"确定"键返回。可以看到东北部志远县在几何上由三个相对分离的多边形组成(参见图 16-12 的右上角), 但是它们在空间上是一个整体, 在属性表中也只有一条记录, 几何周长(Shape_Length)、面积(Shape_Area)自动计算。打开要素属性表 dissolve, 主要字段显示如下:

Shape*	Cnt_Namee	SUM_Popu	SUM_GDP
要素类型	县名	归并后的人口	归并后的地区生产总值
面	广宁县	465121	623657.176758
面	罗丰县	618648	569262.356445
面	兴益县	461844	619600.916992
面	志远县	334346	361666.447266

练习结束, 选用菜单"文件→退出", ArcMap 提示是否将更改保存到地图文档, 为了不影响以后、他人的练习, 应选"否"。

完成本章练习, 会改变练习数据内容, 将\gisex_dt10\DATA\路径下的原始文件覆盖至\gisex_dt10\ex16\, 数据内容就恢复到练习之前的状态。

思 考 题

1. 用专题地图表达淹没损失, 除了属性 Lossden, 还可用什么, 试比较优缺点。
2. 洪水淹没分析的 5 个关键步骤分别对应了 GIS 的哪些基本功能?
3. 仅仅为了按县的名称分类显示, 是否可用比归并更简单的途径?
4. 根据自己的经验, 叠合功能还可用于哪些领域?

第 17 章　邻近分析、泰森多边形

17.1　点和点的邻近分析

17.1.1　学生距某小学的距离

启用地图文档\gisex_dt10\ex17\ex17.mxd，激活 Data frame1，有点状图层"小学"和"学生"，线状图层"道路"，后者仅用于显示(图 17-1)。主菜单中选用"地理处理→环境…"，继续设置：

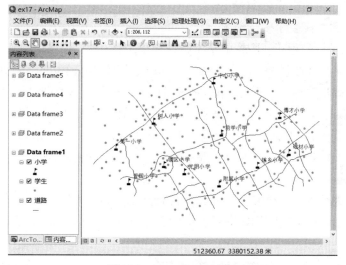

图 17-1　Data frame1 显示

工作空间→当前工作空间：\gisex_dt10\ex17\BDtemp.gdb　　　　借助文件夹按钮选择

工作空间→临时工作空间：\gisex_dt10\ex17\BDtemp.gdb　　　　借助文件夹按钮选择

输出坐标系：与输入相同　　　　　　　　　　　　　　　下拉选择

处理范围：与图层 道路 相同　　　　　　　　　　　　下拉选择

按"确定"键返回。打开图层"学生"的要素属性表，可以看到属性表的字段，STUDENT_ID 是用户标识，即尚未落实招生的学生编号。打开"小学"的图层属性表，SCHOOL_ID 是用户标识，SCHOOL_NAM 是学校名称，SEAT 是有剩余的招生名额，关闭属性表窗口。本练习要求查询所有未落实招生的学生，距光明小学有多远。

主菜单中选用"选择→按属性选择…"，对话框中，对"图层"下拉选择"小学"，对"方法"下拉选择"创建新选择内容"，针对下部文本框的提示 SELECT * FROM scho03 WHERE:，用鼠标点击字段名、操作符，配合"获取唯一值"键，输入 SQL 语句：SCHOOL_NAM LIKE '光明小学'，按"确定"键返回，名称为"光明小学"的点要素、表记录进入选择集。

调出 ArcToolbox，选用"分析工具→邻域分析→近邻分析"，在弹出的对话框中继续操作：

输入要素：学生　　　　　　　　下拉选择

邻近要素：小学　　　　　　　　下拉选择

搜索半径(可选)：	保持空白
位置(可选)：	不选
角度(可选)：	不选
方法(可选)：PLANAR	下拉选择

按"确定"键执行。返回内容列表，打开"学生"的图层属性表，可以看到该属性表多了两个字段：NEAR_FID 的取值都是 10，为"光明小学"的内部标识符(OBJECTID)，NEAR_DIST 是每个学生距"光明小学"的距离。在 215 个学生中，最远的 17624.33 米，STUDENT_ID 为 146，最近的 525.53 米，STUDENT_ID 为 207。关闭属性表。

17.1.2　按距离最近为所有学生配置小学

本练习要求：

(1) 按距离最近为所有学生配置小学。

(2) 汇总得到每校配置了多少学生。

(3) 对学生到学校的距离、配置的学生数作简单统计。

基本工具条中点击按钮⊠，清空选择集，再次选用"ArcToolbox→分析工具→邻域分析→近邻分析"，弹出对话框，两项下拉选择和前次操作一样，输入要素："学生"，邻近要素："小学"，其他选项均保持空白，按"确定"键执行。前一次练习是全体学生针对一所小学，本次练习是全体学生针对全体小学。内容列表中再次打开"学生"图层属性表，可以看到各条记录的 NEAR_FID 取值不一定相同，是距每位学生最近学校的内部标识，NEAR_DIST 是到最近学校的直线距离。

17.1.3　按学校汇总学生数，计算平均距离、最远距离

在属性表中字段名 NEAR_FID 上点击鼠标右键，选用菜单"汇总…"，进一步操作：

1. 选择汇总字段：NEAR_FID　　　　　　　　　　　　　下拉选择，小学内部标识符

2. 选择一个或多个要包括在输出表中的汇总统计信息：

展开字段名 NEAR_DIST，分别勾选"☑ 最大值"、"☑ 平均"

3. 指定输出表：\gisex_dt10\ex17\BDtemp.gdb\Sum_Output　　　表的路径、名称

☐ 仅对所选记录进行汇总　　　　　　　　　　　　　不勾选

按"确定"键执行，软件提示，是否要在地图文档中添加结果表，选择"是"。关闭属性表窗口，如果内容列表中看不到汇总表 Sum_Output 的名称，在左上侧点击按钮▣，鼠标右键点击并打开 Sum_Output，可以看到该属性表有 11 行，4 个有效字段：NEAR_FID(小学内部标识)，Count_NEAR_FID(每校分配到的学生数)，Maximum_NEAR_DIST(该校最远学生的距离)，Average_NEAR_DIST(新招学生平均距离)。

17.1.4　剩余名额和汇总学生数作比较

关闭属性表，鼠标右键点击图层"小学→连接和关联→连接…"，继续操作：

要将哪些内容连接到该图层？某一表的属性　　　　　　下拉选择

1. 选择该图层中连接基于的字段：OBJECTID　　　　　下拉选择小学内部标识符

2. 选择要连接到此图层的表，或者从磁盘加载表：Sum_Output　　下拉选择

☑ 显示此表中要作为连接基础的关键字段　　　　　　勾选

3. 选择此表要作为连接基础的字段：NEAR_FID　　　　下拉选择

⊙ 保留所有记录　　　　　　　　　　　　　　　　　点选

按"确定"键继续，提示是否建立索引，选择"否"，Sum_Output 表被连接(合并)，再次打开图层要素属性表"小学"，其中属性项 Count_NEAR_FID 表示按直线距离最近为每所小学分配到的学生数，可以和该校的剩余名额 SEAT 进行比较，检查两者的差异，为简要起见，表 17-1 仅列出主要的字段和内容。

表 17-1　汇总结果和小学属性作对比

SCHOOL_NAM	SEAT	Count_NEAR_FID	Maximum_NEAR_DIST	Average_NEAR_DIST
小学名称	剩余名额	分配到的学生数	最远上学距离	平均上学距离
镇区小学	47	18	3399.81	1589.86
第一小学	65	14	5447.92	2496.27
中心小学	43	28	4966.38	2880.20
前学小学	78	28	3796.58	2537.53
附属小学	36	20	3918.98	2267.50
练乡小学	57	15	3929.20	2461.55
博才小学	48	20	4414.26	2262.70
树人小学	96	31	4736.69	2642.79
爱国小学	84	6	2696.87	1888.89
光明小学	62	18	5659.40	2675.36
础材小学	53	17	4589.83	2123.87

17.1.5　调整图层"学生"的显示

关闭属性表，鼠标右键点击图层名"学生"，打开并进入选项"图层属性→符号系统"，显示栏选择"类别→唯一值"，字段栏下拉选择"值：NEAR_FID"，"色带"下拉表中选择相互之间的明暗差异较大的配色表，点击左下侧按钮"添加所有值"，小学标识符全加载，在每所小学名称左侧的"符号"列中双击点符号，调整每所小学的符号，使它们有相互差异，取消〈其他所有值〉前的勾选，按"确定"键返回，可看到按距离最近分配学生的专题地图(图 17-2)。

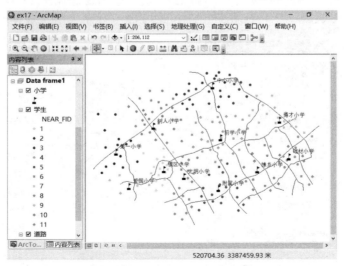

图 17-2　按就近上学分类显示学生

本练习的基本步骤为 4 个：

(1) 使用近邻功能，为每位学生按距离最近搜索小学，计算距离值并保存。

(2) 按小学标识符汇总学生数，得到每所小学分配到的学生数，判断最远距离、计算平均距离。

(3) 使用属性表连接功能，将汇总结果连接到小学属性表，剩余名额才能和就近分配到的学生数作对比，并显示每个学校学生的最远上学距离、平均上学距离。

(4) 调整显示符号，按就近上学分类显示学生。

17.2　点和线的邻近分析

激活 Data frame2，有点状图层"村庄"，线状图层"道路"。本练习的要求：东西向的"连顺路"规划开通扬招式公共汽车线路，需要知道各村庄距公交线路的距离。主菜单中选用"地理处理→环境…"，处理范围：与图层 道路 相同(下拉选择)，其他内容不变，按"确定"键返回。

主菜单中选用"选择→按属性选择…"，对话框中，对"图层"下拉选择"道路"，对"方法"下拉选择"创建新选择内容"，针对下部文本框的提示 SELECT * FROM road04 WHERE:，用鼠标点击字段名、操作符，配合"获取唯一值"键，输入 SQL 语句：RD_NAME LIKE '连顺路'，按"确定"键返回，13 个线要素进入选择集。

选用"ArcToolbox→分析工具→邻域分析→近邻分析"，弹出对话框，下拉选择，输入要素："村庄"，邻近要素："道路"，其他选项均保持空白，按"确定"键执行。返回内容列表，打开图层"村庄"的要素属性表，可以看到该属性表多了两个字段，各条记录中 NEAR_FID 的取值各不相同，都是离开该点最近的"连顺路"那段线要素的内部标识，NEAR_DIST 是每个村庄距"连顺路"的最近距离。37 个村庄中，最近的村庄 200 多米，最远的村庄 8540 多米。

关闭属性表，鼠标右键点击图层名"村庄"，进入"属性→符号系统"，显示栏选择"数量→分级色彩"，字段栏下拉选择"值：NEAR_DIST"，色带下拉表中选择配色表，可选从暗到明的颜色，分类栏下拉选择"类：5"，分类方法选用"自然间断点分级法(Jenks)"，按"确定"键返回，"村庄"专题图层按离开"连顺路"的远近分类显示(图 17-3)。

图 17-3　按距公交线路的远近分类显示村庄

17.3　面和面的邻近分析

17.3.1　计算工业用地和某段河道边界的距离

激活 Data frame3，只有一个面状图层"地块"。本练习要求：河道可用于工业水源，计算各工业地块到河道的最近距离。主菜单中选用"地理处理→环境…"，处理范围：与图层 地块 相同(下拉选择)，其他内容不变，按"确定"键返回。

标准工具条中点击添加数据工具✛，在\gisex_dt10\ex17\DBex17.gdb\DTsetA 路径下，点击 lots，按"添加"键返回，数据框增加了一个多边形图层 lots，因数据源相同，图形和"地块"重复；鼠标右键点击图层名 lots，打开并进入选项"属性→定义查询"，再点击"查询构建器…"按钮，针对下部文本框的提示 SELECT * FROM lots WHERE:，用鼠标点击字段名、操作符，配合"获取唯一值"键，输入 SQL 语句：LANDUSE LIKE 'M'，按"确定"键返回。再进入"常规"选项，将图层名称从 lots 改为"工业"(不带引号)，按"确定"键返回。关闭图层"地块"的显示，可以看到"工业"图层有 7 个多边形，位于地图右下方。

再用添加数据工具✛，添加\gisex_dt10\ex17\DBex17.gdb\DTsetA\lots，数据框再次加载了多边形图层 lots，鼠标右键点击图层名 lots，打开并进入选项"属性→定义查询"，再点击"查询构建器…"按钮，针对下部文本框的提示 SELECT * FROM lots WHERE:，用鼠标点击字段名、操作符，配合"获取唯一值"键，输入 SQL 语句：LANDUSE LIKE 'E'，按"确定"键返回。进入"图层属性/常规"选项，将图层名称从 lots 改为"河道"(不带引号)，按"确定"键返回。关闭图层"地块"的显示，可看到"河道"图层有 5 个多边形(图 17-4)。

基本工具条中点击选择要素图标🔲，在地图窗口中点击左侧偏下的河道多边形，使其进入选择集。选用"ArcToolbox→分析工具→邻域分析→近邻分析"，弹出对话框，下拉选择，输入要素："工业"，邻近要素："河道"，其他选项均保持空白，按"确定"键执行。返回内容列表，打开图层"工业"的要素属性表，可以看到该属性表多了两个字段，各条记录的 NEAR_FID 的取值均为 18，是进入选择集的河道多边形内部标识，NEAR_DIST 是每个工业地块距该段"河道"边界的最近距离，近的约 75 米，远的约 550 米。

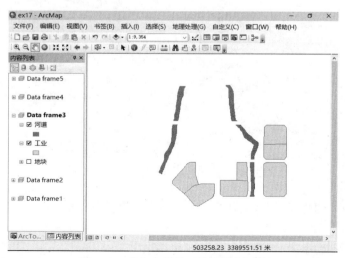

图 17-4　参与分析的工业地块和河道

17.3.2　计算各工业地块距各自最近河道边界的距离

关闭属性表，基本工具条中点击按钮 🔲，清空选择集，再次选用"ArcToolbox→分析工具→邻域分析→近邻分析"，弹出对话框，下拉选择，输入要素："工业"，邻近要素："河道"，其他选项均保持空白，按"确定"键执行。返回内容列表，打开图层"工业"的要素属性表，可看到各条记录的 NEAR_FID 取值分别为 18、26、35，是河道多边形的内部标识，表示各工业地块找到的距自己最近的河道，NEAR_DIST 是每个工业地块边界距最近河道边界的距离，近的约 19 米，远的约 181 米。关闭属性表。

17.4　划分消防站服务区

激活 Data frame4，有两个图层，点状图层"消防站"将产生服务范围，线状图层"道路"仅用于显示、限定计算范围。选用主菜单"地理处理→环境..."，展开"处理范围"，下拉选择"与图层 道路 相同"，按"确定"键返回。启用"ArcToolbox→分析工具→邻域分析→创建泰森多边形"，继续输入：

输入要素：消防站　　　　　　　　　　　　　　　下拉选择
输出要素类：\gisex_dt10\ex17\BDtemp.gdb\thiessen1　　数据项路径、名称
输出字段(可选)：ALL　　　　　　　　　　　　　下拉选择，传递所有字段

按"确定"键执行，计算产生泰森多边形 thiessen1，自动加载，读者可自行调整显示符号(图 17-5)。鼠标右键打开图层 thiessen1 的要素类属性表，可以看到生成的泰森多边形属性表有字段 STATION，该字段来自消防站图层的要素属性表，由程序自动产生。

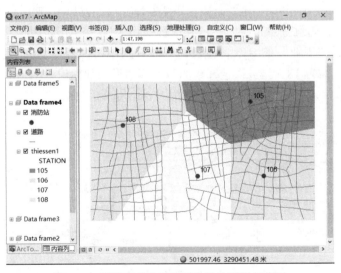

图 17-5　用泰森多边形为消防站分配服务范围

各消防站的服务面积(表 17-2)。用栅格距离分配法也可得到相似的结果(图 17-6，表 17-3，第 13 章)。

表 17-2   用泰森多边形划分的消防站服务面积

OBJECTID 多边形内部标识	Input_FID 消防站内部标识	STATION 消防站用户标识	Shape_Area 多边形面积
2	2	105	5959962.31
3	4	106	6362798.72
4	3	107	7249689.75
1	1	108	8337719.80

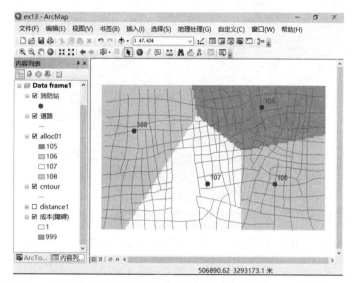

图 17-6   用栅格距离分配法获得的消防站服务范围(第 13 章的图 13-3)

表 17-3   用栅格距离分配法得到的消防站服务面积

OBJECTID 内部标识	Value 消防站用户标识	Count 分配到的单元数	SUM_AREA 服务面积
1	105	2442	6105000
2	106	2555	6387500
3	107	2932	7330000
4	108	3359	8397500

17.5   划分公园服务范围

激活 Data frame5,有点状图层"公园",线状图层"道路"仅用于显示。选用主菜单"地理处理→环境…",展开"处理范围",下拉选择"与图层 道路 相同",按"确定"键返回。选用"ArcToolbox→分析工具→邻域分析→创建泰森多边形",继续输入:

输入要素: 公园   下拉选择

输出要素类: \gisex_dt10\ex17\BDtemp.gdb\thiessen2   数据项路径,名称

输出字段(可选): ALL   下拉选择,传递所有字段

　　按"确定"键执行，计算产生泰森多边形 thiessen2，自动加载，可以和第 15 章缓冲区方法相比较(图 17-7)，可以看出，用泰森多边形，服务范围不会出现空白、重叠，多边形边界上任一点，和两侧相邻点要素之间的距离相同，其远处的边界和地理处理环境所设置的处理范围完全一致。

　　练习结束，选用菜单"文件→退出"，提示是否将更改保存到地图文档，为了不影响以后、他人的练习，应选"否"。

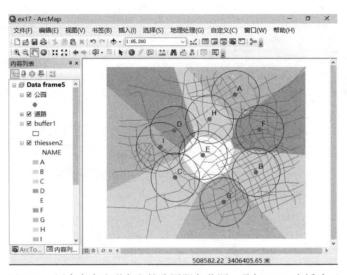

图 17-7　用泰森多边形产生的公园服务范围，叠加 1000 米缓冲区

17.6　本 章 小 结

　　近邻分析(也称"邻近分析"，Near Analysis)是 GIS 的常用功能，发生在两个集合之间，一个集合为分析对象(界面称为"输入要素")，另一个集合是邻近对象(界面称为"邻近要素")，分析过程是在邻近对象中为分析对象搜索要素，并计算相互距离。当分析对象为多个要素(如学生、工业地块)，邻近对象也是多个要素(如全体小学、多个路段、多个河段)，就要为分析对象找出哪个要素最近，保留相互距离。当邻近对象仅有一个要素(如光明小学，某个河段)，距离搜索就没有必要了，计算结果是多对一。计算点和点的相互距离较简单，点和线、点和面、线和面、面和面的相互距离应该是两者之间的最近距离。如果点和面的关系出现点在面的内部，线和线有相互交叉，线和面、面和面有交叉、包含等关系，最近距离一般按零处理。

　　邻近分析往往被组合到更复杂一些的空间分析过程中，作为一项基础功能发挥作用，如本书第 14 章曾练习空间连接，为每个学生查找最近小学，计算结果和本章的邻近分析一致，操作步骤稍简单，可解释为基于相邻关系的空间连接，采用的计算方法是邻近分析。第七篇网络分析，为点要素找到最近的网络边，相当于点和线的邻近分析。

　　泰森多边形(Thiessen Polygon)也是 GIS 常用的分析功能，理论研究一般称 Voronoi 图，其几何原理可参阅有关教科书。

激活不同的数据框，均要注意，已有的"地理处理→环境…"可能不合适，要调整相关设置，例如，各项练习涉及的数据处理范围是不同的，如果疏忽了这一步骤，得到的计算结果很可能有差错，甚至反常。

思 考 题

1. 根据已完成的练习，思考点、线、面相互之间的邻近关系，计算所依据的几何原理。

2. 按距离最近配置小学，属性表发挥了什么作用？

3. 为学生配置小学，除了邻近分析法，能否用泰森多边形、栅格距离分配法划分学区，结果会有哪些差异？

第18章 空间统计

18.1 地图文档的初始设置

启动 ArcMap，打开\gisex_dt10\ex18\ex18.mxd，这是一个空白地图文档，数据框 Layers 为初始默认。进入数据框属性对话框，将数据框改名为 Data frame1，返回。选用添加数据工具 ，在\gisex_dt10\ex18\DBex18.gdb\DTsetB 路径下，添加要素类 cities1，出现点状图层，其名称和要素类一致，这些点要素代表某地区的城镇群，有每个城镇名称(字段 CITYNAME)、居住人口(字段 POPU)等属性。进入 cities1 的图层属性对话框，将图层的符号系统，设置为"数量→分级符号"，按各城镇的居住人口(POPU 字段)，分4类：10337~20000、20001~40000、40001~100000、100001~200000。再利用字段 CITYNAME 实行属性标注(可参考第 2 章)，关闭图层属性对话框，按"确定"键返回(图 18-1)。

主菜单中选用"地理处理→环境..."，进一步设置：

工作空间→当前工作空间：\gisex_dt10\ex18\DBtemp.gdb   借助文件夹按钮添加
工作空间→临时工作空间：\gisex_dt10\ex18\DBtemp.gdb   借助文件夹按钮添加
输出坐标系：与输入相同   下拉选择
处理范围：与图层 cities1 相同   下拉选择

按"确定"键返回。

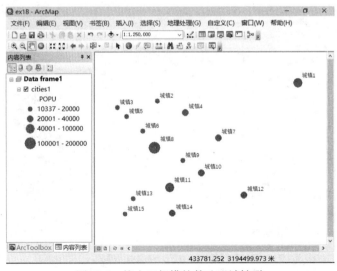

图 18-1 按人口规模的某地区城镇群

18.2 中心位置的测度

18.2.1 平均中心和加权平均中心

如果 ArcToolbox 未加载，在标准工具条中点击 ，选用"ArcToolbox→空间统计工具→

度量地理分布→平均中心"，出现"平均中心"对话框，进一步输入：

输入要素类：cities1　　　　　　　　　　　　　　　下拉选择

输出要素类：\gisex_dt10\ex18\DBtemp.gdb\MeanCnt1　　数据项路径、名称

其余设置均为空白，按"确定"键，产生平均中心要素类 MeanCnt1，自动加载。平均中心是一个点要素，为 15 个城镇(cities1)的几何中心(图 18-2)。再选用"ArcToolbox→空间统计工具→度量地理分布→平均中心"，继续输入：

输入要素类：cities1　　　　　　　　　　　　　　　下拉选择

输出要素类：\gisex_dt10\ex18\DBtemp.gdb\MeanCnt2　　数据项路径、名称

权重字段(可选)：POPU　　　　　　　　　　　下拉选择，每个城镇的人口为权重

其余设置为空白，按"确定"键，经计算产生加权平均中心要素类 MeanCnt2，自动加载。以人口为权重的加权平均中心和无权重的平均中心位置有差异，前者向右偏移(图 18-2)。

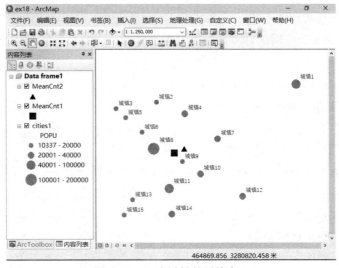

图 18-2　15 个城镇的平均中心

方形符号不考虑权重，三角形符号以人口为权重

18.2.2　中位数中心和加权中位数中心

选用"ArcToolbox→空间统计工具→度量地理分布→中位数中心"，继续输入：

输入要素类：cities1　　　　　　　　　　　　　　　下拉选择

输出要素类：\gisex_dt10\ex18\DBtemp.gdb\MedianCnt1　　数据项路径、名称

其余设置为空白，按"确定"键，产生中位数中心 MedianCnt1，自动加载(图 18-3，空心圆符号，在方形符号的左下侧)。中位数中心是一个点要素，到达以上所有城镇距离之和最小。再选用"ArcToolbox→空间统计工具→度量地理分布→中位数中心"，继续输入：

输入要素类：cities1　　　　　　　　　　　　　　　下拉选择

输出要素类：\gisex_dt10\ex18\DBtemp.gdb\MedianCnt2　　数据项路径、名称

权重字段(可选)：POPU　　　　　　　　　　　下拉选择，居住人口为权重

其余设置均为空白，按"确定"键，经计算后产生该城镇群的加权中位数中心 MedianCnt2，自动加载。将居住人口作为权重，同一城镇群的加权中位数中心和无权重的中位数中心位置也有差异(图 18-3，贴近"城镇 8")。

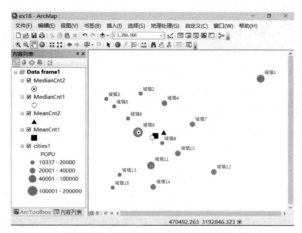

图 18-3　15 个城镇的中位数中心
空心圆符号不考虑权重，加点圆符号以人口为权重

18.2.3　中心要素和加权中心要素

选用"ArcToolbox→空间统计工具→度量地理分布→中心要素"，继续输入：

输入要素类：cities1　　　　　　　　　　　　　　　　　下拉选择
输出要素类：\gisex_dt10\ex18\DBtemp.gdb\CentralFt1　　数据项路径、名称
距离法：EUCLIDEAN_DISTANCE　　　　　　　　　　　使用直线距离

其余设置为空白，按"确定"键，产生城镇群中心要素 CentralFt1，自动加载(图 18-4)。中心要素是一个点要素，其位置必须与某个点重合，"城镇 9"在 15 个城镇中最接近中位数中心。再选用"ArcToolbox→空间统计工具→度量地理分布→中心要素"，继续输入：

输入要素类：cities1　　　　　　　　　　　　　　　　　下拉选择
输出要素类：\gisex_dt10\ex18\DBtemp.gdb\CentralFt2　　数据项路径、名称
距离法：EUCLIDEAN_DISTANCE　　　　　　　　　　　使用直线距离
权重字段(可选)：POPU　　　　　　　　　　　　　　　下拉选择，人口为权重

其余设置均为空白，按"确定"键，产生城镇群加权中心要素 CentralFt2，自动加载。按人口数加权的中心要素，换到了另一个位置("城镇 8")，最接近加权中位数中心(图 18-4，注意：图 18-3 的加权中位数中心和"城镇 8"有微差)。

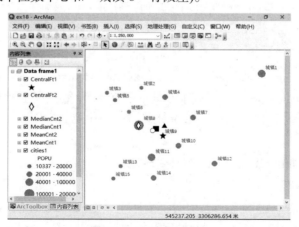

图 18-4　显示中心城镇
不考虑权重的中心城镇为"城镇 9"(星形符号)，人口数为权重的中心城镇为"城镇 8"(菱形符号)

18.3 离散度的测度

18.3.1 标准距离

选用"ArcToolbox→空间统计工具→度量地理分布→标准距离",继续输入:

输入要素类: cities1　　　　　　　　　　　　　　　　　　　　下拉选择

输出标准距离要素类: \gisex_dt10\ex18\DBtemp.gdb\StandardDst1　　　数据项名称

圆大小: 1_STANDARD_DEVIATION　　　　　　　　　　　　空间距离标准差的一倍

其余设置为空白,按"确定"键,经计算后产生标准距离圆 StandardDst1,自动加载(图 18-5)。标准距离的计算结果是生成圆形要素,该圆的半径反映这组城镇空间分布的离散程度,圆心等于平均中心(MeanCnt1,方形符号)。

再用"ArcToolbox→空间统计工具→度量地理分布→标准距离",继续输入:

输入要素类: cities1　　　　　　　　　　　　　　　　　　　　下拉选择

输出标准距离要素类: \gisex_dt10\ex18\DBtemp.gdb\StandardDst2　　　数据项名称

圆大小: 1_STANDARD_DEVIATION　　　　　　　　　　　　空间距离标准差的一倍

权重字段: POPU　　　　　　　　　　　　　　　　　　　　人口为权重

其余设置为空白,按"确定"键,经计算后产生标准距离圆 StandardDst2,自动加载(图 18-5)。本次计算考虑城镇人口,圆的半径也反映城镇群空间分布的离散程度,圆心为考虑人口的平均中心(MeanCnt2,三角形符号)。

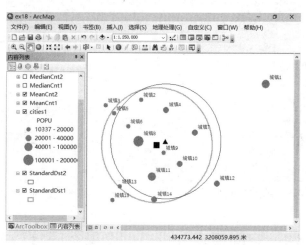

图 18-5　标准距离反映城镇群的空间离散程度
不考虑权重的圆偏左下,以人口为权重的圆偏右上

选用"添加数据"工具 ✛,在\DBex18\DTsetB\路径下,加载要素类 cities1,然后将图层改名为 cities2,打开 cities2 的"图层属性"对话框,进入"定义查询"选项,点击"查询构建器",针对 SELECT * FROM cities1 WHERE: 提示,借助鼠标输入: CITYNAME< > '城镇1',按"确定"键返回,再按"确定"键关闭"图层属性"对话框。与原始的图层 cities1 相比,cities2 排除了右上角的"城镇 1"。选用"ArcToolbox→空间统计工具→度量地理分布→标准距离",继续输入:

输入要素类：cities2	下拉选择
输出标准距离要素类：\gisex_dt10\ex18\DBtemp.gdb\StandardDst3	数据项路径、名称
圆大小：1_STANDARD_DEVIATION	空间距离标准差的一倍
权重字段：POPU	人口为权重

其余设置为空白，按"确定"键，产生标准距离圆 StandardDst3，自动加载，和 StandardDst2 相比，半径明显变小，圆心位置偏向左下方(图 18-6)，显然是排除了人口数较多的"城镇 1"引起。

18.3.2 标准差椭圆

选用主菜单"插入→数据框"，当前内容列表中出现"新建数据框"，更名为 Data frame2，选用"添加数据"工具 ✛，在\gisex_dt10\ex18\DBex18.gdb\DTsetB 路径下，加载要素类 factories 和 road05，前者为某地区的工厂分布，后者为公路网。选用主菜单"地理处理→环境…"，将"处理范围"设置为"输入的并集"，其他不变，按"确定"键返回。选用 ArcToolbox→空间统计工具→度量地理分布→方向分布(标准差椭圆)，继续输入：

输入要素类：factories	下拉选择
输出标准差椭圆要素类：\gisex_dt10\ex18\DBtemp.gdb\fct_Dt	数据项路径、名称
椭圆大小：1_STANDARD_DEVIATION	空间距离标准差的一倍

其余设置均为空白，按"确定"键，产生标准差椭圆 fct_Dt，自动加载(图 18-7)。标准差椭圆面积反映工厂的离散程度，椭圆长轴反映主要的离散方向，与当地一条斜向公路的走向大致平行。

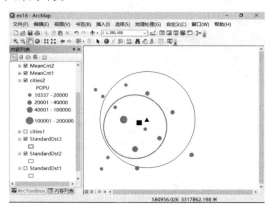
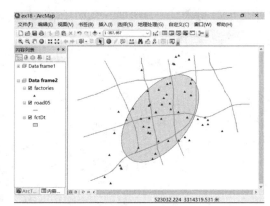

图 18-6　排除"城镇 1"，城镇群空间离散度变小　　　图 18-7　标准差椭圆可表示点要素分布的方向性

18.4　空间模式分析——全局空间自相关

为当前地图文档插入新数据框 Data frame3，在\gisex_dt10\ex18\DBex18.gdb\DTsetB 路径下，加载要素类 townshp，是某地区的乡镇多边形(图 18-8)，其要素属性表中的字段 F_inds、S_inds、T_inds 分别表示第一、第二、第三产业产值，GDP 表示乡镇的地区生产总值，关闭属性表。选用主菜单"地理处理→环境…"，将"处理范围"设置为"与图层 townshp 相同"，其他不变，按"确定"键返回。

选用"ArcToolbox→空间统计工具→分析模式→空间自相关(Moran I)"，继续：

输入要素类：townshp	下拉选择

输入字段：GDP　　　　　　　　　　　　　　　　　　　　下拉选择地区生产总值

☑ 生成报表(可选)　　　　　　　　　　　　　　　　　　　勾选

空间关系的概念化：CONTIGUITY_EDGES_CORNERS　　　下拉选择

标准化：NONE　　　　　　　　　　　　　　　　　　　　　默认

图 18-8　乡镇多边形

其余不设置，按"确定"键执行。右下方弹出窗口，点击其中的"空间自相关(Moran I)"，会弹出"结果"窗口，展开"当前会话栏"，可看出全局莫兰指数(Moran's *I*)的计算结果，双击"□ 报表文件：MoransI_Result(后续有一串编号).html"，自动调用操作系统默认的浏览器，显示空间自相关报表文件(图 18-9)，如果无法打开，可以在地图文档相同的路径下找到。

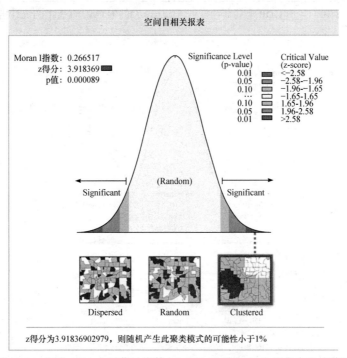

图 18-9　乡镇 GDP 全局莫兰指数(Moran's *I*)的 HTML 报表中的统计图

从图 18-10 可看到，Moran's *I* 为 0.266517，z 值为 3.918369，p 值为 0.000089，通过假设检验。图 18-9 中，聚集模式(Clustered)周围有红色线框，和上方示意图之间还有一条连线(虚线)，表明乡镇的地区总产值 GDP 分布为空间正相关。继续选用"ArcToolbox→空间统计工具→分析模式→空间自相关(Moran I)"：

输入要素类：townshp　　　　　　　　　　　　　　　下拉选择

输入字段：F_INDS　　　　　　　　　　　　　　　　下拉选择第一产业产值

☑ 生成报表　　　　　　　　　　　　　　　　　　　勾选

空间关系的概念化：CONTIGUITY_EDGES_CORNERS　　下拉选择

标准化：NONE　　　　　　　　　　　　　　　　　　默认

全局Moran I 汇总	
Moran I 指数:	0.266517
预期指数:	−0.014085
方差:	0.005128
z 得分:	3.918369
p 值:	0.000089

数据集信息	
输入要素类:	townshp
输入字段:	GDP
概念化:	CONTIGUITY_EDGES_CORNERS
距离法:	EUCLIDEAN
行标准化:	False
距离阈值:	None
权重矩阵文件:	None
选择集:	False

图 18-10　乡镇 GDP 全局莫兰指数(Moran's *I*)的 HTML 报表中的统计指标

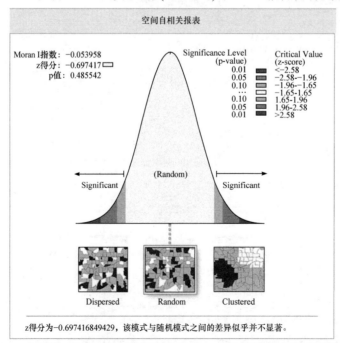

图 18-11　乡镇第一产业产值全局莫兰指数(Moran's *I*)的 HTML 报表中的统计图

其余不设置，按"确定"键执行。右下方弹出窗口，点击其中的"空间自相关(Moran I)"，弹出"结果"窗口，切换到"当前会话"栏，可看出全局莫兰指数(Moran's *I*)的计算结果，双击"□ 报表文件：MoransI_Result(后续有一串编号).html"，默认的浏览器被调用，显示空间自相关的报表文件(图 18-11 和图 18-12)。Moran's *I* 指数为–0.053958，z 值为–0.697417，p 值达到 0.485542，未通过假设检验。此报表上，随机模式(Random)周围有黄色线框，和上方示意图之间还有一条连线(虚线)，表明该地的乡镇第一产业产值在空间上是随机分布。

全局Moran I 汇总	
Moran I 指数：	–0.053958
预期指数：	–0.014085
方差：	0.003269
z 得分：	–0.697417
p 值：	0.485542
数据集信息	
输入要素类：	townshp
输入字段：	F_INDS
概念化：	CONTIGUITY_EDGES_CORNERS
距离法：	EUCLIDEAN
行标准化：	False
距离阈值：	None
权重矩阵文件：	None
选择集：	False

图 18-12　乡镇第一产业产值全局莫兰指数(Moran's *I*)的 HTML 报表中的统计指标

18.5　空间聚类分析——局部空间自相关

为当前地图文档插入新数据框 Data frame4，在\gisex_dt10\ex18\DBex18.gdb\DTsetA 路径下，选择并加载要素类 villages，是某地区行政村多边形，字段 im_ratio 表示各村的外来常住人口占比，可使用自然间断点法分类显示(图 18-13)。选用主菜单"地理处理→环境…"，展开"处理范围"，下拉选择"与图层 villages 相同"，其他设置不改，按"确定"键返回。选用"ArcToolbox→空间统计工具→聚类分布制图→聚类和异常值分析(Anselin Local Moran I)"，继续输入：

输入要素类：villages	下拉选择
输入字段：im_ratio	下拉选择
输出要素类：\gisex_dt10\ex18\DBtemp.gdb\villages_Cl	数据项名称
空间关系的概念化：CONTIGUITY_EDGES_CORNERS	下拉选择
标准化：NONE	默认
距离范围或距离阈值(可选)	空白
权重矩阵文件(可选)	不选
□ 应用错误发现率(FDR)校正(可选)	不选
排列数(可选)：499	默认

按"确定"键，生成多边形要素类 villages_Cl，自动加载(图 18-14)。要素属性表中的字

段 COType 可控制专题地图中要素的显示，当属性值为 HH，意思是高值聚类，相邻单元的外来常住人口占比均属于高值，自动标注为 Hight-Hight Cluster；当属性值为 LL，意思是低值聚类，相邻单元的外来常住人口占比均属于低值，自动标注为 Low-Low Cluster。当属性值为 LH，表示局部空间负相关，该单元外来常住人口占比明显低于相邻单元，自动标注为 Low-Hight Cluster；当属性值为 HL，意思是局部空间负相关，该单元内的外来常住人口占比明显高于相邻单元，自动标注为 Hight-Low Cluster。HH、LL 均属于局部空间正相关区域，HL、LH 属局部空间负相关区域，Not Significant 是局部空间自相关不显著，可认为不相关区域，字段 COType 的内容是空白。在本例中，存在 HH、LL、LH 以及不显著区域，不存在 HL 区域。

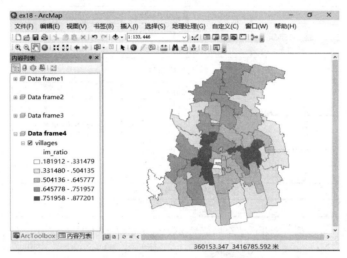

图 18-13　各村外来常住人口占比(自然间断点分类)

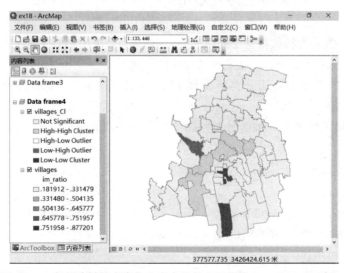

图 18-14　各行政村外来常住人口占比的空间聚类(Anselin Local Moran's *I*)

　　为进一步判断局部空间自相关的显著性，可制作局部空间自相关的显著性 z 值专题图。打开 villages_Cl 的要素属性表，字段 LMiZScore 保存了每一个单元局部空间自相关计算的 z 值。可以按照常用不同显著性水平对应的 z 值对要素分类显示，进入"图层属性→符号系统"，运用字段 LMiZScore，可表达该区域每个单元外来常住人口占比空间聚类的显著性，当α = 0.05，z = ±1.96，当α = 0.1，z = ±1.65，可用分级色彩，手动分为 5 类(图 18-15，z 值小于–1.96 的多边形不存在，实际只能分 4 类)。

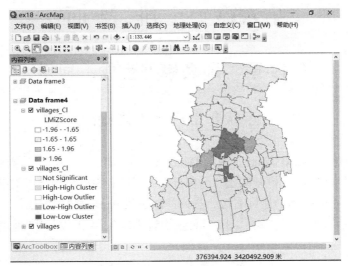

图 18-15　各行政村外来常住人口占比空间聚类的显著性(Anselin Local Moran's *I*)

选用菜单"文件→退出"，提示是否保存对当前地图文档的更改，为了不影响以后、他人的练习，可选择"否"。

18.6　本 章 小 结

空间统计(Spatial Statistics)将事物的空间位置、分布特征及相互关系作为重要计算对象，兼顾事物的属性、属性和位置的关系。ArcGIS 的空间统计工具提供常用方法，本章练习了较简单的三种：空间分布、空间分布模式的测度，以及空间聚类。

平均中心、中位数中心、中心要素为测度中心位置的方法；标准距离、标准差椭圆是测度离散度的方法。在测度空间模式的方法中，使用了全局莫兰指数(Global Moran's *I*)方法。在空间聚类方法中，使用了局部莫兰指数(Local Moran's *I*)方法。本章练习中空间关系的概念化均选择 CONTIGUITY_EDGES_CORNERS，即空间权重矩阵均采用 Queen 邻接模式。不同的空间权重矩阵，对空间自相关的统计结果会有直接影响，哪种空间权重矩阵合适，要掌握空间统计学的原理。

ArcGIS 还提供其他常用方法，包括度量空间模式的 K 函数(Ripley's K)、平均最邻近指数 (Nearest Neighbor Index)、广义 G 统计量(Getis-Ord General G)；度量空间聚类的局部 G 统计量(Getis-Ord Gi*)；等等，操作过程相似。

了解空间统计方法的基本原理、适用领域，需进一步学习有关教学参考书。

思 考 题

1. 如果标准距离以人口数为权重、标准差椭圆以工厂职工数为权重，分析结果可能有什么差异。

2. 利用本练习的现成数据，尝试其他空间统计方法，体会不同方法的适用性。

第六篇 三维表面

第 19 章 地表模型生成、显示

19.1 点状要素产生不规则三角网

启用\gisex_dt10\ex19\ex19.mxd，激活 Data frame1，有 2 个图层：线状图层"边界"和点状图层"高程点"(图 19-1)。打开图层"高程点"的属性表，可看到字段 HEIGHT，为采样点的高程值。关闭属性表，借助鼠标右键，进入"Data frame1→数据框属性→常规"选项，确认"地图"和"显示"单位均为"米"，按"确定"键返回。主菜单中选用"地理处理→环境…"，进一步设置：

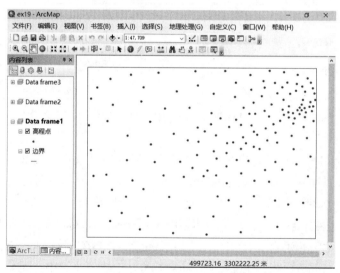

图 19-1　Data frame1 的显示

工作空间→当前工作空间：\gisex_dt10\ex19\DBtemp.gdb　　　借助文件夹按钮添加

工作空间→临时工作空间：\gisex_dt10\ex19\DBtemp.gdb　　　借助文件夹按钮添加

输出坐标系：与输入相同　　　　　　　　　　　　　　　　　下拉选择

处理范围：与图层 边界 相同　　　　　　　　　　　　　　　下拉选择

按"确定"键返回。主菜单中选择"自定义→扩展模块…"，勾选 3D Analyst，加载该扩展模块许可证，按"关闭"键。如果 ArcToolbox 未加载，在标准工具条中点击 ，展开 ArcToolbox，选用"3D Analyst 工具→数据管理→TIN→创建 TIN"，出现"创建 TIN"的参数设置对话框：

输出 TIN：\gisex_dt10\ex19\hgt_tin　　　　　　　　　　　生成 TIN 的数据项路径及名称

坐标系(可选)：CGCS2000_3_Degree_GK_CM_120E　　　　点击右侧按钮，弹出"空间参考属性"对话

框，进入"XY 坐标系"选项，展开"图层"和坐标系名称，选择图层名"高程点"，按"确定"键返回

输入要素类(可选)：高程点		下拉选择图层名	
输入要素类	高度字段	类型	Tag Field
高程点(已选)	HEIGHT(表中下拉选择)	Mass_Points(默认)	<None>(默认)
□ 约束型 Delaunay(可选)		不勾选	

　　按"确定"键，软件根据高程采样点产生不规则三角形网络，自动加载，默认显示方式一般是按地表高程分类、渲染。进入"hgt_tin→图层属性→符号系统"选项，在左侧"显示"框内点击"添加…"按钮，在弹出的"添加渲染器"对话框中选择"具有相同符号的边"，点击"添加"按钮，关闭"添加渲染器"窗口。在"符号系统"对话框左侧"显示"框内，保留"边"的勾选，取消"高程"的勾选，按"确定"键返回，不规则三角形网络以平面线状显示(图 19-2)。

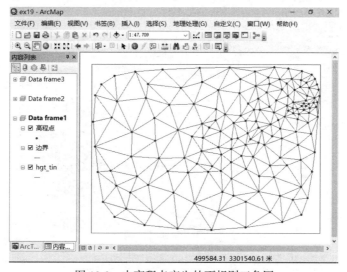

图 19-2　由高程点产生的不规则三角网

19.2　不规则三角网其他常用显示方式

　　再进入"hgt_tin→图层属性→符号系统"，按左下侧"添加…"按钮，选择"具有分级色带的表面坡度"，按"添加"键后关闭"添加渲染器"。在左侧"显示"框内，仅保留"坡度"的勾选，取消其他专题的勾选。点击"坡度(度)"，在"色带"下拉表中，选择由浅变深的单色，右侧分类框中可下拉选择 5 类，按"确定"键，关闭图层属性设置对话框。可以观察到，根据TIN 模型产生的坡度分类图的显示效果(图 19-3)，也可以用上述方式改成按坡向分类(图 19-4)。

　　再次进入图层名"hgt_tin→属性→符号系统→添加…"，点击"具有相同符号的等值线"，点击"添加"键后关闭"添加渲染器"。在左侧"显示"框内，仅保留"等值线"的勾选，取消其他专题的勾选。点击"等值线"，再点击右侧的"等值线符号"，选择淡灰实线，"计曲线符号"可选深黑色实线。继续设置：

参考等值线高度：0.0	等高线从高程 0 开始
等值线间距：2.0	键盘输入等高线的间距为 2
计曲线系数：5	下拉选择，相隔 5 条线用另一种符号

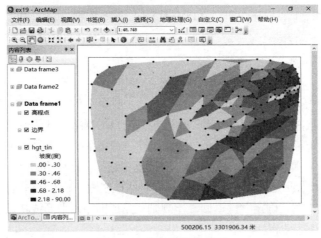

图 19-3　按坡度分类显示

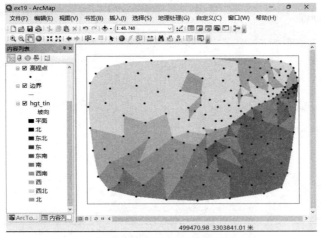

图 19-4　按坡向分类显示

按"确定"键返回。可观察到软件生成的等高线图形(图 19-5),在上部偏右处,等高线拐弯呈尖角,这是由该处采样点较稀疏,不够密集引起。

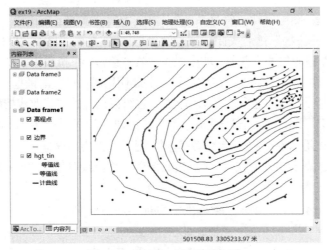

图 19-5　从 TIN 产生的等高线

　　本段练习的数据源和第 11 章相同，标准工具条中点击添加数据按钮，查找、展开第 11 章练习使用的地理数据库\gisex_dt10\ex11\DBtemp.gdb，选择 cntour，按"添加"键，用反距离权重法插值产生栅格表面，再生成的等高线加载到当前的数据框(图 19-6)。

　　如果该要素类未保留，就要重复第 11 章 11.1.2 节中的空间插值和产生等值线两个步骤，输入点要素为本练习的高程点，输出栅格、等值线均可保存在\ex19\DBtemp.gdb 中。

　　从图 19-6 可看出，两种方法产生的等高线走向一致，不规则三角网比较符合地形特征，反距离权重法相对突出采样点自身的作用。用 TIN 模型，可临时生成等高线，不必专门保存就可显示。用栅格模型生成的等高线必须独立保存后才能显示。

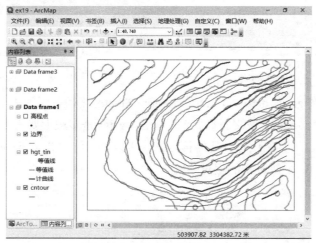

图 19-6　两种方法产生的等高线(深色对应 TIN，浅色对应反距离权重法)

19.3　场 景 显 示

19.3.1　建立场地不规则三角网

　　激活 Data frame2(图 19-7)，有一个场地高程点图层，打开该图层属性表，可看到每个点有属性 HGT，为每个点的地表高程[注]，关闭属性表。主菜单中选择"地理处理→环境…"，展开"处理范围"，下拉选择"默认"，按"确定"键返回。启用"ArcToolbox→3D Analyst工具→数据管理→TIN→创建 TIN"，进一步设置：

　　输出 TIN：\gisex_dt10\ex19\site_tin　　　　　　生成 TIN 的数据项路径及名称
　　坐标系(可选)CGCS2000_3_Degree_GK_CM_120E　　点击右侧按钮，弹出"空间参考属性"对话框，进入"XY 坐标系"选项，展开"图层"和坐标系名称，选择图层名"场地高程"，按"确定"键返回
　　输入要素类(可选)：场地高程　　　　　　　　　　下拉选择图层名
　　输入要素　　　高度字段　　　　　　类型　　　　　　　　Tag Field
　　场地高程(已选)　HGT(表中下拉选择)　Mass_Points(默认)　　<None>(默认)
　　□ 约束型 Delaunay(可选)　　　　　　　　　不勾选

　　按"确定"键，软件产生不规则三角网，为场地地表模型(图 19-8)。

_____

[注] 高程值略有夸张。

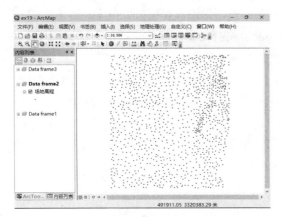

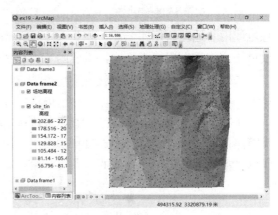

图 19-7　Data frame2 显示　　　　　　　　图 19-8　高程点产生的地表模型

19.3.2　在场地上添加其他要素

　　选用工具 ，在\gisex_dt10\ex19\DBex19.gdb\DTsetA 路径下添加 3 个要素类，bldg_ex01 是多边形，为建筑物，road03 是线要素类，为道路，water 是多边形要素类，为水面。通过"图层属性→符号系统"，为它们设定合适的符号(图 19-9)。打开 bldg_ex01 的图层属性表，可以看到字段 bg_hgt，为每个建筑物的相对高度。

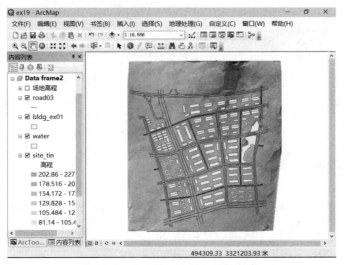

图 19-9　地表模型上添加其他要素

19.3.3　显示场景

　　在 Windows 下选择"开始→所有程序→ArcGIS→ArcScene"，启用 ArcGIS 的三维显示子系统。按提示，选"新建 Scene→空白 Scene"，按"确定"键。在 ArcScene 中点击按钮 ，添加需要显示的数据项(可借助文件夹连接按钮)，在\gisex_dt10\ex19\DBex19.gdb\DTsetA 路径下，依次添加 bldg_ex01、road03、water，再添加 gisex_dt10\ex19\site_tin，通过"图层属性→符号系统"为不同图层设定合适的符号。

　　主菜单中选用"地理处理→环境…"，进一步设置：

　　工作空间→当前工作空间：\gisex_dt10\ex19\DBtemp.gdb　　　　　借助文件夹按钮添加

　　工作空间→临时工作空间：\gisex_dt10\ex19\DBtemp.gdb　　　　　借助文件夹按钮添加

输出坐标系：与输入相同　　　　　　　　　　　　　　　　　下拉选择

处理范围：与图层 site_tin 相同　　　　　　　　　　　　　　下拉选择

　　按"确定"键返回。在 ArcScene 窗口的内容列表中鼠标双击图层 site_tin(三维地表)，在图层属性对话框中选择"基本高度"，继续设置：

从表面获取高程

　〇 没有从表面获取高程值　　　　　　　　　　　　　　　　　不选

　◉ 在自定义表面上浮动：\gisex_dt10\ex19\site_tin　　　　　下拉选择

从要素获取的高程

用于将图层高程值转换为场景单位的系数：自定义(下拉选择)　　1.0　　　　键盘输入

图层偏移

添加常量高程偏移(使用场景单位)：0　　　　　　　　　　　纵向不偏移

　　按"确定"键返回，在内容列表中鼠标双击图层 bldg_ex01(建筑物)，在图层属性对话框中选择"基本高度"，继续设置：

从表面获取的高程

　〇 没有从表面获取高程值　　　　　　　　　　　　　　　　　不选

　◉ 在自定义表面上浮动：\gisex_dt10\ex19\site_tin　　　　　下拉选择

从要素获取的高程

　◉ 没有基于要素的高度　　　　　　　　　　　　　　　　　　点选

用于将图层高程值转换为场景单位的系数：自定义(下拉选择)　　1.0　　　　键盘输入

图层偏移

添加常量高程偏移(使用场景单位)：0　　　　　　　　　　　纵向不偏移

　　进入"拉伸"选项，勾选"☑ 拉伸图层中的要素..."，在"拉伸值或表达式"文本框右侧点击计算器按钮，选择左侧的字段，输入表达式"[bg_hgt] * 1"(实际不用引号)，按"确定"键返回"拉伸"选项对话框。表示建筑物纵向拉伸值取自要素属性表中的字段，所乘系数为1，输入表达式后，对"拉伸方式"的提示，下拉选择"将其添加到各要素的最大高度"，按"确定"键关闭图层属性对话框。进一步对 road03 和 water 作图层属性设置，"基本高度"和 bldg_ex01(建筑物)的设置相同，但是对 road03 的"自定义(下拉选择)"可改为 1.01，取消"拉伸"选项中"拉伸图层中的要素..."的勾选。

　　读者可再次进入各图层的属性设置对话框，设置符号系统，调整要素的显示颜色。完成各项设置后，可观察到道路、水面、建筑和地表组合在一起的场景显示效果，点击按钮 ⊕(导航)，鼠标光标在视图窗口中，按住左键不放可旋转视图，按住右键不放可缩放视图。还可点击有关按钮，进一步放大、缩小、平移图形，观察地形的起伏(图 19-10)。

19.3.4　二维要素类转换成三维多面体要素类

　　在 ArcScene 工具栏中点击 🔲，调出 ArcToolbox 窗口，选用"ArcToolbox→3D Analyst 工具→转换→3D 图层转要素类"，进一步设置：

输入要素图层：bldg_ex01　　　　　　　　　　　　下拉选择图层名

输出要素类：\gisex_dt10\ex19\DBtemp.gdb\bldg3D　　生成多面体要素类的路径及名称

分组字段(可选)　　　　　　　　　　　　　　　　保持空白

　　按"确定"键，计算产生多面体(Multipatch)要素类 bldg3D，自动加载，在内容列表中移除二维的 bldg_ex01，保留 bldg3D，可观察到后者是三维要素，不需要拉伸。

图 19-10　地表、建筑、道路、水体三维场景显示

19.4　在地形上叠加影像图

在 ArcMap 的内容列表中激活 Data frame3，有 3 个图层：contour(等高线)、plain(平面范围)、image19.tif(遥感影像)。前两个图层用于生成 TIN，其高程信息已经存储在要素属性表中。图层 contour 的字段 ELEVATION 和图层 plain 的字段 Height 分别为高程信息，可打开各图层属性表查看。image19.tif 是该地区的遥感影像图，已经配准，和其他要素类的平面坐标基本一致(图 19-11)。

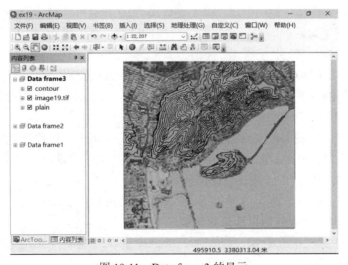

图 19-11　Data frame3 的显示

主菜单中选用"地理处理→环境…"，对"处理范围"选择"输入的并集"，其他设置不改，按"确定"键返回。启用"ArcToolbox→3D Analyst 工具→数据管理→TIN→创建 TIN"，进一步设置：

输出 TIN：\gisex_dt10\ex19\tin_lake　　　　　　　　　　生成 TIN 的数据项路径及名称

坐标系(可选)CGCS2000_3_Degree_GK_CM_120E　　　　　　点击右侧按钮，弹出"空间参考属性"对话框，进入"XY 坐标系"选项，展开"图层"和坐标系名称，选择图层名 contour，按"确定"键返回

输入要素类(可选)：分两次，分别下拉选择 contour 和 plain 两个图层

输入要素类	高度字段	类型	Tag Field
contour(已选)	ELEVATION(下拉选择)	Soft_Line(下拉选择)	<None>(默认)
plain(已选)	Height(下拉选择)	Hard_Clip(下拉选择)	<None>(默认)

☐ 约束型 Delaunay(可选)　　　　　　　　　　　　不勾选

按"确定"键，ArcToolbox 根据两个图层的高程信息，计算产生不规则三角网，为地表模型。原始数据是地形等高线、湖面，和前两个练习所用的高程点相比，产生的 TIN 数据量明显偏大。

再次启用(或切换到)ArcScene，如果前一次练习的图层还存在，必须用鼠标右键将它们移除，再用 ➕ 键添加数据。先选 TIN 数据\gisex_dt10\ex19\tin_lake，再选影像数据\gisex_dt10\ex19\image19.tif。主菜单中选用"地理处理→环境…"，对"处理范围"选择"输入的并集"，其他设置不改，按"确定"键返回。

内容列表窗口中关闭 tin_lake 的显示，进入 image19.tif 的"图层属性→基本高度"选项，继续设置：

从表面获取高程

〇 没有从表面获取高程值　　　　　　　　　　　　　　　　不选

◉ 在自定义表面上浮动：\gisex_dt10\ex19\tin_lake　　　　　下拉选择

从要素获取的高程

用于将图层高程值转换为场景单位的系数：　自定义(下拉选择)　2.0　　　键盘输入

图层偏移

添加常量高程偏移(使用场景单位)：0　　　　　　　　　　纵向无偏移

按"确定"键返回。因高程值的转换系数为 2.0，等于将高度放大了 1 倍，显示的地形起伏特别明显，获得了夸张效果(图 19-12)。

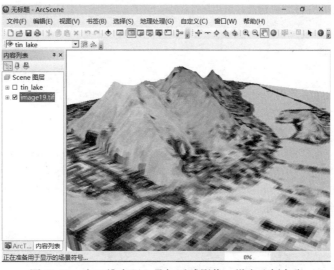

图 19-12　在三维表面上叠加遥感影像，纵向比例夸张

练习结束，分别选用菜单"文件→退出"，关闭 ArcScene 和 ArcMap，软件提示是否保存对文档的改动，为了不影响以后、他人的练习，应选"否"。

19.5　本 章 小 结

不规则三角形网络(Triangulated Irregular Network，TIN)常用作地表高程模型。坡度图、坡向图、等高线图可以从 TIN 自动产生，不一定单独保存。在不规则三角网上可以叠加其他要素，如道路、水面、建筑物、遥感影像，同时以三维立体方式显示。除了地形，TIN 还可表示其他自然环境因素，或者运用到社会、经济领域。二维要素类可以浮动方式加载到 TIN 的表面，还可以靠要素属性值纵向拉伸，显示三维场景。

直接依靠高程点，是产生 TIN 的最典型途径，数据量小且计算效率高。传统地图因缺乏关键、典型的高程点，不得不靠等高线生成 TIN，软件先在等高线上采样，再将这些点连成 TIN，往往因采样点较密，得到的 TIN 数据量较大，运行速度也比较慢。如果从多边形产生 TIN，除了在边界上采样，软件也可能在多边形内部自动补点。

多面体(Multipatch)是三维要素，可表示立方体、球体等较复杂的几何对象，也可表示三维的建筑物、树木等物体。按二维要素的属性纵向拉伸，可以转换成三维多面体，但是后者能表示更丰富的三维表面，还有其他三维分析功能。

ArcScene 是 ArcGIS Desktop 的组成部分，用于小范围三维场景显示、分析，和 ArcMap 的地图文档类似，ArcScene 也有文档，文件扩展名为.sxd。

思 考 题

1. 根据经验，除了地形，TIN 还可用在哪些领域？
2. 为何 TIN 能直接产生坡度图、坡向图、等高线图？

第 20 章　工程中的土方、纵坡

20.1　由等高线产生不规则三角网

启用地图文档\gisex_dt10\ex20\ex20.mxd，激活 Data frame1，有 3 个图层：设计等高线、现状等高线和场地边界(图 20-1)。打开属性表"现状等高线"，可以看到每条等高线的高程值均在 CONTOUR 字段中，同样的字段也在属性表"设计等高线"中。主菜单中选用"地理处理→环境…"，进一步设置：

工作空间→当前工作空间：\gisex_dt10\ex20\DBtemp.gdb　　　借助文件夹按钮添加
工作空间→临时工作空间：\gisex_dt10\ex20\DBtemp.gdb　　　借助文件夹按钮添加
输出坐标系：与输入相同　　　　　　　　　　　　　　　　下拉选择
处理范围：输入的并集　　　　　　　　　　　　　　　　　下拉选择

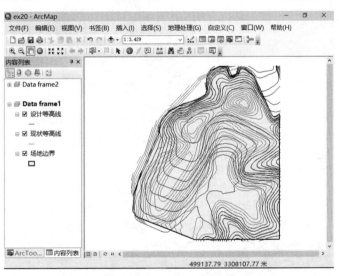

图 20-1　Data frame1 显示

按"确定"键返回。如果 3D Analyst 许可证未加载，选用菜单"自定义→扩展模块…"，勾选 3D Analyst。选用"ArcToolbox→3D Analyst 工具→数据管理→TIN→创建 TIN"，继续设置：

输出 TIN：\gisex_dt10\ex20\tin_exst　　　　　　　　TIN 数据集的路径、名称
坐标系(可选)：CGCS2000_3_Degree_GK_CM_120E　　　点击右侧按钮，弹出"空间参考属性"对话框，进入"XY 坐标系"选项，展开"图层"和坐标系名称，选择图层名"场地边界"，按"确定"键返回
输入要素类(可选)：　分别选择"现状等高线"和"场地边界"两个图层

输入要素	高程字段	类型	Tag Field
现状等高线 (已选)	COUNTOUR (下拉选择)	Soft_Line (下拉选择)	<None> (默认)
场地边界 (已选)	<None> (下拉选择)	Soft_Clip (下拉选择)	<None> (默认)

☐ 约束型 Delaunay　　不选

按"确定"键,产生现状地表模型 tin_exst,并自动加载(图 20-2),一般默认按高程分类显示,并且有线要素类"软边",它们都限定在"场地边界"范围内,"软边"的位置、走向和等高线一致。进入"tin_exst→图层属性→符号系统",在"显示"框内,点击"☑ 边类型",取消"☐ 高程"的勾选,再到左下侧点击"添加所有值"按钮,该不规则三角网的边有三类:0(规则边)、1(软边)和 3(外边),为它们设置不同符号,按"确定"键返回,可以看到 TIN 的内容很详细(图 20-3),也可看出其计算过程是在等高线上采样,将采样点构成不规则三角网。在"场地边界"内,和等高线的走向一致的网络边称为"软边",网络的其他边称"规则边","场地边界"之外的所有边均称为"外边"。

再启用"ArcToolbox→3D Analyst 工具→数据管理→TIN→创建 TIN",继续设置:

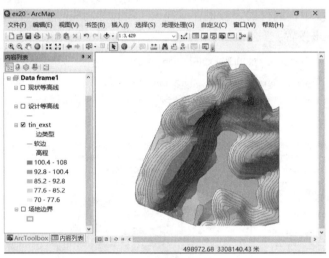

图 20-2　由现状等高线产生的 TIN

输出 TIN: \gisex_dt10\ex20\tin_dsgn　　　　　　　TIN 数据集的路径、名称

坐标系(可选): CGCS2000_3_Degree_GK_CM_120E　　　点击右侧按钮,弹出"空间参考属性"对话框,进入"XY 坐标系"选项,展开"图层"和坐标系名称,选择图层名"场地边界",按"确定"键返回

输入要素类(可选): 分别选择"设计等高线"和"场地边界"两个图层

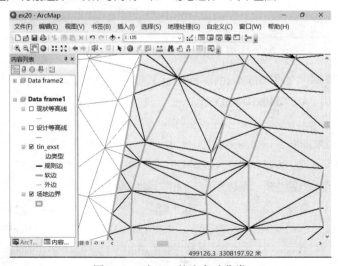

图 20-3　对 TIN 的边自动分类

输入要素	高程字段	类型	Tag Field
设计等高线 (已选)	COUNTOUR (下拉选择)	Soft_Line (下拉选择)	<None> (默认)
场地边界 (已选)	<None> (下拉选择)	Soft_Clip (下拉选择)	<None> (默认)

□ 约束型 Delaunay　不选

按"确定"键，产生设计地表模型 tin_dsgn，自动加载(图 20-4)，读者可以进一步查看该不规则三角网边的分类、构成。

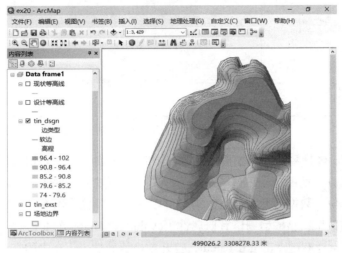

图 20-4　由设计等高线产生的 TIN

20.2　计算工程填挖方

主菜单中选择"地理处理→环境..."，展开"处理范围"，下拉选择"与图层 场地边界 相同"，按"确定"键返回。启用"ArcToolbox→3D Analyst 工具→转换→由 TIN 转出→TIN 转栅格"，继续设置：

输入 TIN：tin_exst	下拉选择
输出栅格：\gisex_dt10\ex20\DBtemp.gdb\grd_exst	数据项路径、名称
输出数据类型(可选)：FLOAT	下拉选择
方法(可选)：LINEAR	下拉选择
采样距离(可选)：CELLSIZE 10	先下拉选择，再调整栅格单元大小
Z 因子(可选)：1	键盘输入

按"确定"键，经计算，tin_exst 转成栅格 grd_exst，自动加载(图 20-5)。用上述同样方法将 tin_dsgn 转成栅格 grd_dsgn，即设计的不规则三角网也转成栅格型地表模型，这两组栅格的单元值都是高程。

如果 Spatial Analyst 许可证未加载，选用菜单"自定义→扩展模块..."，勾选 Spatial Analyst。启用"ArcToolbox→Spatial Analyst 工具→地图代数→栅格计算器"，进入栅格计算器对话框，借助鼠标输入：

Int(("grd_dsgn" － "grd_exst") * 100)

输出栅格：\gisex_dt10\ex20\DBtemp.gdb\grd_calcul

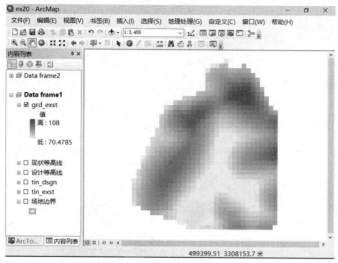

图 20-5　现状地形三角网转换成栅格

　　按"确定"键，经计算得到填挖栅格 grd_calcul，自动加载。按一般情况，栅格单元取值大于零的位置有填方，地图上颜色偏淡，小于零的位置有挖方，地图上颜色偏深(图 20-6)。原来高程以米为单位，数据类型为浮点，乘 100 变为厘米单位，用取整数的函数 Int()，将浮点型数据转变为整数型，整数型栅格有值属性表(Value Attribute Table，VAT)，便于进一步计算。内容列表中，鼠标右键点击 grd_calcul，打开栅格值属性表，在表的左上角点击表选项图标菜单"□▼→添加字段..."，进一步设置：

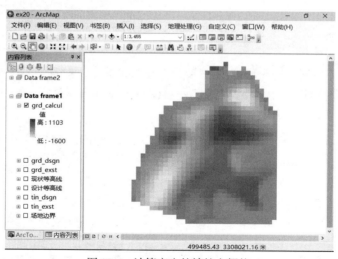

图 20-6　计算产生的填挖方栅格

　　名称：VOL

　　类型：长整型

　　按"确定"键返回，鼠标右键点击字段名 VOL，在弹出的快捷菜单中选用"字段计算器..."，对话框下侧提示："VOL ="，用鼠标点击输入：

[Value] * [Count]

　　按"确定"键，实现计算后，再用鼠标右键点击字段名 VOL，选用快捷菜单"统计"，得到像元值的基本统计指标：

计数：582

最小值：−4800

最大值：15200

总和：−32711

平均值：−56.204467

标准差：977.932988

空：0

设计方案的综合土方量为：32711/100 × 10 × 10 = 32711m³(因软件版本不同，结果会有微小差异)。整数型栅格的值属性表中，像元取值 Value 相同的记录只出现一次，Count 为同值像元累计数，Value 和 Count 相乘，按单元取值累计总和，保存在字段 VOL 中。VOL 的总和为综合填挖方，除 100，高程单位从厘米换算为米，两次乘 10 为像元面积，小于零表示挖方大于填方。关闭属性表。

20.3　利用二维线要素生成纵剖面

激活 Data frame2，可以看到 TIN 图层"地形"，线状矢量图层"道路"(图 20-7)，该图层的要素是二维的。主菜单中选择"地理处理→环境…"，展开"处理范围"，下拉选择"输入的并集"，按"确定"键返回。

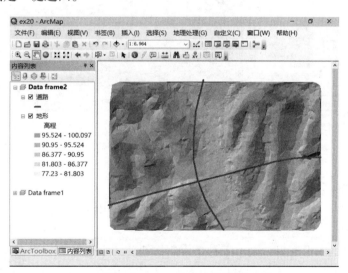

图 20-7　Data frame2 的显示

20.3.1　二维要素转换为三维

选用"ArcToolbox→3D Analyst 工具→功能性表面→插值 Shape"，进一步设置：

输入表面：地形　　　　　　　　　　　　　　　　　　下拉选择

输入要素类：道路　　　　　　　　　　　　　　　　　下拉选择

输出要素类：\gisex_dt10\ex20\DBtemp.gdb\road_3D　　　路径和名称

采样距离(可选)：　　　　　　　　　　　　　　　　　保持空白

Z 因子(可选)：1	默认为 1
方法(可选)：LINEAR	下拉选择
□ 仅插值折点(可选)	不勾选
金字塔等级分辨率(可选)	保持空白

按"确定"键，经计算产生 road_3D，自动加载。从显示看，多了一个图层，二维形状和原来的"道路"一样，实际数据是三维要素类(3D Feature Class)，高程值由"地形"TIN 决定。

20.3.2　产生纵剖面

关闭图层"道路"的显示，用要素选择工具 ，借助 Shift 键，在地图上点击选择横向的某段道路(road_3D，可以是右侧)，使它们自动改变颜色，进入选择集。如果 3D Analyst 工具条未出现，选用主菜单"自定义→工具条→3D Analyst"，在 3D Analyst 工具条中的"图层"下拉表中，选择图层名"地形"，再点击右侧的剖面图图标按钮" →剖面图"，软件生成沿道路的地形剖面线。

产生剖面图后，若需要调整表达方式，鼠标右键点击剖面线显示窗口上部，在弹出的菜单中选"属性"，出现"图表属性"对话框，可进一步调整标题、说明，以及 XY 轴的单位(图 20-8)。

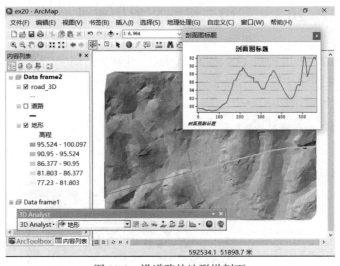

图 20-8　沿道路的地形纵剖面

20.4　临时生成纵剖面线

关闭道路纵剖面图形窗口，基本工具条中用按钮 清空选择集。在 3D Analyst 工具条中点击图标 (插入线)，出现十字形光标，在地图上任意位置点击式输入一条折线，双击鼠标结束，这是三维图形(3D Graphic)，假设为临时的道路选线。在 3D Analyst 工具条中的下拉条中，选择"地形"，再点击剖面图生成按钮 (剖面图)，产生沿该路径的地形剖面线(图 20-9)，下一步可以用鼠标右键点击该窗口上部的名称，在弹出的菜单中选"属性"，出现"图表属性"对话框，对剖面图的表达作必要的调整，具体操作和上次剖面图的设置相同。

练习结束，选用菜单"文件→退出"，提示是否将更改保存到地图文档，为了不影响以后、他人的练习，应选"否"。

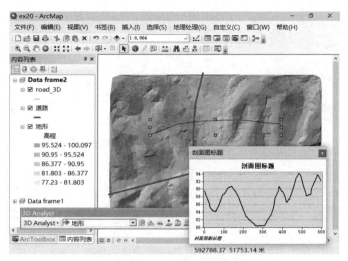

图 20-9　临时输入剖面线、生成剖面图

20.5　本 章 小 结

　　为了计算工程填挖方，一般先将 TIN 转换成栅格再计算。将浮点型栅格转换为整数型，就会有值属性表(Value Attribute Table，VAT)，可直接对属性表作简单计算、统计(参见第 13 章)。

　　依据 TIN 或栅格，可生成纵剖面图。先要有"线"，可临时输入三维图形(3D Graphic)，也可将已有的二维线要素(Line Feature)转换为三维线要素(3D Feature)，在 3D Graphic 或 3D Feature 基础上生成纵剖面图，在专门的图形窗口中显示。根据需要，纵剖面图可进一步放入地图布局(Map Layout)，也可用文件方式保存再利用，或者输出到其他应用软件中显示、打印。

　　在地图文档中交互式输入的称 Graphic(图形)，有二维，也有三维，还有字符，如第 2 章输入文档注记。本章输入剖面线的走向，均是 Graphic。由程序产生的称 Graph(可译为图表，有时也称图形)，如本章的剖面图，第 3 章的统计图表，第 5 章的比例尺、图例。

思 考 题

　　本章填挖方案例的数据采集、场地设计、高程分析、结果表达上有哪些值得进一步改进之处，更好地发挥 GIS 的特长？

第 21 章 通 视 分 析

21.1 输入视线、分析通视

启用地图文档\gisex_dt10\ex21\ex21.mxd，数据框 Data frame1 有点状图层"观察点"，线状图层"道路"，TIN 图层"地形"(图 21-1)。主菜单中选用"地理处理→环境…"，进一步设置：

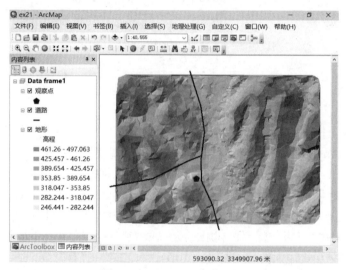

图 21-1　Data frame1 的显示

工作空间→当前工作空间：\gisex_dt10\ex21\temp	借助文件夹按钮添加
工作空间→临时工作空间：\gisex_dt10\ex21\temp	借助文件夹按钮添加
输出坐标系：与输入相同	下拉选择
处理范围：输入的并集	下拉选择

按"确定"键返回。选用菜单"自定义→扩展模块…"，加载 3D Analyst 许可证。选用菜单"自定义→工具条→3D Analyst"，弹出 3D Analyst 工具条。在 3D Analyst 工具条中，点击"创建视线"工具，出现"通视分析"对话框：

观察点偏移：1 Z 单位	输入观察点相对高程
目标偏移：0 Z 单位	输入目标点相对高程

上述操作的意思是观察者所在位置的高度在地形表面上增加一个地图单位(本练习是米)，目标的高度等于地形表面。关闭对话框，屏幕上出现十字光标，可在地形表面上指定观察点和目标点，先用鼠标将十字光标移动到某个临时的观察点位置，按下左键不放，将鼠标光标拖动到目标点，松开鼠标，绘制出一条连线，这条线往往是红绿相间(图 21-2)，观察点是黑色，如果目标点是绿色，在视窗口左下角会出现提示："目标可见"，表示观察点和目标点之间通视；如果目标点是红色，左下角显示："目标不可见"，表示两点之间不通视，而且在连

接线上会有一个蓝点，该点挡住了视线。连线的绿色部分为可见的地表，红色部分为不可见地表。

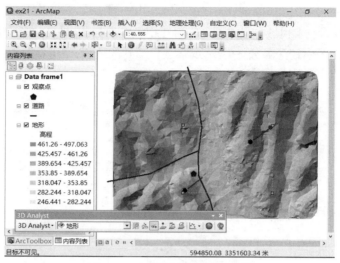

图 21-2   在两点间临时输入视线

临时输入的视线不是要素(Feature)，是图形(Graphic)，利用基本工具条中的元素选择工具 ↖，可以调整位置，结合键盘中的 Delete 键，可以删除临时视线，点击按钮 ⟲，可以再输入、再计算。

21.2   单点视域分析

21.2.1   将 TIN 转换为栅格

在 Data frame1 中已有点要素图层"观察点"、线要素图层"道路"，TIN 图层"地形"。本练习先分析观察点的可视地表范围、再分析沿道路观察可视地表范围。删除已输入的临时视线，启用"ArcToolbox→3D Analyst 工具→转换→由 TIN 转出→TIN 转栅格"，继续设置：

输入 TIN：地形	下拉选择
输出栅格：\gisex_dt10\ex21\temp\surf.tif	输出的栅格数据集
输出栅格类型：FLOAT	默认，浮点型
方法：LINEAR	下拉选择，线性插入
采样距离：CELLSIZE 25	下拉选择，调整栅格单元大小
Z 因子：1	默认

按"确定"键，不规则三角网"地形"转换为栅格数据集 surf.tif，自动加载。

21.2.2   分析单个观察点的可视范围

选用"ArcToolbox→3D Analyst 工具→可见性→视域"，继续设置：

输入栅格：surf.tif	下拉选择三维表面图层名
输入观察点或观察折线要素：观察点	下拉选择
输出栅格：\gisex_dt10\ex21\temp\visible1.tif	计算结果
输出地平面以上的栅格(可选)：	保持空白，不选

Z 因子(可选)：1	纵向比例不夸张
□ 使用地球曲率校正(可选)	保持空白，不勾选
折射系数(可选)	不选

按"确定"键，产生视域分析结果 visible1.tif，自动加载(图 21-3)，自动分成两类，"不可见"为浅红色(插图中较深部分)，表示观察点看不到的地表，"可见"为浅绿色(插图中较浅部分)，表示观察点可看到的地表。

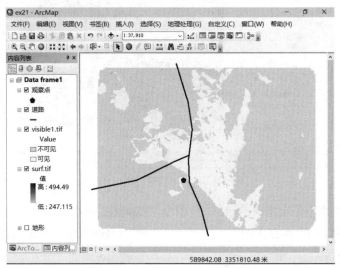

图 21-3 观察点的视域分析结果（不设置观察点的高程）

视域分析依据用户指定观察点和目标点的相对高程和位置。观察点的默认高度比所在位置的三维表面高 1 个地图单位。上述练习中，观察点所处的三维表面高程为 299.1 米，默认的观察高程为 300.1 米。打开"观察点"要素属性表，选用表选项菜单"⊞▾→添加字段"，继续输入：

名称：Spot

类型：浮点型

精度：6

小数位数：1

按"确定"键。在标准工具条上点击⚒，调出编辑器工具条，选择"编辑器→开始编辑"，弹出需要编辑哪项数据的窗口，点击"观察点"，按"确定"键返回。输入 Spot 字段的数值 310(仅一条记录)，选用菜单"编辑器→停止编辑"，提示："是否保存编辑的内容？"，选择"是(Y)"确认，关闭属性表，返回地图显示窗口。选用"ArcToolbox→3D Analyst 工具→可见性→视域"，继续设置：

输入栅格：surf.tif	下拉选择三维表面
输入观察点或观察折线要素：观察点	下拉选择
输出栅格：\gisex_dt10\ex21\temp\visible2.tif	计算结果
输出地平面以上的栅格(可选)：	保持空白
Z 因子(可选)：1	纵向比例不夸张
□ 使用地球曲率校正(可选)	不勾选

折射系数(可选)　　　　　　　　　　　　　　　　　不选

按"确定"键，计算、产生视域分析结果 visible2.tif，自动加载(图 21-4)。

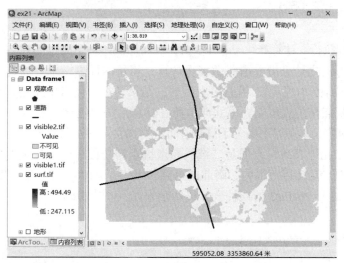

图 21-4　观察点绝对高程为 310 米的视域

21.2.3　两次视域分析结果的比较

前一次默认观察点的相对高程，比所在的三维表面高 1 米(300.1 米)，后一次设定观察点的绝对高程，为 310 米。打开 visible1 的属性表，可看到不可见栅格单元(取值为 0 的)有 25194 个，可见栅格单元(取值为 1 的)有 6910 个。打开 visible2.tif 的属性表，可看到不可见栅格单元(取值为 0 的)有 22944 个，可见栅格单元(取值为 1 的)有 9160 个，可视范围明显变大。

21.3　路径视域分析

启用"ArcToolbox→3D Analyst 工具→功能性表面→插值 Shape"，作进一步设置：

输入表面：surf.tif　　　　　　　　　　　　　　　下拉选择
输入要素类：道路　　　　　　　　　　　　　　　下拉选择观察路径
输出要素类:\gisex_dt10\ex21\temp\vi_road.shp　　　插值结果
采样距离(可选)：100　　　　　　　　　　　　　　键盘输入
Z 因子(可选)：1　　　　　　　　　　　　　　　　纵向比例
方法(可选)：BILINEAR　　　　　　　　　　　　　下拉选择
□ 仅插值折点(可选)　　　　　　　　　　　　　　不勾选

其他选项均为默认，按"确定"键，图层"道路"的数据源经插值处理，产生 vi_road.shp，折点间隔为 100 米，自动加载。关闭"道路"图层的显示，用"选择要素"工具，点击 vi_road 的南北走向，使其进入选择集，启用"ArcToolbox→3D Analyst 工具→可见性→视域"，继续设置：

输入栅格：surf.tif　　　　　　　　　　　　　　　下拉选择地表图层
输入观察点或观察折线要素：vi_road　　　　　　　下拉选择
输出栅格：\gisex_dt10\ex21\temp\visible3.tif　　　　计算结果的路径和名称

输出地平面以上的栅格(可选)：	保持空白，不选
Z 因子(可选)：1	纵向比例不夸张
□ 使用地球曲率校正(可选)	不勾选
折射系数(可选)	保持空白

　　按"确定"键执行，计算产生 visible3.tif，自动加载。基于路径的视域分析的计算方法和单点观察相同，不同之处是沿着道路做多次计算，将每次计算结果叠加起来，单点观察得到的结果是 0(不可见)和 1(可见)，沿路多点观察的结果是每一栅格单元被观察到的次数。表示道路的线要素，折点作为观察点，南北向道路在计算范围内仅 5 个折点。对线要素做插值，原始功能是插入高程，本练习不是为了高程，而是使观察点的间距变小、相等，固定在 100 米。计算插值虽然要依托地表高程，但是二维线要素折点的高程在计算视域时从高程栅格获得，提前获得没有必要。在计算范围内，南北向道路长度大于 4100 米，插值间距为 100 米，观察总次数为 43 次。打开 visible3 的属性表，显示结果如下(软件版本不同，计算结果可能会有微小差异)：

Value(被看到的次数)	Count(取该值的栅格共有几个)
0	16880
1	1149
2	902
3	861
…	…
…	…
39	123
40	73
41	24
42	15

　　调整专题地图的符号，可以表达观察到的次数(图 21-5)。本练习针对南北向道路，如果选择集为空，默认针对所有道路。

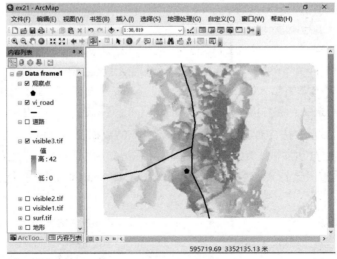

图 21-5　沿南北向道路，步长 100 米，每个栅格的可见次数

选菜单"文件→退出",关闭地图文档,退出 ArcMap,可按需要决定是否要保存对地图文档做过的改动。

在 Windows 下启动 ArcScene,打开文档\gisex_dt10\ex21\ex21a.sxd,有"观察点""道路""地形"3 个图层,加载栅格图层\gisex_dt10\ex21\temp\visible3.tif,进入"图层属性"对话框,选择"基本高度",继续设置:

从表面获取的高程

○ 没有从表面获取高程值   不选

◉ 在自定义表面上浮动:\gisex_dt10\ex21\view_tin   下拉选择

从要素获取的高程

◉ 没有基于要素的高度   默认

用于将图层高程值转换为场景单位的系数:自定义(下拉选择)   1.0   键盘输入

图层偏移

添加常量高程偏移(使用场景单位):0   纵向不偏移

再选择"符号系统",选择"显示→拉伸",在色带下拉条中选择从浅到深的色带,按"确定"键返回。内容列表中,关闭图层"地形"的显示。可以判断,沿道路运动者,浅色的位置不太可能看到,深色的位置可看到多次(图 21-6)。

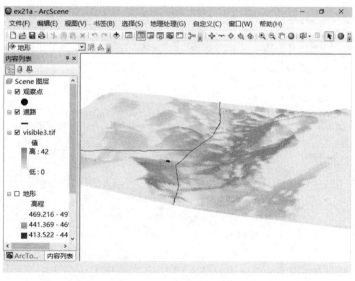

图 21-6 沿南北向道路,地表栅格可见次数的三维显示

21.4 用三维线要素分析通视

21.4.1 已设定视线分析通视

ArcScene 已启动,打开文档\gisex_dt10\ex21\ex21b.sxd,有"公园地形""视线"两个图层。"公园地形"是用 TIN 表示的某公园内部地形,观察点位于公园外部山脚,目标点位于公园内某一山丘顶部。"观察视线"是既定观察点、目标点之间 X、Y、Z 坐标值的连线(3D Shapefile)。本练习计算该条视线的通视性,以判断山脚下的观察点与山顶目标点之间是否可

视。主菜单中选择"地理处理→环境…":

工作空间→当前工作空间: \gisex_dt10\ex21\temp　　　　　借助文件夹按钮添加

工作空间→临时工作空间: \gisex_dt10\ex21\temp　　　　　借助文件夹按钮添加

输出坐标系: 与输入相同　　　　　　　　　　　　　　下拉选择

处理范围: 与图层 公园地形 相同　　　　　　　　　　下拉选择

　按"确定"键返回。启用"ArcToolbox→3D Analyst 工具→可见性→通视分析",继续设置:

输入表面: 公园地形　　　　　　　　　　　　　　　　下拉选择

输入线要素: 视线　　　　　　　　　　　　　　　　　下拉选择

输入要素(可选):　　　　　　　　　　　　　　　　　不选,没有其他要素参与

输出要素类: \gisex_dt10\ex21\temp\los1.shp　　　　　计算结果路径、名称

输出障碍点要素类: \gisex_dt10\ex21\temp\obs1.shp　　计算结果路径、名称

　其他设置均默认,按"确定"键,计算生成线要素类 los1,点要素类 obs1,自动加载。打开 los1 的图层属性表,可以看到字段 TarIsVis,如果取值为 1,表示通视,如果取值为 0,表示不通视。本次计算,两条记录的 TarIsVis 都是 1,说明仅考虑公园山体地形,观察点与目标点之间的视线不受遮挡,关闭属性表。点要素类 obs1 是空的,遮挡视线的障碍点不存在(图 21-7)。

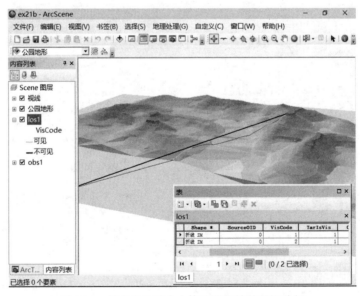

图 21-7　仅考虑公园内山体地形遮挡的通视分析

21.4.2　多面体要素参与通视分析

　公园外部拟建设一组建筑物,建成后是否影响原有的通视性,需经计算判断。选用工具 ⊕,在\gisex_dt10\ex21\路径下加载多边形要素类 bldg02.shp,该数据项是二维的。进入"bldg02→图层属性→基本高度"选项,继续设置:

○ 没有从表面获取高程值　　　　　　　　　　　　　不选

◉ 在自定义表面上浮动: \gisex_dt10\ex21\hillbase3　　下拉选择地形表面

◉ 没有基于要素的高度　　　　　　　　　　　　　　点选

用于将图层高程值转换为场景单位系数　　自定义：1.0　　　　　键盘输入

添加常量高程偏移(使用场景单位)：0　　　　　　　　　　　　纵向不偏移

　　进入"拉伸"选项，勾选"拉伸图层中的要素…"，在"拉伸值或表达式"文本框右侧点击计算器按钮，选择左侧字段，输入表达式[height] * 1，按"确定"键返回"拉伸"选项对话框，对"拉伸方式"的提示，下拉选择"将其添加到各要素的最大高度"。按"确定"键关闭"图层属性"对话框，拟建建筑在地表模型上以三维方式显示。启用"ArcToolbox→3D Analyst 工具→转换→3D 图层转要素类"，继续设置：

输入要素图层：bldg02　　　　　　　　　　　　　下拉选择图层名

输出要素类：\gisex_dt10\ex21\temp\bldg3D.shp　　生成多面体要素类的路径及名称

分类字段(可选)　　　　　　　　　　　　　　　　保持空白

　　按"确定"键，产生多面体要素类 bldg3D.shp，自动加载，内容列表中暂时不显示 bldg02(图 21-8)。启用"ArcToolbox→3D Analyst 工具→可见性→通视分析"，继续设置：

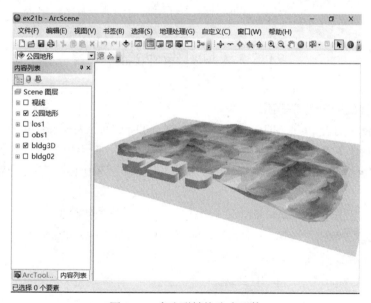

图 21-8　多边形转换为多面体

输入表面：公园地形　　　　　　　　　　　　　　下拉选择

输入线要素：视线　　　　　　　　　　　　　　　下拉选择

输入要素：bldg3D　　　　　　　　　　　　　　　下拉选择参与分析的多面体

输出要素类：\gisex_dt10\ex21\temp\los2.shp　　　计算结果路径、数据项名称

输出障碍点要素类：\gisex_dt10\ex21\temp\obs2.shp　计算结果路径、数据项名称

　　其他选项均默认，按"确定"键执行，产生线要素类 los2，点要素类 obs2，自动加载。暂时关闭"视线"、los1、obs1 的显示，打开 los2 的图层属性表，字段 TarIsVis 的值均为 0，观察点和目标点之间不通视，该组建筑群建成后，规定的视线会受遮挡。点要素 obs2 是从观察点出发发生遮挡的第一点，在建筑物外墙(图 21-9)。如果 obs2 的显示符号太小，内容列表中鼠标点击 obs2 下的符号，调出"符号选择器"，在右侧"大小"栏中，将尺寸调大，颜色调深，按"确定"键返回。

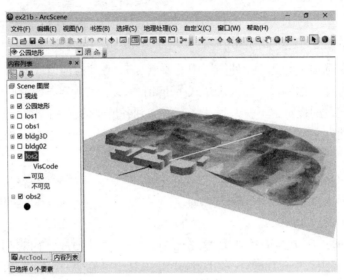

图 21-9　多面体要素参与三维表面通视分析

21.5　天际线与建筑限高

21.5.1　基于天际线的三维障碍面

在 ArcScene 中打开\gisex_dt10\ex21\ex21c.sxd，同时关闭 ex21b.sxd，可不保存。ex21c.sxd 的图层和场景如图 21-10 所示。观察点周边可能有建筑物，按当地景观规划要求，从观察点看山体，新建建筑物不得遮挡天际线，为此限制建筑物高度。选用主菜单"地理处理→环境…"，进一步设置：

工作空间→当前工作空间：\gisex_dt10\ex21\temp	借助文件夹按钮添加
工作空间→临时工作空间：\gisex_dt10\ex21\temp	借助文件夹按钮添加
输出坐标系：与输入相同	下拉选择
处理范围：与图层 公园地形 相同	下拉选择

按"确定"键返回。启用"ArcToolbox→3D Analyst 工具→可见性→天际线"，继续设置：

输入观察点要素：观察点	下拉选择图层名
输入表面：公园地形	下拉选择图层名
虚拟表面半径：0　米	键盘输入
虚拟表面高程：0　米	键盘输入
输入要素(可选)：	不选，保持空白
要素细节层次(可选)：FULL_DETAIL	下拉选择，要求精细
输出要素类：\gisex_dt10\ex21\temp\skyline.shp	天际线数据的路径、名称

其他选项均为默认，或不设置，按"确定"键，产生 3D Shapefile Skyline，自动加载，得到从观察点环视一圈看到的三维天际线(图 21-11)。启用"ArcToolbox→3D Analyst 工具→可见性→天际线障碍"，继续设置：

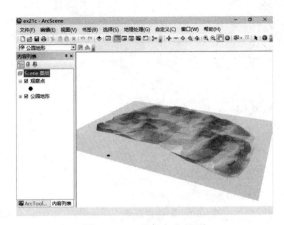

图 21-10　观察点和地形　　　　　　　　图 21-11　三维天际线

输入观察点要素：观察点	下拉选择图层名
输入要素：skyline	下拉选择图层名
输出要素类：\gisex_dt10\ex21\temp\SkBarr.shp	天际线障碍要素的路径、名称
最小半径(可选) ⊙ 线性单位　0 米	
最大半径(可选) ⊙ 线性单位　0 米	
□ 闭合(可选)	不勾选
基础高程(可选) ⊙ 线性单位　0 米	
□ 投影到平面(可选)	不勾选

　　按"确定"键，产生多面体(Multipatch)SkBarr.shp，根据天际线和观察点组合而成，自动加载(图 21-12)。如果某建筑物突破该多面体，就会对观察点所看到的天际线产生遮挡。

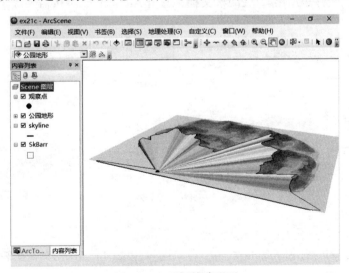

图 21-12　天际线障碍面

21.5.2　公园地形转栅格

　　选用"ArcToolbox→3D Analyst 工具→转换→由 TIN 转出→TIN 转栅格"，继续设置：

输入 TIN：公园地形	下拉选择
输出栅格：\gisex_dt10\ex21\temp\HllGrd.tif	数据项路径、名称

输出数据类型(可选): FLOAT	下拉选择
方法(可选): LINEAR	下拉选择
采样距离(可选): CELLSIZE 10	下拉选择, 栅格单元大小调整为 10
Z 因子(可选): 1	键盘输入

按"确定"键,"公园地形"转换成栅格 HllGrd.tif。

21.5.3 产生限制建筑相对高度的栅格

启用"ArcToolbox→转换工具→转为栅格→多面体转栅格",继续设置:

输入多面体要素: SkBarr	下拉选择图层名
输出栅格: gisex_dt10\ex21\temp\BrrGrd.tif	栅格数据的路径、名称
输出像元大小(可选): HllGrd	下拉选择, 和地形栅格相同

按"确定"键继续,天际线障碍面转换成栅格 BrrGrd。启用"ArcToolbox→3D Analyst 工具→栅格计算→减",继续设置:

输入栅格数据或常量值 1: BrrGrd.tif	下拉选择
输入栅格数据或常量值 2: HllGrd.tif	下拉选择
输出栅格: \gisex_dt10\ex21\temp\BldgHgt.tif	数据项路径、名称

按"确定"键,视线障碍栅格和公园地形栅格相减,得到结果栅格 BldgHgt.tif,其单元值为相对于地形,对建筑物高度的限制(图 21-13),最高约 19.7 米,最低应该为零,出现负值是计算有误差,天际线右上侧个别栅格点(图 21-14 中用黑色表达)。选用主菜单"视图→视图设置",点选"正射投影(2D 视图)",关闭对话框,可看出该栅格的二维显示效果(图 21-14)。可利用主菜单中的要素识别工具 ⓘ ,点击查询某个栅格点,显示该位置允许建筑物的相对高程。

选择主菜单"文件→退出",关闭该文档,退出 ArcScene,可按需要决定是否保存对文档做过的改动。

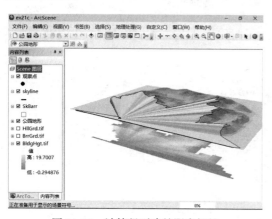

图 21-13　计算得到建筑限高栅格

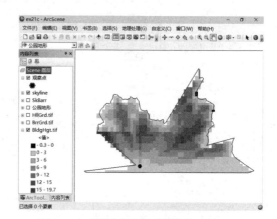

图 21-14　限制建筑高度栅格的二维显示

21.5.4 本练习小结

本练习的目的是得到限制建筑物的相对高度栅格,初始条件是观察点和地表之间产生三维天际线。天际线和观察点组合成障碍面,为三维多面体(Multipatch),如果建筑物高于该障碍面,就在观察点和天际线之间形成了遮挡。将障碍面转换成高度栅格,地表也转换成高度栅格,两者相减,就得到了限制建筑物相对高度的栅格。

21.6　本章小结

通视分析可以判断三维表面两点之间有无遮挡物，依托 TIN 或者高程栅格做计算。临时定义视线，输入的是图形(Graphic)，计算结果也是图形。观察点和目标点都在三维表面上，通过对话框，定义观察点和目标点相对于三维表面的高程。还可借用生成纵剖面的方法，沿着临时视线产生纵剖面图，观察起点和终点之间的视线遮挡状况。如何产生纵剖面，第 20 章已有练习，本章不再重复。

视域分析比通视分析稍复杂，只能依托栅格表面，如果只有 TIN，应先将其转换为高程栅格，有点观察、线观察。点观察是在该点位置，判断周围哪些栅格单元可见，哪些不可见。默认该点位置比三维地表高一个地图单位，也可增加专门的字段定义高度。线观察是点观察的扩展，将线要素的折点(含端点)定义为观察点，采用和点观察相同的方法，将每个折点的观察结果叠合、相加，得到线观察的结果。如果是点观察，产生的栅格只有 0 和 1 两种取值，表示不可见或可见。如果是线观察，除了不可见，还可计算出观察到的次数，显然最大值不会超过计算范围内线要素的折点数(含端点)。

三维线要素表示视线，也可作通视分析，计算结果也是三维线要素类，有属性表。如果视线被遮挡，可计算出沿视线被遮挡的第一个点，保存为三维点要素类。

多面体要素可参与通视分析，如判断建筑物是否遮挡视线，也可参与三维天际线、天际线障碍等其他分析。有兴趣的读者可自行尝试拟建建筑物对天际线的影响。

TIFF 是一种常用的图像文件格式，操作系统文件名的后缀是.tif，除了用于遥感影像，ArcGIS 也将这种文件用于栅格分析。

思　考　题

1. 建筑限制高度栅格上部靠近天际线附近多数栅格的取值接近零，另有一部分取值较大，附近的天际线近似直线，能否解释其原因？

2. 做线的视域分析，对线要素增加字段 OffsetA，会有什么不同的效果？

3. 根据经验，通视分析还有什么用途？

第七篇　网　络　分　析

第22章　最佳路径、最近设施、服务区

22.1　构建网络数据集

启动 ArcMap，打开\gisex_dt10\ex22\ex22.mxd，激活 Data frame1，可看到两个图层：点状要素为图层"经停站"，线状要素为某城市的局部道路(图 22-1)。进入"道路"的图层属性对话框，从"源"选项可知道数据源来自文件地理数据库 DBex22.gdb。要素数据集 DTsetA 中的要素类 road01，从"字段"选项，可看出 road01 的属性表有 CLASS，SPEED，Shape_Length 等字段，按"确定"键返回。在主菜单中选择"自定义→扩展模块"，然后勾选 Network Analyst，按"关闭"键返回，网络分析许可证被加载。标准工具条中点击图标 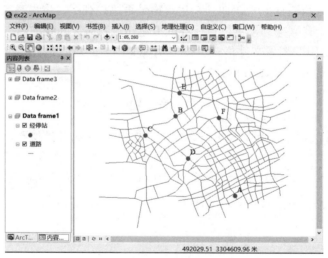，右侧出现"目录"窗口(和 ArcCatalog 的"目录树"类似)，展开 DBex22.gdb，鼠标右键点击 DTsetA，选用快捷菜单"新建→网络数据集…"，出现提示：

图 22-1　Data frame1 的显示

输入网络数据集的名称：road01_ND　　　　　　　　键盘输入

选择网络数据集版本：10.1　　　　　　　　　　　下拉选择

按"下一页"键[注]，提示："选择将参与到网络数据集中的要素类"，仅勾选 road01，继

[注] 软件经常靠对话框、设置窗口实现交互操作，用户要到窗口底部，用鼠标点击按钮(也称为"键")才能继续。当计算机的显示器分辨率较低，操作系统设置字体较大时，"上一页"、"上一步"、"下一页"、"下一步"、"确认"、"关闭"、"应用"、"取消"和"完成"按钮会显示在屏幕之外，造成用户看不到按钮而不知所措，对此可用功能键来代替鼠标点击按钮，用键盘 Alt-B 代替"上一页"或"上一步"，用键盘 Alt-N 代替"下一页"或"下一步"，用 Enter(即回车)键代替"确认"和"关闭"，Alt-A 代替"应用"，用 Esc 键代替"取消"，用 Alt-F 代替"完成"。上述操作在 ArcGIS 的一般对话框、设置窗口中都适用。

续按"下一页"键，提示：

是否要在此网络中构建转弯模型？　　⊙ 否　　　暂不考虑

按"下一页"键，点击按钮"连通性…"，显示：

源	连通性策略	1
Road01	端点	☑

按"确定"键返回，再按"下一页"键，再提示：

如何对网络要素的高程进行建模？　⊙ 无(N)

按"下一页"键，可以看到：

为网络数据集指定属性

名称	用法	单位	数据类型
长度	成本	米	双精度

正常情况下，要素属性表中字段 Shape_Length 被自动识别为成本，中文软件显示为"长度"，如果"长度"的左侧出现感叹号，说明软件未识别出默认字段，应借助右侧"移除"键，删除带感叹号的记录。

如果上述提示内容为空白，按"下一页"键，软件提示缺少成本属性，是否要添加，选择"是"，然后按"上一步"键返回，核实关于成本的提示。

如果"长度"(或 Shape_Length)左侧未出现感叹号，按"下一页"键，出现"出行模式"的选项及相关设置界面，内容较多，保持空白，不做设置，按"下一页"键，提示：

是否要为此网络数据集建立行驶方向设置？　　⊙ 否

按"下一页"键继续，提示：

☐ 构建服务区索引　　不勾选

按"下一页"键继续，出现"摘要"显示框，显示已经完成的各项设置，按"完成"(或回车)键，软件处理片刻，再提示：

新网络数据集已创建。是否立即构建？

选择"是(Y)"，数据处理完毕，提示："是否还要将参与到'road01_ND'中的所有要素类添加到地图？"可选择"是(Y)"，可以看到当前的数据框 Data frame1 内增加了三个图层：点要素类图层 road01_ND_Junctions(网络中的道路交汇点)，线要素类图层 road01(构成网络数据集的线要素类)，road01_ND(网络的边)。从 DTsetA 的内容可看出，road01 本来就有，另外两个要素类 road01_ND_Junctions，road01_ND 是由软件对 road01 计算、派生出来的，说明网络数据集已构建，关闭"目录"窗口。

22.2　产生最佳路径

22.2.1　设置处理环境

在 ArcMap 的主菜单中选择"地理处理→环境…"，进一步设置：

工作空间→当前工作空间：\gisex_dt10\ex22\DBtemp.gdb　　　　借助文件夹按钮添加

工作空间→临时工作空间：\gisex_dt10\ex22\DBtemp.gdb　　　　借助文件夹按钮添加

输出坐标系：与输入相同　　　　　　　　　　　　　　下拉选择

处理范围：与图层 道路 相同　　　　　　　　　　　　下拉选择

按"确定"键返回。在内容列表中，用鼠标右键加快捷菜单，将 Data frame1 中的 road01_ND_Junctions 和 road01 分别移除，留下 road01_ND。在主菜单"自定义→工具条"中勾选 Network Analyst，弹出网络分析工具条，在该工具条的左侧下拉选择"Network Analyst→新建路径"，Data frame1 中出现"路径"，是一个特殊图层组(Group Layer)，内有 5 个子图层，可展开、收缩，成组打开、关闭，也可单独打开、关闭。如果"Network Analyst 窗口"未出现，在网络分析工具条中点击按钮⬛，该窗口和内容列表处在同一位置(靠底部的按钮可相互切换)，有 5 个目录：停靠点(0)、路径(0)、点障碍(0)、线障碍(0)、面障碍(0)，它们和 Data frame1 的"路径"图层组中的 5 个子图层一一对应。

22.2.2　输入站点、障碍，产生路径

在 Network Analyst(网络分析)窗口中点击"停靠点(0)"，使其显示为蓝底白字，在网络分析菜单条中点击图标⬛(创建网络位置工具)，光标变成一个带十字的小旗子(不是单纯小旗子)，在地图窗口中下端的 A 点附近输入一个停靠点(可离开 A 点一段距离)，自动编号为 1，在上侧 E 点附近输入另一个停靠点(可离开 E 一段距离)，自动编号为 2，在网络分析窗口可以看到，停靠点(0)变成了(2)，点击"+"号展开，有 2 个停靠点："图形选择 1，图形选择 2"，在网络分析菜单条中点击按钮⬛(求解)，软件产生从①(A 附近)到②(E 附近)的最佳路径(图 22-2)。

再到网络分析窗口中点击"点障碍(0)"，使其显示为蓝底白字，网络分析工具条中点击图标⬛，在已有路径中输入一个障碍点(位置应该在计算产生的路径上，不宜在路口，宜在路段，意思是此处道路正在维修，禁止通行)，Network Analyst 窗口中的"点障碍(0)"变成(1)，出现"禁止型(1)"、"图形选择 3"，再点击网络分析菜单条中的求解按钮⬛，路径发生变化，显然是为了绕开障碍点(图 22-3)。

临时输入站点、障碍点可能有误差，在网络分析工具条中用选择工具⬛(选择/移动网络位置)，出现的光标仅是一个小旗，没有小十字，可用于选择移动停靠点、障碍点，使它们的位置较精确。也可以在网络分析窗口中点击"图形选择"记录，将障碍点移动到第二次生成的路径上，往上靠近停靠终点，再按"求解"按钮⬛，观察新产生的最佳路径如何绕开修改后的障碍点。

图 22-2　两个站点间的最佳路径　　　　　　图 22-3　绕开障碍点，改变路径

22.2.3　加载站点要素，产生路径

用鼠标右键配合菜单"删除"，在 Network Analyst 窗口中分别将"图形选择 1""图形选择 2""图形选择 4"三个临时站点、障碍点删除，可在地图上，利用图标 ·九 来操作。再到 Network Analyst 窗口中，用右键点击"停靠点(0)"，选择"加载位置…"，出现对话框：

加载自：经停站	下拉选择图层名
☑ 仅显示点图层	勾选
□ 仅加载选定行	不勾选
位置分析属性	该框内容取默认值，暂不设置
位置定位	
◉ 使用几何	点选
搜索容差：100(键盘输入)　　米	下拉选择单位
○ 使用网络位置字段	不选

上述设置中，搜索容差表示点要素离开网络的距离，如果设置得太大，离开网络较远，不应该纳入分析计算的点可能被纳入，如果设置得太小，离开网络不远，应该纳入分析计算的点可能被排除。因此，当原始点要素输入的位置误差较大，偏离网络的点要素较多时，搜索容差值变得相对重要。

按"确定"键，"加载位置"窗口关闭，在网络分析(Network Analyst)窗口中，可以看到"停靠点(0)"变为"停靠点(6)"，即 6 个点要素被加载，在地图显示窗口中可看到分析用的 6 个"停靠点"的位置和图层"经停站"是完全重合的，展开"停靠点(6)"，可看到专题地图中的 6 个站点编号顺序和"位置 1、位置 2、…、位置 6"的顺序一致。切换到"内容列表"窗口，打开"经停站"的图层属性表，可看到 OBJECTID 的编号顺序也一致，而 STOP_Name 的顺序是：A、C、D、E、F、B，关闭属性表窗口，在网络分析菜单条中点击求解按钮 ，产生路径，该路径的顺序和 OBJECTID 一致，对应的 STOP_Name 是 A、C、D、E、F、B，从直观角度，不符合常规行车习惯。切换到内容列表，在 Dara frame1 中，鼠标右键点击"路径"选择"属性…"，再进入"分析设置"选项：

阻抗：长度(米)	下拉选择
□ 使用开始时间	不勾选
☑ 重新排序停靠点以查找最佳路径	勾选，调整站点顺序，优化路径
☑ 保留第一个停靠点	勾选，保留既定的第一个站点(OBJECTID 为 1)
□ 保留最后一个停靠点	取消，不规定最后一个站点
交汇点的 U 形转弯：不允许	下拉选择，不允许在交叉口调头
输出 Shape 类型：实际形状	下拉选择
☑ 忽略无效位置	勾选

按"确定"键返回，再点击求解按钮 ，结果是"经停站"的顺序为 A、D、C、B、E、F(图 22-4)。在 Network Analyst 窗口，展开"停靠点(6)"，可以看到调整后的站点顺序如下：

① 位置 1　　　　(STOP_Name　A)
② 位置 3　　　　(STOP_Name　D)
③ 位置 2　　　　(STOP_Name　C)

④　　位置 6　　　　　(STOP_Name　B)
⑤　　位置 4　　　　　(STOP_Name　E)
⑥　　位置 5　　　　　(STOP_Name　F)

图 22-4　6 个站点顺序优化的路径

本次计算前，因勾选了"☑ 重新排序停靠点以查找最佳路径"，软件就调整停站顺序，使得整体路径最佳。

在网络分析窗口中，鼠标右键"删除"菜单，分别删除"位置 3"(D)，和"位置 4"(E)，剩下 A、B、C、F 四个停靠点，再点击求解按钮▦，可看到 4 个停靠站点的路径和原来 6 个明显不同，走向为 A、F、B、C(图 22-5)。

图 22-5　停靠 4 个点的优化路径

网络分析窗口中鼠标右键点击"停靠点(4)"，选择"打开属性表"，拉动窗口的左右滚动条，点击字段名 Sequence，该列被选择，改变颜色，该列的属性值是网络分析路径经过站点的顺序编号，用右键点击字段名 Sequence，选择"升序排列"，属性表的记录按站点编号从小到大重新排序，再拉动属性表窗口的左右滚动条，出现字段名"Cumul_长度"，可以看到分析

路径经过各站点的累计长度(相当于累计交通成本):

Name	Sequence	Cumul_长度
位置 1	1	0
位置 5	2	4082.240193
位置 6	3	6345.791425
位置 2	4	8356.715115

路径分析中出现过 3 种停靠点的名称、编号，作用各不相同：

(1) 路径分析开始之前地图上就有的英文字母，是图层属性标注(第 2 章已练习过)；来自"经停站"属性表中的字段 STOP_Name，是要素的用户标识。

(2) 每次产生新的路径后，地图上重新显示的编号，表示停靠点的先后顺序，在计算过程中由软件自动产生，对应"停靠点"属性表中的字段 Sequence 的取值。

(3) 还有一种编号："位置 1、位置 2、…"，和"经停站"的内部标识 OBJECTID 一致，后者在数据输入、维护过程中由软件自动产生，路径优化不会改变编号。

22.3 查找最近设施

22.3.1 对网络数据集做进一步设置

关闭属性表，激活 Data frame2，该数据框有 2 个图层：点状图层"设施/事件"，线状图层"道路"(图 22-6)，观察线状图层"道路"，分为 A，B，C 三类。进入"道路"图层属性窗口，点击"源"选项，可以知道该图层的数据源和 Data frame1 的"道路"是相同的，关闭"道路"图层属性窗口，打开"道路"要素属性表，可以看到该图层有 CLASS(类型)，SPEED(车速)等属性，CLASS 分 A，B，C 三种，对应的 SPEED 分三种：30，25，20，这表示 A 类道路的平均车速为 30 千米/小时，B 类道路的平均车速为 25 千米/小时，C 类道路的平均车速为 20 千米/小时，为了计算消防车到达事件现场的时间、路径，需要为"道路"属性表增加一个字段。点击属性表左上角表选项菜单"▤▾→添加字段…"：

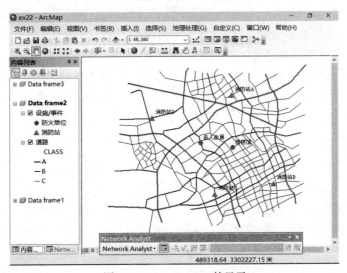

图 22-6 Data frame2 的显示

名称: Mint

类型: 浮点型

按"确定"键返回。鼠标右键点击字段名 Mint，选择快捷菜单"字段计算器…"，对话框中部出现提示："Mint ="，借助鼠标、键盘输入计算式：

[Shape_Length] / 1000 / [SPEED] * 60

按"确定"键返回。增加的字段 Mint 表示每条路段车辆行驶所消耗的时间，字段 Shape_Length 是每个路段的几何长度，单位为米，字段 SPEED 是路段的车速，单位为千米/小时，两者相除得到的是行驶时间，但是计算单位不同，除以 1000，使长度单位变为千米，乘 60，时间单位从小时换算成分钟，观察字段 Mint 的取值，可知道换算的结果，关闭属性表。本属性表、要素类和 Data frame1 使用的数据源一致，网络数据集也是 road01_ND。

在标准工具条中点击"目录窗口"按钮，在右侧"目录"窗口中，展开路径\DBex22.gdb\DTsetA\，鼠标右键点击网络数据集 road01_ND，选择快捷菜单"属性"，出现"网络数据集属性"对话框，再进入"属性"选项，点击右侧按钮"添加…"，定义字段：

名称：Mint　　　　　　　　　　　　　　　键盘输入(大小写和"道路"属性表中的字段名一致)

使用类型: 成本　　　　　　　　　　　　　下拉选择

单位: 分钟　　　　　　　　　　　　　　　下拉选择

数据类型: 双精度　　　　　　　　　　　　下拉选择

约束条件用法：　　　　　　　　　　　　　禁止(默认)

☐ 默认情况下使用　　　　　　　　　　　　不勾选

按"确定"键返回，可以看到属性框有如下内容：

名称	用法	单位	数据类型
长度	成本	米	双精度
Mint	成本	分钟	双精度

按"确定"键结束。在"目录"窗口中，鼠标右键再次点击网络数据集要素类 road01_ND，选择快捷菜单"构建"，Network Analyst 更新网络数据集的内部结构，处理结果是增加了考虑车速、以分钟为单位的成本属性。运行结束，关闭"目录"窗口。

22.3.2　基于距离最短的最近设施

本练习在 2 个事件(Incident)"名人故居""博物馆"和 4 个设施(Facility)"消防站"之间选择最佳路径。点击"添加数据"图标，在 DBex22.gdb\DTsetA\路径下选择 road01_ND，按"添加"键，提示：

是否还要将参与到"road01_ND"中的所有要素类添加到地图？

选择"否(N)"继续，网络数据集 road01_ND 加载到 Data frame2。在网络分析菜单条中选择"Network Analyst→新建最近设施点"，可以看到内容列表中出现一个特殊的图层组合"最近设施点"。网络分析窗口中也出现 6 个目录：设施点(0)、事件点(0)、路径(0)、点障碍(0)、线障碍(0)、面障碍(0)。切换到内容列表，鼠标右键点击图层组合名"最近设施点"，选择"属性"，在"图层属性"对话框中进入"分析设置"选项：

阻抗: 长度(米)　　　　　　　　　　　　　下拉选择

☐ 使用时间　　　　　　　　　　　　　　　不勾选

默认中断值 <无>	默认
要查找的设施点: 1	键盘输入, 每次仅查找一个设施
行驶自: ⊙ 设施点到事件点	点选, 运行方向为设施到事件
交汇点的 U 形转弯: 允许	下拉选择, 允许任何位置调头
输出 Shape 类型: 实际形状	下拉选择
☑ 忽略无效位置	勾选

按"确定"键返回。进入 Network Analyst 窗口, 鼠标右键点击"设施点(0)→加载位置…",
出现对话框:

加载自: 设施/事件	下拉选择图层名
☑ 仅显示点图层	勾选
位置分析属性	该框内容取默认值, 不设置

位置定位	
⊙ 使用几何	点选
搜索容差: 100(键盘输入)	米(下拉选择单位)
○ 使用网络位置字段	不选

按"确定"键返回, 可以看到 6 个点要素被加载, "博物馆"和"名人故居"不是设施,
到 Network Analyst 窗口, 展开"设施点(6)", 用鼠标右键加快捷菜单"删除", 将"博物馆"
和"名人故居"删除, 只留下 4 个消防站, "设施点(6)"变为"设施点(4)"。

再用鼠标右键点击"事件(0)→加载位置…", 出现对话框, 有关设置和上述加载设施点一
样, 按"确定"键返回, 可以看到 6 个点要素被加载, 4 个"消防站"不是事件, 展开"事
件点(6)", 用鼠标右键加快捷菜单"删除", 将 4 个消防站删除, 留下"博物馆"和"名人故
居", "事件点(6)"变为"事件点(2)"。

点击求解按钮 ▦ , 可以看到, 实际的有效路径为 2 条: 消防站 A 到"博物馆", 消防站 C
到"名人故居"(图 22-7)。在网络分析窗口中, 展开"路径(2)", 用鼠标右键分别点击两条路

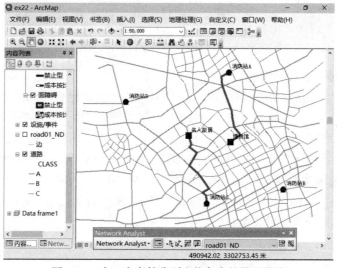

图 22-7　为 2 个事件分别查找各自的最近设施

径的名称, 选用"属性...", 打开路径属性表, 可以看到消防站 A 到"博物馆"的路径长度(Total_长度)为 2613.896692, 消防站 C 到"名人故居"的路径长度(Total_长度)为 2772.587975。由于上下行交通条件、车速一致, 路径起点和终点即使相反, 交通成本(路径长度)也一样。

在 Network Analyst 窗口中展开"事件点(2)", 用鼠标右键点击并加载快捷菜单, 将"名人故居"删除, 仅留下"博物馆", "事件点(2)"变为"事件点(1)", 切换到内容列表, 鼠标右键选择图层名"最近设施点→属性→分析设置", 修改如下:

要查找的设施点: 4 　　　　　　　键盘输入, 一次查找 4 个设施

其他设置不修改, 按"确定"键返回, 再点击求解按钮 🔲, 可以看到软件产生 4 个消防站(设施)分别到达"博物馆"(事件)的各自网络路径(图 22-8)。在网络分析窗口, 鼠标右键点击"路径(4)→打开属性表", 拉动视窗滑动条, 可以看到按距离最短产生 4 条路径的交通成本:

Name	Total_长度
消防站 A－博物馆	2613.896692
消防站 B－博物馆	2757.498815
消防站 C－博物馆	2772.650540
消防站 D－博物馆	4588.764996

图 22-8　一个事件和多个设施之间的最短路径

22.3.3　基于时间最省的最近设施

关闭属性表, 到内容列表中鼠标右键点击图层名"最近设施点→属性", 进入"分析设置"选项, 在"阻抗"项中下拉选择"Mint(分钟)", 表示交通时耗作为网络阻抗, 计算单位为分钟, 其他设置不变, 按"确定"键返回。在网路分析工具条中点击求解按钮 🔲, Network Analyst 产生新的最佳路径, 4 个"消防站"(设施)分别到达"博物馆"(事件)的路径走向。图 22-9 和图 22-8 相比, 从消防站 D 和消防站 C 到博物馆的路径明显不同, 原因显然是 A、B、C 三类道路车速不同造成。在 Network Analyst 窗口中, 展开鼠标右键点击"路径(4)", 打开属性表, 可以看到时间最省路径的交通成本:

Name	Total_Mint
消防站 A－博物馆	7.841692
消防站 B－博物馆	8.193219

| 消防站 C – 博物馆 | 7.245826 |
| 消防站 D – 博物馆 | 11.167999 |

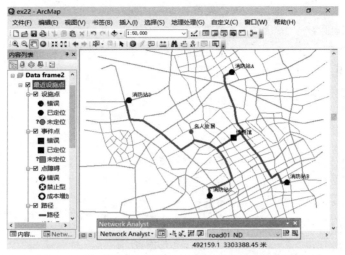

图 22-9　按时间最省产生 4 个消防站到博物馆的路径

22.4　产生服务区

关闭属性表，激活 Data frame3，该数据框有 2 个图层：点状图层"公园"，线状图层"道路"(图 22-10)，本练习要求产生距公园 500 米和 1000 米的服务范围。点击"添加数据"图标➕，在 DBex22.gdb\DTsetA\路径下选择 road01_ND，按"添加"键，提示："是否还要将参与到'road01_ND'中的所有要素类添加到地图？"，选择"否(N)"，网络数据集要素类被加载。在网络分析工具条的左侧下拉选择"Network Analyst→新建服务区"，可以看到内容列表中出现一个图层组"服务区"。鼠标右键点击图层名"服务区"，选择"属性"，进入网络分析图层属性对话框，再进入"分析设置"选项：

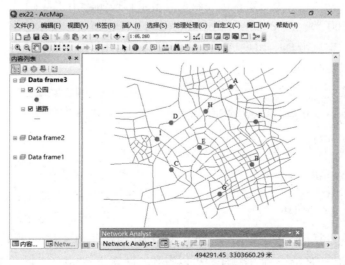

图 22-10　Data frame3 的显示

阻抗：长度(米)	下拉选择
默认中断值：500 1000	键盘输入 2 项服务区范围值，用空格分开
□ 使用时间	不勾选
方向：⊙ 离开设施点	点选
交汇点的 U 形转弯：允许	下拉选择，允许任何位置调头
☑ 忽略无效位置	勾选

进入"面生成"选项：

☑ 生成面	勾选
面类型	
⊙ 详细	点选，产生详细的多边形
□ 修剪面	取消勾选
排除的源　□ road01	不选
多个设施点选项	
⊙ 按中断值合并	分离的多边形合并
叠置类型	
⊙ 环	多重服务区呈环状

按"确定"键返回。在 Network Analyst 窗口，鼠标右键点击"设施点(0)→加载位置…"，出现对话框：

加载自：公园	下拉选择图层名
☑ 仅显示点图层	勾选
位置分析属性	该框内容取默认值，不设置
位置定位	
⊙ 使用几何	点选
搜索容差：100(键盘输入)	米(下拉选择单位)
○ 使用网络位置字段	不选

按"确定"键返回，9 个点要素被加载。点击求解按钮 ▦ ，产生距 9 个公园的服务区多边形，分别对应 500 米、1000 米两种交通成本(图 22-11)。

在标准工具条中点击 ▣ ，出现 ArcToolbox 窗口，启用"ArcToolbox→分析工具→邻域分析→缓冲区"，出现对话框：

输入要素：公园	下拉选择数据项名
输出要素类：\gisex_dt10\ex22\DBtemp\buffer1	鼠标加键盘输入
⊙ 线性单位	点选
1000 　(键盘输入)　　　　　米　(下拉选择)	
方法(可选)：PLANAR	
融合类型(可选)：ALL	下拉选择，重叠的多边形相互合并
融合字段：	均不勾选，保持空白

其他内容均为默认值，按"确定"键继续，产生距公园 1000 米同心圆式的缓冲区 buffer1，自动加载。调整图层的符号、显示顺序，可以看到，同样是 1000 米，同心圆式的缓冲区比基于网络的服务区要大一些(图 22-11)。

　　练习结束，选用菜单"文件→退出"，提示是否将更改保存到地图文档，为了不影响以后、他人的练习，应选"否"。

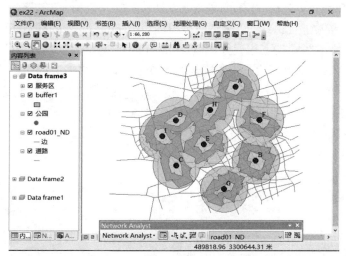

图 22-11　离开公园 500，1000 米的服务区和 1000 米缓冲区的比较

22.5　本 章 小 结

　　本章出现了很多专用词汇，解释如下。

　　路径(Route)是网络分析的结果，最佳路径必须经过有关停靠点(Stop)，绕开障碍(Barrier)，以交通成本最低决定走向。停靠点、障碍可以是手工输入的图形(Graphic)，也可用要素(Feature)。停靠点的顺序可以人为指定，也可经计算自动调整，满足交通成本最低的要求。

　　最近设施(Closest Facility)是在设施点(Facility)和事件点(Incident)之间产生路径，相当于两组既定的停靠点。可以为每个事件点查找单个最近设施点，也可以同时查找多个设施点，在多个设施和一个事件之间产生路径。

　　服务区(Service Area)是路径分析的扩展，给定交通成本，产生离开服务点所有方向的路径，将每条路径的端点连接起来，形成最大范围，即服务区，边界上任一点和服务点之间的交通成本都等于给定值。和第 15 章的缓冲区(Buffer Zone)相比，服务区的范围较小，缓冲区的范围较大。

　　阻抗(Impedance)是交通的单位成本，成本(Cost)按路径的走向由阻抗累计而成。最简单、最常用的是将线要素的几何长度作为阻抗，累计长度为交通成本，如果考虑车行、步行的速度，速度的倒数(即单位时耗)为阻抗，累计时耗为交通成本。

　　障碍(Barrier)对交通有阻碍作用，例如，很短的一段路因交通事故，暂时禁止通行，可用障碍点表示；较长的某段路维修，可用障碍线表示；对某个范围进行交通管制，用障碍面(多边形)表示，生成路径时必须绕开障碍。读者练习最近设施、服务区时，可以自己尝试添加障碍点、障碍线、障碍面，进一步体会障碍是如何影响到设施和事件之间的路径，以及服务区的形状。

　　U 形转弯(U-Turn)的意思是调头，这种方式常用于货物运输、步行、自行车、自驾车，客运公共交通往往限制调头。是否允许调头，会影响到交通成本和路径走向。

网络分析产生一个图层组(Group Layer)，内含若干特殊图层，可以成组打开、关闭，也可以调整显示符号，方法和普通图层一样。

网络数据集(Network Dataset)表示网状交通设施，如：道路网、铁路网，由线状要素经处理组合而成。一个线要素(Line)，转换到网路中称为边(Edge)，线的端点(End，Endpoint)称为结点(Node)，多个结点在同一点相遇称交汇点(Junction)。网络数据集内部的要素为拓扑结构，对一般用户来说，呈"黑箱"状态，不需要知道细节，但是数据源的质量很重要，一般靠拓扑规则来检验线要素，避免悬挂点、伪结点、重复线，在道路交叉口，线要素应断开、汇合。和分析有关的点要素(停靠点、设施点、事件点)，位置应尽量靠近网络，与边重合，小于搜索容差，均可利用拓扑规则做检验。数据质量不可靠，路径相关的计算结果就会有差错。线要素的字段 Shape_Length(或 Length)一般被默认为交通阻抗，软件还会将点要素的字段 Name默认为停靠点、设施点、事件点的名称。

ArcGIS 的交通网络可扩展到建筑物内部的三维空间(3D Network)，有兴趣的读者可自己尝试。

几何网络(Geometric Network)是 ArcGIS 的另一种数据集，常用于表示管线类事物，适用于市政设施(Utility)、公用事业，如给水、排水、燃气、电力，也可延伸至河道中的水流。几何网络的侧重点和交通网络不同，有其特殊的分析功能，本教材未涉及。

完成本章练习，会改变练习数据内容，将\gisex_dt10\DATA\路径下的原始文件覆盖至\gisex_dt10\ex22\，数据内容就恢复到练习之前的状态。

思 考 题

1. 防火单位和消防站的联系，改用近邻分析，有无意义？有何差异？
2. 根据自己的经验，最佳路径、最近设施、服务区还能适用哪些现实问题？
3. 距离最短、时间最省的差异在日常交通中如何体现？

第 23 章　上下行、交叉口互通

23.1　道路单向行驶

23.1.1　设置单向行驶属性

启用地图文档\gisex_dt10\ex23\ex23.mxd，激活 Data frame1，该数据框有 3 个图层：点状图层"停靠站"、线状图层"方向"、线状图层"道路"，和已经做过的练习相比，多了一个图层"方向"，表示"碧云路"和"锦绣路"要素数字化的方向(箭头是符号)。本练习将尝试道路单向行驶对网络路径的影响。

进入"Data frame1→数据框 属性→常规"，核实"地图"和"显示"单位是否为"米"，按"确定"键返回。主菜单中选用"地理处理→环境…"，继续设置：

工作空间→当前工作空间：\gisex_dt10\ex23\DBtemp.gdb　　　　　借助文件夹按钮添加

工作空间→临时工作空间：\gisex_dt10\ex23\DBtemp.gdb　　　　　借助文件夹按钮添加

输出坐标系：与输入相同　　　　　　　　　　　　　　　　　　　下拉选择

处理范围：与图层 道路 相同　　　　　　　　　　　　　　　　　下拉选择

按"确定"键返回。适当放大地图显示比例(图 23-1)，可看到"锦绣路""碧云路"用带箭头的符号显示(选用符号时，可设置为"箭头在终点"或"箭头在右侧中间")，箭头方向表示线要素输入顺序(即数字化，digitizing)，方向都是由下向上。根据城市交通管理，锦绣路为由南向北单行，和要素数字化的方向一致，碧云路为由北向南单行，和要素数字化方向相反。

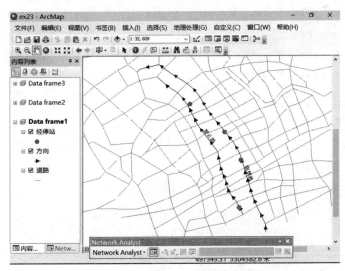

图 23-1　Data frame1 局部放大显示

按 Network Analyst 的约定，可为道路的要素属性表设置一个字段，默认名称为 Oneway，当单行方向和要素数字化方向一致时，属性值应该是"FT"(含义是 From-To，如"锦绣路"，由南向北单行)，当单行方向和要素数字化方向相反时，属性值应该是"TF"(含义是 To-From，如"碧云路"，由北向南单行)，如果双向禁止通行，属性值应该是"N"(本练习暂不考虑)，其他属性值对单行、禁行不起作用。打开图层"方向"的图层属性表，可以看到该图层的所有路段均有路名："锦绣路"或"碧云路"。选用属性表左上角的表选项菜单"▤▾→添加字段"，继续设置：

名称：Oneway (Network Analyst 约定)

类型：文本

长度：4

按"确定"键返回，再用表选项菜单"▤▾→按属性选择…"，在对话框的顶部"方法"栏下拉选择"创建新选择内容"，输入查询条件：

RD_NAME LIKE '碧云路'

按"应用"键，可以看到，路名为"碧云路"的记录均进入选择集，在属性表窗口，鼠标右键点击字段名 Oneway，选择快捷菜单"字段计算器…"，在"Oneway ="的引导下，键盘在文本框内输"TF"(要带英文双引号)，按"确定"键后可以看到，字段 RD_NAME 的属性值为"碧云路"的记录，Oneway 的属性均被赋值为 TF，表示行驶方向和要素数字化的方向相反。再到"按属性选择"对话框，修改查询条件：

RD_NAME LIKE '锦绣路'

按"应用"键，可以看到，路名为"锦绣路"的记录均进入选择集，用鼠标右键点击字段名"Oneway→字段计算器…"，再输入"FT"(带英文双引号)，字段 RD_NAME 的属性值为"锦绣路"的记录，Oneway 的属性均被赋值为 FT，行驶方向和要素数字化的方向一致。关闭"字段计算器…"，清空选择集，关闭属性表。

23.1.2　构建网络数据集

如果 Network Analyst 许可证未加载，选用菜单"自定义→扩展模块…"，勾选 Network Analyst，按"关闭"键返回。标准工具条中点击图标按钮▥，到目录窗口中展开\DBex23.gdb\DTsetA，线要素类 road02 既是图层"道路"的数据源，也是图层"方向"的数据源(显然"方向"图层中的要素是 road02 的子集)，刚才增加了字段 Oneway。鼠标右键点击 DTsetA，选用菜单"新建→网络数据集…"，提示：

输入网络数据集的名称：road02_ND　　　　　　　　键盘输入

选择网络数据集版本：10.1　　　　　　　　　　下拉选择

按"下一页"(或回车)键，提示："选择将参与到网络数据集中的要素类"，仅勾选 road02，继续按"下一页"键，提示：

是否要在此网络中构建转弯模型？　　⊙ 否　　　　暂不考虑

按"下一页"键，点击按钮"连通性…"，显示：

源	连通性策略	1
Road02	端点	☑

按"确定"键返回，按"下一页"键，再提示：

如何对网络要素的高程进行建模？　　⊙ 无 (N)

按"下一页"(或回车)键，可以看到

为网络数据集指定属性

名称	用法	单位	数据类型
Oneway	限制	未知	布尔型
长度	成本	米	双精度

按"下一页"键继续，有"出行模式"选项和相关设置，暂时不考虑，均保持空白，按"下一页"键继续：

是否要为此网络数据集建立行驶方向设置？　　⊙ 否

按"下一页"键继续，提示

□ 构建服务区索引　　　不勾选

按"下一页"键继续，出现"摘要"显示框，显示已经完成的各项设置，按"完成"(或回车)键，软件处理片刻，再提示：

新网络数据集已创建。是否立即构建？

选择"是(Y)"，提示："是否还要将参与到'road02_ND'中的所有要素类添加到地图？"，选择"是"。在内容列表中可以看到，增加了 road02_ND_Junctions，road02，road02_ND 三个图层。鼠标右键分别点击 road02_ND_Junctions，road02，选择"移除"，只保留 road02_ND。在"目录"窗口中，可以看到要素数据集 DTsetA 内增加了 road02_ND 和 road02_ND_Junctions 两个特殊的要素类。关闭"目录"窗口。

23.1.3　产生最佳路径

在主菜单中选择"自定义→工具条→Network Analyst"，在网络分析菜单条中点击图标 ▣，出现网络分析窗口，在网络分析菜单条中选择 "Network Analyst→新建路径"，Data frame1 中出现一个特殊图层组"路径"，网络分析窗口中出现 5 个目录：停靠点(0)、路径(0)、点障碍(0)、线障碍(0)、面障碍(0)。网络分析窗口中鼠标右键点击"停靠点(0)"，选择"加载位置…"，继续设置：

加载自：经停站	下拉选择图层名
☑ 仅显示点图层	勾选
位置分析属性	该框内容取默认值，不设置

位置定位	
⊙ 使用几何	点选

搜索容差：100(键盘输入)　米(下拉选择单位)

○ 使用网络位置字段　　　不选

按"确定"键，6 个点要素(来自图层"经停站")被加载到"停靠点"，Network Analyst 窗口内，"停靠点(0)"变为"停靠点(6)"。切换到内容列表，鼠标右键点击图层名"路径"，选择"属性"，再进入"分析设置"选项：

阻抗：长度(米)	下拉选择
□ 使用开始时间	不勾选
☑ 重新排序停靠点以查找最佳路径	勾选，调整停靠点顺序，优化路径
☑ 保留第一个停靠点	勾选，保留既定的第一个停靠点
□ 保留最后一个停靠点	取消，不考虑最后一个停靠点

交汇点的 U 形转弯：不允许　　　　　　下拉选择，不允许调头

输出 Shape 类型：实际形状　　　　　　下拉选择

☑ 忽略无效位置　　　　　　　　　　　勾选

限制(在窗口右上方)

☐ Oneway　　　　　　　　　　　　　取消勾选，暂不考虑单向行驶

按"确定"键返回。点击求解按钮 ▦，可以看到，软件自动调整停靠点的顺序，从南到北，产生停靠每个点的行车最佳路径(图 23-2)，在网络分析窗口中展开"路径(1)"，鼠标右键点击"位置 1-位置 5"，选择"属性…"，可以看到，路径的交通成本"Total_长度"为 6729.061082，按"确定"键返回。

切换到内容列表，鼠标右键点击图层名"路径"，选择"属性"，进入"分析设置"选项，在右上侧"限制"框内勾选字段名 Oneway，其他设置不改，按"确定"键返回。这次将考虑单向行驶，再点击求解按钮 ▦，可以看到，计算得到的路径和前次计算有区别。比较图 23-2 和图 23-3，不太明显的是从 1 号点出发后，先向下，再向右、向上经过 2 号、3 号、4 号，明显的区别是如从 4 号点到 5 号点的走向不一致。在网络分析窗口中展开"路径(1)"，鼠标右键点击"位置 1-位置 5"，选择"属性…"，可以看到，考虑单向行驶的路径交通成本"Total_长度"为 7075.899458，和没有单向行驶相比，路径长度大约增加 347 米，按"确定"键返回。

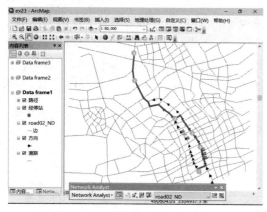

图 23-2　不受单向行驶限制的路径

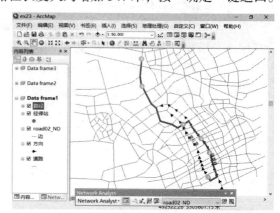

图 23-3　受单向行驶限制的路径

23.2　上下行车速不同

23.2.1　设置上下行时间消耗属性字段

内容列表中激活 Data frame2，有 3 个图层：点状图层"经停站"、线状图层"方向"和"道路"(图 23-4)。主菜单中选用"地理处理→环境…"，继续设置：

处理范围：输入的并集　　　　　　　　下拉选择

其他内容不需更改，按"确定"键返回。按 Network Analyst 约定，线要素类的字段名 FT_Minutes 和 TF_Minutes 可定义上下行交通时耗，和要素的数字化方向对应。FT_Minutes 代表和数字化方向一致的交通时间消耗，TF_Minutes 代表和数字化方向相反的交通时间消耗，默认时间单位为分钟(Minutes)。打开"道路"的图层属性表，选用表选项菜单" ▤ ▾ →添加字段"：

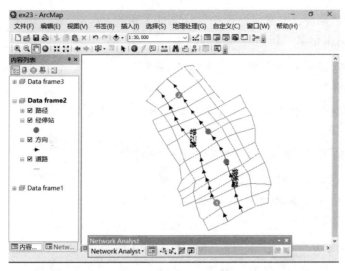

图 23-4　Data frame2 的显示

名称：FT_Minutes(约定的字段名称)

类型：浮点型

按"确定"键返回，再添加字段：

名称：TF_Minutes(约定的字段名称)

类型：浮点型

按"确定"键返回。在属性表窗口，鼠标右键激活字段名 FT_Minutes，选择菜单"字段计算器…"，随即出现对话框，鼠标和键盘输入计算公式：

[Shape_Length] / 1000 / [SPEED] * 60

按"确定"键返回。上述过程使字段 FT_Minutes 具有按路段车速的交通时间消耗属性值，用同样操作步骤为字段 TF_Minutes 赋予同样的属性值。同一路段，不同行驶方向，车速、时耗相同。

本练习假设，因受交通流量不均衡影响，碧云路由北向南的车速比正常车速慢，时间消耗为正常的 1.5 倍。从方向图层的箭头可知，碧云路图形要素的数字化方向是由南向北，为此必须将碧云路由北向南的时耗字段 TF_Minutes 的属性值乘 1.5。选用属性表左上角的图标菜单"表选项→按属性选择…"，在对话框的顶部"方法"栏下拉选择"创建新选择内容"，利用鼠标、键盘，输入查询条件：

RD_NAME LIKE '碧云路'

按"应用"键可以看到，路名为"碧云路"的记录均进入选择集。鼠标右键点击字段名 TF_Minutes，选择快捷菜单"字段计算器…"，在属性计算器对话框内出现提示："TF_Minutes ="。利用鼠标、键盘，在文本框中输入：

[TF_Minutes] * 1.5

按"确定"键返回，路名为"碧云路"的记录 TF_Minutes 字段的属性值变为原来的 1.5 倍，其他记录的属性值不变。清空选择集，关闭属性表。

23.2.2　构建网络数据集

在标准工具条中点击图标按钮，调出"目录"窗口，展开\DBex23.gdb\DTsetA。road03

是图层"道路"的数据源，要素属性表中已经添加了字段 FT_Minutes 和 TF_Minutes，鼠标右键点击 DTsetA，选用菜单"新建→网络数据集..."，提示：

　　输入网络数据集的名称：road03_ND　　　　　　键盘输入
　　选择网络数据集版本：10.1　　　　　　　　　下拉选择

　　按"下一页"(或回车)键，提示："选择将参与到网络数据集中的要素类："，仅勾选 road03，继续按"下一页"键，提示：

　　是否要在此网络中构建转弯模型？　　◉ 否　　　　暂时不考虑

　　按"下一页"键，点击按钮"连通性..."，显示：

源	连通性策略		1
Road03	端点	☑	勾选

　　按"确定"键返回，再按"下一页"键(或 Alt-N)，再提示：

　　如何对网络要素的高程进行建模？　　◉ 无　　　点选

　　按"下一页"(或回车)键继续，提示："为网络数据集指定属性："

名称	用法	单位	数据类型
Minutes	成本	分钟	双精度
长度	成本	米	双精度

　　鼠标右键点击记录 Minutes，快捷菜单中选"赋值器..."，进一步输入或检验：

　　属性：Minutes　　　　　　　下拉选择
　　属性值/源值　　　　　　　　进入该选项

源	方向	元素	类型	值	
road03	自-至	边	字段	FT_Minutes	默认或下拉选择
road03	至-自	边	字段	TF_Minutes	默认或下拉选择

　　按"确定"键返回，Minutes 和"长度"左侧均无感叹号，按"下一页"键(或 Alt-N)继续，有"出行模式"的选项及相关设置界面，暂不考虑，保持空白，按"下一页"键继续。提示：

　　是否要为此网络数据集建立行驶方向设置？　　◉ 否

　　按"下一页"键，提示：

　　□ 构建服务区索引　　　　不勾选

　　按"下一页"键，出现"摘要"显示框，显示已经完成的各项设置，按"完成"(或回车)键继续，软件处理片刻，再提示：

　　新的网络数据集已创建。是否立即构建？

　　选择"是"，数据处理完毕，提示："是否还要将参与到 road03_ND 中的所有要素添加到地图？"，选择"是"，除了 road03_ND(边)，road03_ND_Junctions(交叉口)和 road03(线要素)也被加载，关闭右侧"目录"窗口。

23.2.3　产生最佳路径

　　如果未出现网络分析窗口，在 Network Analyst 菜单条中点击图标键. 在网络分析菜单条中选择"Network Analyst→新建路径"，内容列表中出现特殊图层组"路径"，Network Analyst

窗口中出现 5 个目录。鼠标右键点击"停靠点(0)"，选择"加载位置…"，继续设置：

加载自：经停站	下拉选择图层名
☑ 仅显示点图层	勾选
位置分析属性	该框内容取默认值，不设置

位置定位	
⦿ 使用几何	点选
搜索容差：80(键盘输入)	米(下拉选择单位)
○ 使用网络位置字段	不选

按"确定"键返回。4 个"经停站"要素被加载，展开"停靠点(4)"，鼠标右键分别点击"位置 3"和"位置 4"，选择"删除"，这两个"经停站"被删除，只剩最下和最上的 2 个"经停站"：位置 1 和位置 2。切换到内容列表，鼠标右键点击图层名"路径"，选择"属性"，再进入"分析设置"选项：

阻抗：Minutes(分钟)	下拉选择
□ 使用开始时间	取消，不考虑
□ 应用时间窗	取消，不考虑
☑ 重新排序停靠点以查找最佳路径	勾选，调整停靠点顺序，优化路径
☑ 保留第一个停靠点	勾选，保留既定的第一个停靠点
□ 保留最后一个停靠点	取消，不考虑最后一个停靠点
交汇点的 U 形转弯：不允许	下拉选择，不允许调头
输出 Shape 类型：实际形状	下拉选择
☑ 忽略无效位置	勾选

按"确定"键返回。网络分析菜单条中点击求解按钮，产生从位置 1 到位置 2 的最佳路径(图 23-5)。在 Network Analyst 窗口中展开"路径(1)"，鼠标右键点击"位置 1-位置 2→属性…"，可以看到，从南到北的交通成本 Total_Minutes 为 7.226904(分钟)，按"确定"键关闭窗口。

图 23-5　按时间最省从南到北的路径

到网络分析窗口中展开目录"停靠点(2)",目前是"位置 1"在上,"位置 2"在下,用鼠标拖动,对换起、终点位置,使"位置 2"在上,"位置 1"在下,再点击求解按钮 ▦,软件产生从北到南的最佳路径(图 23-6)。展开"路径(1)",鼠标右键选"位置 2-位置 1→属性",可以看到从北到南的交通成本 Total_Minutes 8.245911(分钟),按"确定"键关闭窗口。比较图 23-5 和图 23-6,可以看到,同样两个停靠点,起点、终点对换,因路段上下行车速不同,不但路径的走向不同,交通成本(时耗)也不同。

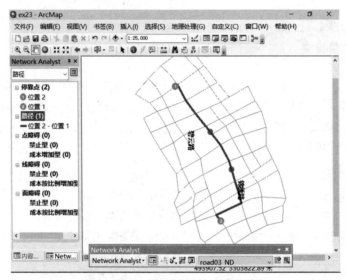

图 23-6　按时间最省从北到南的路径

23.3　交叉口互通

23.3.1　显示路段编号、定义高程字段

激活 Data frame3,有 2 个图层:点状图层"经停站"、线状图层"道路"。主菜单中选用"地理处理→环境...",继续设置:

处理范围: 输入的并集　　　　　　　　　　下拉选择

其他内容不需要更改,按"确定"键返回。再用鼠标右键点击图层名"道路",进入"图层属性→标注"选项,勾选"标注此图层中的要素","方法"下拉条中选用"以相同方式为所有要素加标注",在"标注字段"下拉条中选择 road_ID,在"文本符号"框内右侧下拉选择字体大小为 12,按"确定"键返回,路段编号注记在地图上(图 23-7)。打开"道路"图层属性表,选用表选项菜单"▤ ▾→添加字段...":

名称: F_Elev

类型: 短整型

按"确定"键返回,再添加字段:

名称: T_Elev

类型: 短整型

按"确定"键返回,关闭属性表。

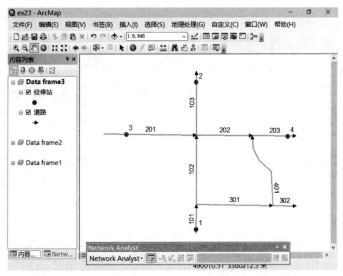

图 23-7　Data frame3 的显示

23.3.2　建立网络数据集

标准工具条中点击图标按钮 ，在右侧"目录"窗口中展开\DBex23.gdb\DTsetA，鼠标右键点击 DTsetA，选用菜单"新建→网络数据集…"提示：

输入网络数据集的名称：road04_ND　　　　　　　键盘输入

选择网络数据集版本：10.1　　　　　　　　　　下拉选择

按"下一页"(或回车)键，提示："选择将参与到网络数据集中的要素类"，仅勾选 road04，按"下一页"键，提示：是否要在此网络中构建转弯模型？

◉ 是　　　点选

转弯源：☑ <通用转弯>　　　　　　　　　　　默认

按"下一页"键，点击按钮"连通性…"，显示：

源	连通性策略	1
Road04	端点	☑

按"确定"键返回，按"下一页"键，提示：如何对网络要素的高程进行建模？

◉ 使用高程字段　　　　　点选，提示如下：

源	端点	字段
Road04	从端点	F_Elev
Road04	到端点	T_Elev

F_Elev 和 T_Elev 是 road04 要素属性表中已设定的高程字段(Elevation Field)，用于判断网络边是否互通，核对无误后，按"下一页"键，可以看到：

为网络数据集指定属性

名称	用法	单位	数据类型
长度	成本	米	双精度

如果"长度"左侧未出现感叹号，按"下一页"键继续，出现"出行模式"的选项及相关设置界面，内容较多，保持空白，不做设置，按"下一页"键，提示：

是否要为此网络数据集建立行驶方向设置?　　　⊙ 否　　　　点选

按"下一页"键继续,提示:

□ 构建服务区索引　　　　不勾选

按"下一页"键继续,出现"摘要"显示框,按"完成"(或者回车)键,软件处理片刻,
再提示:

新网络数据集已创建。是否立即构建?

选择"是(Y)",数据处理完毕,提示:"是否还要将参与到'road04_ND'中的所有要素添
加到地图?",选择"否",在内容列表中可以看到,road04_ND(边)被加载,road04_ND_Junctions,
road04 未加载,关闭右侧"目录"窗口。

23.3.3　产生路径

如果没有 Network Analyst 窗口,在网络分析菜单条中点击图标 (显示 Network Analyst
窗口),继续在网络分析菜单条中选择"Network Analyst→新建路径",内容列表中出现图层组
"路径",网络分析窗口中出现 5 个目录。鼠标右键点击"停靠点(0)",选择"加载位置…",
继续设置:

加载自:经停站	下拉选择图层名
☑ 仅显示点图层	勾选
位置分析属性	该框内容取默认值,不设置

位置定位

⊙ 使用几何	点选
搜索容差:50(键盘输入)	米(下拉选择单位)
○ 使用网络位置字段	不选

按"确定"键返回。展开目录"停靠点(4)",鼠标右键加"删除"键,删除北侧的"位置
2"和西侧的"位置 3",剩下南侧"位置 1"和东侧"位置 4",在网络分析菜单条中点击求
解按钮 ,软件产生"位置 1"到"位置 4"的最佳路径(图 23-8)。展开"路径(1)",鼠标右

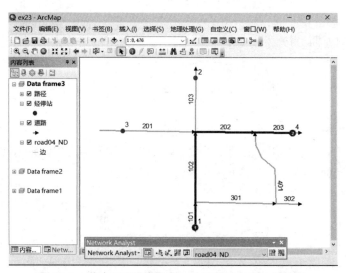

图 23-8　道路互通没有限制,从经停站 1 到 4 的路径

键点击"位置 1-位置 4→属性",可以看到交通成本"Total_长度":1035.941425,按"确定"键关闭属性窗口。

23.3.4　设置道路互通属性

进入内容列表,打开"道路"的图层属性表,在标准工具条中点击图标,弹出编辑器工具条,选择菜单"编辑器→开始编辑",在随后弹出的对话中选择"道路",按"确定"键返回,该表进入编辑状态,可以看出表的可编辑字段名颜色从灰变白。可以用键盘在表记录的单元中修改两个属性值:一般纪录的 F_Elev,T_Elev 字段属性值均输入 0,road_ID 为 102 的纪录,其 T_Elev 改成 1,road_ID 为 103 的记录,F_Elev 改成 1(表 23-1)。数据修改完毕,选用菜单"编辑器→停止编辑",提示是否保存编辑内容,选择"是",编辑状态结束。清空选择集,关闭属性表(注意:字段不宜出现"空"值)。

表 23-1　高程字段取值

Road_ID	…	F_Elev	T_Elev
101	…	0	0
102	…	0	1
103	…	1	0
201	…	0	0
202	…	0	0
…	…	…	…

Network Analyst 对网络互通互联(Connectivity)的描述由路段(边,Edge)的高程字段 F_Elev 和 T_Elev 实现,不同线段在几何上相交时,如果 F_Elev 或 T_Elev 取值相同,就可互通,如果取值不同,就不互通。F_Elev 代表线段的起点,T_Elev 代表线段的终点,何为起点、何为终点,由线段数字化(即原始图形的输入顺序)决定。图 23-9 为本练习的交叉口逻辑定义,该交叉口只允许直行,不允许转弯,既可表示为非互通的立体交叉,也可表示为交通管理上的限制,从属性值可看出,路段 102 和 103 是相通的,因为 102 的 T_Elev 和 103 的 F_Elev 都取值 1,

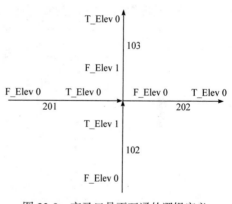

图 23-9　交叉口是否互通的逻辑定义

201 和 202 也是相通的。102、103 和 201、202 不通,因为一旦要转弯,必然遇到前后属性值不相等。如果将线段 102 的 T_Elev 改成 0,102、201、202 三条线都可以互通,103 则和任何一条线都不通。定义线段在相交点是否相通,首先由现实情况决定,其次要和线要素的数字化方向对应,否则计算结果很可能不符合原意。

在网络分析菜单条的右端点击按钮,重构网络数据集,再次点击网络求解按钮,产生"位置 1"到"位置 4"的最佳路径(图 23-10)。新的路径走向发生了变化,在起点开始,经过 101、301、401、203,到达终点,第二次路径和第一次的差异是由于 102、103 和 201、202 之间不互通造成的,不能从 102 号路段右转进入 202 号路段。在网络分析目录窗口中展开"路径(1)",鼠标右键点击"路径(1)→位置 1-位置 4→属性",可以看到交通成本"Total_长度":1195.468561,按"确定"键关闭属性窗口。

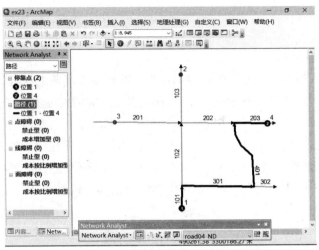

图 23-10　限制交叉口互通对路径的影响

在网络分析目录窗口中展开"停靠点(2)",鼠标右键加快捷菜单"全部删除",再用鼠标右键点击"停靠点(0)",选择"加载位置…",在对话框的第一行,下拉选择"经停站",其他设置按和上次加载前一样,按"确定"键返回。展开目录"停靠点(4)",用鼠标右键加快捷菜单"删除",删除北侧的位置 2 和东侧的位置 4,剩下南侧"位置 1",西侧"位置 3",再点击网络计算求解按钮,产生"位置 1"到"位置 3"的最佳路径(图 23-11)。在网络分析目录窗口中展开"路径(1)",鼠标右键点击"路径(1)→位置 1-位置 3→属性",可以看到交通成本"Total_长度":1711.676287,关闭属性窗口。

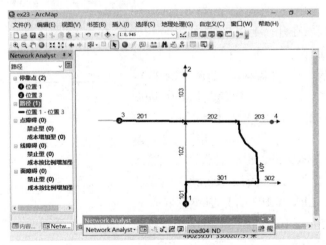

图 23-11　限制互通条件下由南向西的行驶路径

读者可以进一步尝试:从东侧经停站位置 4 到北侧经停站位置 2 经计算的路径应该怎样?

23.4　网络数据维护

23.4.1　数据转换、初始设置

本教材第 6 和 7 章有线要素如何编辑的练习,第 7 和 8 章中有容差、结点和拓扑关系的讨论,如果读者没有做过类似的练习,或者不了解拓扑关系的基本概念,要完成本项练习会

耗费较多时间。

标准工具条中点击图标按钮，在右侧"目录"窗口中展开\gisex_dt10\ex23\，该文件夹内有 Shapefile road05 和 stop05，鼠标右键点击 road05，选"导出→转至地理数据库(单个)"：

输入要素：\gisex_dt10\ex23\road05.shp　　　　　　下拉选择

输出位置：\gisex_dt10\ex23\DBex23.gdb\DTsetA　　添加

输出要素类：road05　　　　　　　　　　　　　　键盘输入

按"确定"键，Shapefile road05 转换为地理数据库的要素类。读者利用它新建拓扑类，规则可以有 4 项："不能有伪结点""不能有悬挂点""不能相交或内部接触""不能重叠"，可以在 ArcCatalog 中验证。

启动 ArcMap，打开 gisex_dt10\ex23\ex23.mxd，插入 Data frame4，添加数据源\DTsetA\road05。选用菜单"地理处理→环境…"，继续设置：

工作空间→当前工作空间：\gisex_dt10\ex23\DBtemp.gdb　　借助文件夹按钮添加

工作空间→临时工作空间：\gisex_dt10\ex23\DBtemp.gdb　　借助文件夹按钮添加

输出坐标系：与输入相同　　　　　　　　　　　　　　下拉选择

处理范围：输入的并集　　　　　　　　　　　　　　　下拉选择

按"确定"键返回。

23.4.2　利用拓扑关系检查线要素的差错并纠正

检查线要素的差错，修正悬挂点，消除不必要的伪结点，合并重复线，打断相交线，尽量消除各种差错。如果存在悬挂点、重复线，该相交的线不打断，都可能导致网络边的相互连接不正常，伪结点会使行驶方向的设置复杂化。

ArcMap 调用数据源时，有暂时锁定功能，造成其他软件不能编辑、改动，有关处理过程，可能会在 ArcMap 和 ArcCatalog 之间切换，频繁退出、再启动。

23.4.3　设置单向行驶属性

在 ArcMap 中，将字段 road_name 的内容标注在地图上。本练习假设，北坪路是从右向左(从东向西)单向行驶，南坪路是从左向右(从西向东)单向行驶，当然，南坪路和北坪路汇合的东段(地图中的右侧)是双向行驶。将道路线要素的符号设置为"箭头在终点"或"箭头在右侧中间"，便于识别线要素自身的数字化方向。在道路线要素属性表中添加字段 Oneway，输入属性值，限制行驶方向，"空"值表示不限制。经输入、转换、纠正，同一条路的不同路段，数字化方向、限制要求会不同，图 23-12 左中的箭头方向和读者练习中的显示可能不一致，要特别注意上行、下行方向不能搞错，构建网络的线要素都属于同一要素类。

23.4.4　建立网络数据集，计算最佳路径

在 ArcMap 中，纠正了几何差错，对要素类 road05 添加了必要的字段、属性，就可在 DTsetA 内利用 road05 构建网络数据集(可起名为 road05_ND)，将已构建的网络数据集加载到 Data frame4，再加载 Shapefile stop05 为停靠点要素类(图 23-12 右)。假设左下侧的停靠点为起点，右上侧的停靠点为终点，在 Shapefile stop05 的要素属性表中增加一个字段，如 Name，文本型，左下侧的点赋值为 A，右上侧的点赋值为 B，移除停靠点的数据源，重新加载，在"排序字段"下拉表中选 Name，这样可以保证左侧为起点(1 号停靠站)，右上侧为终点(2 号停靠站)。不考虑单向行驶，经计算得到起、终点之间的最佳路径应符合图 23-12 右，如果考虑单向行驶，得到的路径应该是图 23-13 左。

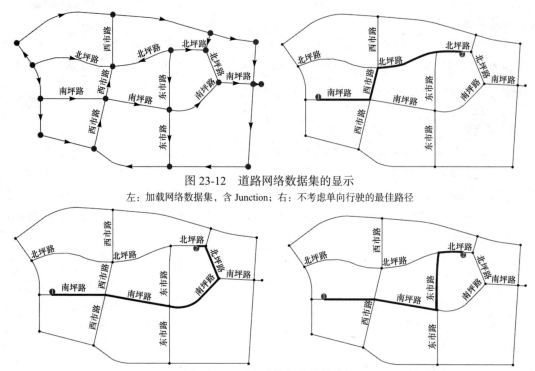

图 23-12　道路网络数据集的显示

左：加载网络数据集，含 Junction；右：不考虑单向行驶的最佳路径

图 23-13　受交通管制的最佳路径

左：考虑单向行驶；右：不考虑单向行驶、交叉口非互通

23.4.5　非互通交叉对路径的影响

将南坪路和西市路的交叉口调整为非互通立体交叉。在线要素属性表中增设高程字段，所有路段都设置为互通(如属性值都是 2，没有"空"值)，将南坪路和西市路的交叉口设为只能直行，不能转弯(如端点属性分别为 1 和 2)，但是到了其他交叉口，端点取值都相同(不能"空"值)。也可以不添加高程字段，将该南坪路位于交叉口的左右两个线要素合并为一，西市路的上下两个线要素也合并为一。前一种方法对属性表做编辑，不改变线要素，如果建立网络数据集时，构建了转弯模型，使用了高程字段，修改高程值后，可利用网络分析工具条立刻重构网络数据集。后一种方法要编辑线要素，属性操作简单，但是已有的网络数据集要重建、重构，再计算路径。可以看出，不考虑单向行驶的路径和原来不同(比较图 23-12 右和图 23-13 右)，如果考虑单向行驶，路径依然是图 23-13 左。

上述练习均假设图中左下侧为起点，右上侧为终点，如果调整站点要素的属性值，重新排序，改变起、终点，考虑单向行驶的话，合理路径应该不同，请读者自己验证。

拓扑类、网络数据集、转换前后的线要素类同时存在，会影响拓扑检查、网络数据集更新、要素合并，为了避免相互干扰，在 ArcMap 中尽量移除暂时不起作用的图层，启用 ArcCatalog 时，最好退出 ArcMap。

练习结束，选用菜单"文件→退出"，提示是否将更改保存到地图文档，为了不影响以后、他人的练习，应选"否"。

23.5　本　章　小　结

按交通成本最低产生路径是网络分析的基础，往往以几何长度、交通速度为阻抗，按线性单位计算。本章增加了单向行驶、上下行车速不同，交叉口限制转弯等因素，虽然以最简单的最佳路径为例，但是对最近设施、服务区、选址与配置，等等，同样适用。

定义道路单向行驶，需在网络线段要素属性表中增加一个方向字段(Oneway 为默认名)，路段(要素)的数字化方向(即原始图形输入顺序)和交通行驶方向一致，方向字段取值为 FT；路段(要素)数字化方向和交通行驶方向相反，取值为 TF；双向禁止通行，取值为 N；上下行没有限制，可以"空"值。为了便于辨认，线要素的显示符号可选用带箭头的线型。

在网络线段要素属性表中增加 FT_Minutes，TF_Minutes 两个字段，用于定义道路上下行不同车速，属性的取值代表边(即路段)的时间消耗，FT_Minutes 代表要素数字化方向和交通行驶方向一致的时间消耗，TF_Minutes 代表要素数字化方向和交通行驶方向相反的时间消耗。软件会自动按上下行不同车速计算交通成本，产生路径。

定义道路交叉口是否相通，首先是路段(要素)在交叉口断开，形成端点，相互交汇；其次是端点有高程字段。端点几何上交汇，高程字段属性值相同，是交叉口互通的两个必备条件，若有一个条件不符，就不互通。高程字段的属性不适合用"空"值。练习中，表示端点互通的高程字段名为 F_Elev 和 T_Elev，和线要素的原始数字化方向对应，即 F_Elev 对应从端点(From End，起始端点)，T_Elev 对应到端点(To End，到达端点)，字段名、属性值都不能弄错。本章第三个练习将十字型交叉口设置为互不相通，相当于非互通立体交叉，其他 3 个丁字型交叉口设置为互通，相当于平面交叉。

练习中使用的若干特殊字段名称是默认的，初学者既不要轻易改变，也要防止数据输错。

针对交通系统的网络数据集由边(Edge)、端点(End)、交汇点(Junction)组成。每条边必定有从端点(From End)、到端点(To End)，方向由要素的初始输入顺序(数字化方向)决定，不同端点几何位置相同，构建网络数据集时，自动形成交汇点(Junction)。

如果要考虑交通的上下行，输入网络的边时，起始、终止顺序要和方向属性对应，这比不考虑上下行，或者输入多边形的边界要求严格。

网络数据集靠线要素类产生，原始要素类和网络数据集存放在同一个要素数据集中较合适。构建了网络数据集后，如果编辑了原始线要素、相关属性，要重构网络数据集，否则，软件依然按未重构的数据集做计算，结果没有按要素、属性的编辑而发生变化，或者出现异常。

本教材关于道路交通的网络计算均基于上述数据结构，针对更复杂的交通状况，还有转弯要素(Turn Feature)，用于表示交叉口不同转向的时间延误，多模式交通的相互转换，有兴趣的读者可进一步自学。

完成本章练习，会改变练习数据内容，将\gisex_dt10\DATA\路径下的原始文件覆盖至\gisex_dt10\ex23\，数据内容就恢复到练习之前的状态。

思　考　题

1. 表示某段道路的线要素，在某个交叉口没有端点，也没有伪结点，但是有中间折点，直接参与建立网络数据集、网络分析时，能否体现车辆在该交叉口转弯？

2. 停靠点离开网络边太远，搜索容差太大或太小，会带来什么不良后果？

3. 自己定义一个简单的道路网，验证单向行驶、交叉口禁止转弯对路径分析的影响。

第 24 章　选址与配置

24.1　概　　述

某农村地区，地方政府将对现有小学作撤并、改造，在减少学校数量的同时，扩大规模、增加设施、改善办学条件，同时兼顾学生通勤，距离不能太远。

启用地图文档\gisex_dt10\ex24\ex24.mxd，有数据框 Data frame1(图 24-1)，图层行政边界是多边形，不参与分析。道路分县道、乡道、村道 3 级，居民点是自然村和集镇，有居住人口、学生数属性，备选点是该地区可布置小学的位置，和 32 个主要居民点重合，已初步分为 3 类：
(1) 候选。有 18 个点，为一般选址对象，可能入选，也可能不入选。
(2) 必选。有 3 个点，现有小学设施较好，所在居民点的其他设施也较好，原则上保留。
(3) 不选。有 11 个点，各类设施较差，居住人口偏少，原则上不选。

图 24-1　Data frame1 的显示

学生数为设施需求方，按居住人口等比例折算，学校为设施供应方，根据经验，6～8 所小学可满足总量需求，道路交通为实现供需的条件，通勤成本为学校布局的优化目标。

24.2　建立网络数据集

进入"Data frame1→数据框属性→常规"，核实"地图"和"显示"单位是否为"米"，按"确定"键返回。主菜单中选用"地理处理→环境..."，继续设置：

工作空间→当前工作空间：gisex_dt10\ex24\DBtemp.gdb　　　　　借助文件夹按钮添加
工作空间→临时工作空间：gisex_dt10\ex24\DBtemp.gdb　　　　　借助文件夹按钮添加
输出坐标系：与输入相同　　　　　　　　　　　　　　　　　　　下拉选择

处理范围：与图层　道路　相同　　　　　　　　　　　　下拉选择

　　按"确定"键返回。鼠标右键点击图层名"道路"，选择快捷菜单"打开属性表"，点击属性表左上角表选项菜单"▣▾→添加字段…"：

名称：Mint

类型：浮点型

　　按"确定"键返回。道路路段有属性 class，表示道路等级，选用表选项菜单"▣▾→按属性选择"，"方法"下拉条中选择"创建新选择内容"，借助鼠标和键盘，在下部文本框内输入："class" = 3，按"应用"键，等级为县道的路段进入选择集，鼠标右键点击表上的字段名 Mint，选择快捷菜单"字段计算器…"，借助鼠标和键盘，在文本框内输入：[Shape_Length] / 1000 / 20 * 60，按"确定"键执行。本语句的意思为，县道的公共汽车平均运营速度为 20 千米/小时(含候车时间)，路段长度折算成时间消耗，以分钟计算，赋值给字段 Mint。按上述操作，再将乡道（"class" = 4)纳入选择集，公共汽车平均运营速度为 15 千米/小时，折算成时间消耗，赋值到字段 Mint，村道（"class" = 5)暂不行驶公共汽车，步行速度 4.5 千米/小时，折算成时间消耗，赋值到字段 Mint。清空选择集，关闭图层属性表"道路"。

　　选用菜单"自定义→扩展模块…"，勾选 Network Analyst，加载网络分析许可证，按"关闭"键返回。在标准工具条中点击按钮▦，调出"目录"窗口，展开 gisex_dt10\ex24\DBex24\，鼠标右键点击 DTsetB，选用快捷菜单"新建→网络数据集…"，显示：

输入网络数据集的名称：roadla_ND　　　　　　键盘输入

选择网络数据集版本：10.1　　　　　　　　　下拉选择

　　按"下一页"(或回车)键，提示："选择将参与到网络数据集中的要素类"，仅勾选 road_la，继续按"下一页"键，提示：

是否要在此网络中构建转弯模型？　　◉ 否　　　暂不考虑

　　按"下一页"键，点击按钮"连通性…"，显示：

源	连通性策略	1
road_la	端点	☑

　　按"确定"键返回，再按"下一页"键，再提示：

如何对网络要素的高程进行建模？　　◉ 无(N)

　　按"下一页"(或回车)键，会出现"为网络数据集指定属性"的提示，点击右上侧按钮"添加"，继续操作：

名称：Mint　　　　　　　　　　　键盘输入，大小写应和道路属性表的字段名一致

使用类型：成本　　　　　　　　　下拉选择

单位：分钟　　　　　　　　　　　下拉选择

数据类型：浮点型　　　　　　　　下拉选择

约束条件用法：禁止　　　　　　　默认

□ 默认情况下使用　　　　　　　　不选

　　按"确定"键，可看到属性框内有如下内容：

为网络数据集指定属性

名称	用法	单位	数据类型

| 长度 | 成本 | 米 | | 双精度 |
| Mint | 成本 | 分钟(下拉选择) | | 浮点型 |

按"下一页"键，出现"出行模式"的选项及相关设置界面，内容较多，保持空白，不做设置，按"下一页"键，提示：

是否要为此网络数据集建立行驶方向设置？　　⊙ 否

按"下一页"键继续，提示：

☐ 构建服务区索引　　　　　　　不勾选

按"下一页"键继续，出现"摘要"显示框，显示已经完成的各项设置，按"完成"(或回车)键，软件处理片刻，再提示：

新网络数据集已创建。是否立即构建？

选择"是(Y)"，数据处理完毕，提示："是否还要将参与到'roadla_ND'中的所有要素类添加到地图？"选择"否(N)"，可以看到当前的数据框 Data frame1 内增加了一个图层：roadla_ND。网络数据集已构建，关闭"目录"窗口。

24.3　需求和供给的初始设定

主菜单中选用"自定义→工具条→Network Analyst"，弹出网络分析菜单条，该菜单条中点击图标 ▣，出现 Network Analyst(网络分析)窗口，可使该窗口和内容列表重合。网络分析菜单条中选择"Network Analyst→新建位置分配"，内容列表中出现一个特殊图层组："位置分配"，网络分析窗口中也出现 6 个目录：设施点(0)、请求点(0)、线(0)、点障碍(0)、线障碍(0)、面障碍(0)。

在网络分析窗口中鼠标右键点击"设施点(0)"，选择快捷菜单"加载位置…"，出现对话框：

加载自：备选点　　　　　　　　　　　　下拉选择图层名
☑ 仅显示点图层　　　　　　　　　　　　勾选
☐ 仅加载选定行　　　　　　　　　　　　不勾选
位置分析属性

属性	字段	默认
Name	TS_Name(下拉选择)	空白
FacilityType	空白	候选项
Weight	<保持空白>	1
Capacity	空白	空白
CurbApproach	空白	车辆的任意一侧

位置定位
⊙ 使用几何　　　　　　　　　　　　　　点选
搜索容差：100(键盘输入)　　米　　　　下拉选择单位
○ 使用网络位置字段　　　　　　　　　　不选

按"确定"键返回。网络分析窗口中，可以在看到"设施点(0)"变为"设施点(32)"。

在网络分析窗口中鼠标右键点击"请求点(0)"，选择快捷菜单"加载位置…"，出现对话框：

加载自：居民点		下拉选择图层名
☑ 仅显示点图层		勾选
☐ 仅加载选定行		不勾选

位置分析属性

属性	字段	默认值
Name	VLG_ID (下拉选择，村庄编号)	<保持空白>
Weight	Stdt　(下拉选择，学生数)	1

其他内容保持空白，或者默认，不设置

位置定位

◉ 使用几何	点选
搜索容差：150(键盘输入)　　　米	下拉选择单位
○ 使用网络位置字段	不选

按"确定"键返回。Network Analyst 窗口中，可以在看到"请求点(0)"变为"请求点(94)"。经上述设置，需求点(即请求点)有 94 个，学生数为权重，供给点(即设施点)有 32 个。

24.4　交通总成本最低的小学选址、学生配置

24.4.1　总距离最短的选址与配置

Network Analyst 窗口右上角点击图标▣(这项操作相当于在内容列表中，鼠标右键点击"位置分配"，选择"属性")，出现"图层属性"对话框，进入"分析设置"选项：

阻抗：长度(米)	下拉选择，此处阻抗的含义为交通成本
☐ 使用开始时间	不选，保持空白
行驶自 ◉ 请求点到设施点	点选
交汇点的 U 形转弯：允许	下拉选择
输出 Shape 类型：直线	下拉选择，配置计算的结果显示为直线
☐ 应用等级	不选，保持空白
☑ 忽略无效位置	勾选

进入"高级设置"选项：

问题类型：最小化阻抗	下拉选择，以交通成本最低为目标
要选择的设施点：7	键盘输入，需设置 7 所小学
阻抗中断：<无>	
阻抗变换：线性函数	
后续设置不必考虑	

进入"累积"选项，"Mint"和"长度"均勾选。按"确定"键，完成有关属性、参数、边界条件的设置。网络分析菜单条中点击求解按钮▦，在 32 个点中选出 7 所小学的位置，同时为每个居民点配置就近上学的学校(图 24-2)。

24.4.2　计算结果汇总

Network Analyst 窗口中，鼠标右键点击"设施点(32)"，选择快捷菜单"打开属性表"，选用左上角表选项菜单"▦ ▾→按属性选择"，"方法"下拉条中选择"创建新选择内容"，下部

图 24-2　按交通距离最短产生 7 所小学的选址与配置

文本框内输入："FacilityType" = 3，按"应用"键，32 条记录中有 7 条入选，按"关闭"键。属性表窗口下侧点击"显示所选记录"按钮，进一步察看分析结果(表 24-1)[注]。

表 24-1　按学生到校距离最近而选址的 7 所小学和分配的学生数

名称	分配的居民点	分配的学生数	人 · 距离总量
Name	DemandCount	DemandWeight	TotalWeighted_长度
吴庙	22	1141	1249758.65
大李村	18	1220	1449025.82
双王坡	10	679	829102.57
黄润	8	444	473141.56
龚顺阁	11	660	797487.33
木流吕	15	975	1409353.94
陈庄	10	726	637479.53

FacilityType 等于 3 的意思是这些点经计算而入选。本次分析将"最小化阻抗"作为计算目标，按交通距离最短产生 7 所小学的选址，同时将所有学生配置给各所小学。表 24-1 中，"TotalWeight_长度"是人 · 距离总量，由于将学生数作为权重，阻抗最小化即人 · 距离总量最小，等价于人均到校路程最短。鼠标右键点击字段名"TotalWeighted_长度"，选快捷菜单"统计"，可以看出人 · 距离总量为 6845349.40(单位应是人 · 米)，再下拉选择 DemandWeight，学生总量为 5845 人，折算成人均距离是 1171.2 米。关闭属性表。

24.4.3　预选设施条件下的选址与配置

按软件的约定，每个被加载的设施点都有属性 FacilityType，取值有 4 种：

(1) 候选(0)。经计算，该点有可能成为入选者，也可能不选。

(2) 必选(1)。计算前就确定的入选者。

[注] 因采用启发式近似算法，结果不一定很精确，但是汇总后的总量不会有明显差异。

(3) 竞争者(2)。竞争者等于既定的不选者，本练习不考虑竞争问题。

(4) 已选(3)。经计算，候选者变为入选者。

本章曾预设，32 个备选点中，有 3 个必选，11 个不选，18 个候选，虽然专题图层已显示，但前次计算未考虑这些预设，等于默认 32 个点都进入候选。如杨园应该是必选，却没入选，双王坡和吴庙是不选，却被入选。在内容列表中，鼠标右键点击图层名"备选点"，打开图层属性表，可以看到，字段 Ex_Faci 的取值分别有 3 种：0，1，2(竞争者相当于不选)，已经考虑了候选、必选、不选，本次计算将该因素纳入。

Network Analyst 窗口中，鼠标右键点击"设施点(32)"，选择"全部删除"，再用右键点击，选用"加载位置…"，进一步设置：

加载自：备选点		下拉选择
☑ 仅显示点图层		勾选
属性	字段	默认值
Name	TS_Name(下拉选择)	<保持空白>
FacilityType	Ex_Faci(下拉选择)	已选项(下拉选择)
Weight	<保持空白>	1
Capacity	<保持空白>	<保持空白>
CurbApproach	<保持空白>	车辆的任意一侧(下拉选择)
⊙ 使用几何		
搜索容差	150(键盘输入)	米(下拉选择)
○ 使用网络位置字段	不选	

按"确定"键返回。网络分析窗口中，可以在看到"设施点(0)"再次变为"设施点(32)"。切换至内容列表，"位置分配"图层中设施点的显示符号，候选项是空白，已选项是深色五角星，必选项是白色五角星，竞争项(不选项)是斜叉线。清空选择集，网络分析菜单条中点击求解按钮 ▦，计算过程中，可能出现消息窗口，提示竞争项(不选点)被排除，按"关闭"键继续，得到计算结果也是 7 所小学的选址、所有学生的配置(图 24-3)：必选为 3 个点，白色五角星带白框；入选为 4 个点，深色五角星带黑框。

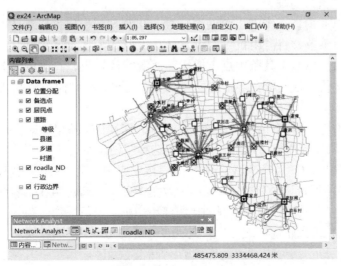

图 24-3　预设条件下 7 所小学的选址与配置

24.4.4　汇总计算结果

Network Analyst 窗口中，鼠标右键点击"设施点(32)"，选择快捷菜单"打开属性表"，点击左上角表选项菜单"▦ ▾ →按属性选择"，"方法"下拉条中选择"创建新选择内容"，在下部文本框内输入："FacilityType" = 1 OR "FacilityType" = 3，按"应用"键，必选点、入选点均进入选择集，再按"关闭"键返回属性表窗口。属性表窗口下侧点击"显示所选记录"按钮，进一步察看分析结果(表 24-2)。

表 24-2　预设条件下的选址配置结果

名称 Name	设施类型 FacilityType	分配的居民点 DemandCount	分配的学生数 DemandWeight	人·距离总量 TotalWeighted_长度
雷家庄	已选项	7	552	443362.92
杨园	必选项	18	1035	1174350.88
大李村	必选项	19	1276	1552683.07
水车梁	已选项	12	707	919638.23
席赵阁	已选项	11	510	576915.99
小谌湾	已选项	11	640	808364.50
陈庄	必选项	16	1125	1501880.17

按软件默认，FacilityType 等于 1，这些点未经计算就入选，它们是杨园、大李村、陈庄，FacilityType 等于 3，这些点经计算才入选，它们是雷家庄、水车梁、席赵阁、小谌湾。鼠标右键点击字段名"TotalWeighted_长度"，选快捷菜单"统计"，可以看出人·距离总量为：6977195.77，读者可进一步计算得到人均通勤距离为 1193.7 米，比前次计算略高。将表 24-2 和表 24-1 作比较，入选点有明显变化，双王坡被排斥，分配到大李村、陈庄的学生数明显偏多，杨园也多，可间接说明，人为预设的 3 个必选点周围村民密集，交通相对方便。关闭属性表。

24.4.5　时间最省的选址与配置

Network Analyst 窗口点击右上角的图标▤，出现"图层属性"对话框，进入"分析设置"选项，用下拉菜单，将"阻抗"的设置从长度(米)改为 Mint(分钟)，其他设置依旧，按"确定"键返回。标准工具条中点击按钮▣，清空选择集，点击网络分析求解按钮▦，再次产生 7 所小学的选址、所有学生的配置，可以看出，按时间最省和按距离最短得到的结果不同(图 24-4)。

网络分析窗口中，鼠标右键点击"设施点(32)"，选择快捷菜单"打开属性表"，点击表选项菜单"▦ ▾ →按属性选择"，"方法"下拉条中选择"创建新选择内容"，在下部文本框内输入："FacilityType" = 1 OR "FacilityType" = 3，按"应用"键，再按"关闭"键，属性表窗口下侧点击"仅显示所选记录"按钮，进一步察看分析结果(表 24-3)。各学校所配置的学生数不如前次计算结果均匀，说明了时间比距离更敏感，虽然平均通勤时间为 8.94 分钟，但是有较多村民的居住地点距离可通行公共交通的道路较远。关闭属性表。

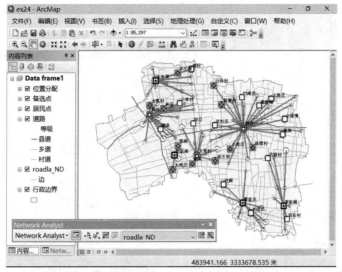

图 24-4　按交通时间最省产生 7 所小学的选址与配置

表 24-3　按学生到校时间最省而产生的选址配置结果

名称	设施类型	分配的居民点	分配的学生数	人·分钟总量
Name	FacilityType	DemandCount	DemandWeight	TotalWeighted_Mint
雷家庄	已选项	11	730	6095.63
杨园	必选项	20	1059	9482.85
大李村	必选项	10	761	7020.17
水车梁	已选项	11	628	5706.92
赵家阁	已选项	4	463	2936.64
席赵阁	已选项	10	490	3745.25
陈庄	必选项	28	1714	17250.69

24.5　覆盖范围最大的选址与配置

在 Network Analyst 窗口点击右上角的图标▥，进入"图层属性→分析设置"选项，"阻抗"依然设置为 Mint(分钟)。进入"高级设置"选项，将"问题类型"从"最小化阻抗"改为"最大化覆盖范围"，"要选择的设施点"依然是 7。"阻抗中断"项，键盘输入 20，意思是 20 分钟交通时间为选址配置的上限，"阻抗变换"依然是"线性函数"，按"确定"键返回。标准工具条中点击按钮▥，清空选择集，点击网络分析求解按钮▦，再次产生 7 所小学的选址、学生的配置(图 24-5、表 24-4)。可以看出，在行政边界的东北角，小湛湾上侧，有两个居民点没有配置。在 Network Analyst 窗口中，鼠标右键点击"请求点(94)"，打开属性表，可以看出，居民点 6322、6323 的学生数(Weight)分别是 5、12，设施标识号(FacilityID)和配置学生数(AllocatedWeigh)均为<空>。鼠标右键加快捷菜单"统计"，可得出配置学生数合计为 5828(总学生数为 5845)，有 17 人未配置。平均通勤时间(9.52 分钟)比前次计算略长，但是没有出现通勤时间大于 20 分钟的学生。覆盖范围最大，等价于超出上限的学生数最少。关闭属性表。

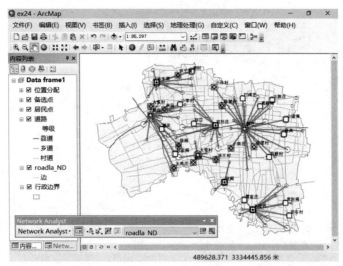

图 24-5　交通时间上限 20 分钟，最大覆盖范围的选址与配置

表 24-4　交通时间 20 分钟，7 所小学，最大覆盖范围的选址与配置

名称 Name	设施类型 FacilityType	分配的居民点 DemandCount	分配的学生数 DemandWeight	人·分钟总量 TotalWeighted_Mint
杨园	必选项	20	1433	15750.45
大李村	必选项	6	519	3628.81
水车梁	已选项	10	620	5567.20
何阁	已选项	3	151	321.00
双刘庄	已选项	13	461	4536.22
木流吕	已选项	15	892	7466.00
陈庄	必选项	25	1752	18209.97

24.6　设施数量最少的选址与配置

在 Network Analyst 窗口右上角点图标，进入"图层属性→分析设置"选项，将"阻抗"设置从"Mint(分钟)"改为"长度(米)"，进入"高级设置"选项，将"问题类型"从"最大化覆盖范围"改为"最小化设施点数"，在"阻抗中断"项，键盘输入 2500，按"确定"键返回。点击按钮，清空选择集，再点击网络分析求解按钮，获得结果如图 24-6、表 24-5所示，为了保证通勤距离不超过 2500 米，至少要配置 8 所小学，平均通勤距离为 1166.4 米。

表 24-5　满足 2500 米通勤距离，最少设施的选址与配置

名称 Name	设施类型 FacilityType	分配的居民点 DemandCount	分配的学生数 DemandWeight	人·距离总量 TotalWeighted_长度
雷家庄	已选项	7	552	443362.92
谢村	已选项	13	709	1036655.91
杨园	必选项	18	1038	1162873.04
大李村	必选项	18	1271	1539271.39

续表

名称	设施类型	分配的居民点	分配的学生数	人 · 距离总量
Name	FacilityType	DemandCount	DemandWeight	TotalWeighted_长度
席赵阁	已选项	11	510	579615.99
小谌湾	已选项	9	547	633817.92
吕顺村	已选项	5	281	284649.98
陈庄	必选项	13	937	1140152.56

图 24-6　满足 2500 米通勤距离，最少设施的选址与配置

24.7　有容量限制的最大覆盖范围

前述的各项练习未考虑每所小学的招生量。在内容列表中，鼠标右键点击图层名"备选点"，打开图层属性表，有字段 Capa_Faci，为候选点、必选点预设的招生容量，取值分别有 4 种：0(不选)、700(候选)、950(候选)和1200(必选)，本次计算将考虑容量限制，各所小学配置到的学生数不得超过预设的上限。关闭属性表，在 Network Analyst 窗口中，鼠标右键点击"设施点(32)"，选择"全部删除"，再用右键点击，选用"加载位置…"，进一步设置：

加载自：备选点

☑ 仅显示点图层　勾选

属性	字段	默认值
Name	TS_Name(下拉选择)	<保持空白>
FacilityType	Ex_Faci(下拉选择)	已选项
Weight	<保持空白>	1
Capacity	Capa_Faci(下拉选择)	<保持空白>
CurbApproach	<保持空白>	车辆的任意一侧(下拉选择)

⊙ 使用几何

搜索容差　　　　150　　　米

　　按"确定"键。在网络分析窗口，可看到"设施点(0)"再次变为"设施点(32)"。在 Network Analyst 窗口点击右上角的图标▣，进入"分析设置"选项，"阻抗"项依然是"长度(米)"，进入"高级设置"选项，将"问题类型"从"最小化设施点数"改为"最大化有容量限制的覆盖范围"，"要选择的设施点"改为 8，"阻抗中断"依然为 2500，其他设置均为默认，按"确定"键返回。清空选择集，点击求解按钮▦，获得结果如图 24-7、表 24-6 所示。每所学校分配到的学生数均未超出预设值，也没出现通勤距离大于 2500 米的学生，平均通勤距离为 1087.9 米。在东北部，有 1 个居民点(北郭庄)达不到要求，未配置的学生数有 110 人。本次计算目标是覆盖范围最大，但有交通成本、设施容量两个制约条件，各校分配到的学生数比前 5 次相对均匀。表 24-7 为各次优化结果的比较。

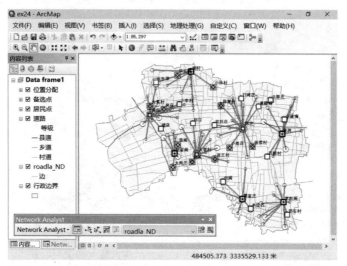

图 24-7　有容量限制的最大覆盖范围，8 所小学的选址与配置

表 24-6　有容量限制的最大覆盖范围，8 所小学的选址与配置

名称 Name	设施类型 FacilityType	限制容量 Capacity	分配的学生数 DemandWeight	人·距离总量 TotalWeighted_长度
雷家庄	已选项	950	552	44362.91
谢村	已选项	700	694	1002736.88
杨园	必选项	1200	906	934730.38
大李村	必选项	1200	789	818000.71
赵家阁	已选项	700	629	426767.84
席赵阁	已选项	700	510	576915.99
黄润	已选项	700	508	540865.65
陈庄	必选项	1200	1147	1495899.46

表 24-7　各次优化结果比较

优化目标	设施预设	制约条件	人均通勤成本	其他结果
总距离最短	无预设	7 所	1171.2 米	无
总距离最短	有预设	7 所	1193.7 米	无

续表

优化目标	设施预设	制约条件	人均通勤成本	其他结果
总时间最省	有预设	7 所	8.94 分钟	无
覆盖范围最大	有预设	20 分钟，7 所	9.52 分钟	17 人未满足
提供设施最少	有预设	2500 米	1166.4 米	8 所能满足
覆盖范围最大	容量限制	2500 米，8 所	1087.9 米	110 人未满足

练习结束，选用菜单"文件→退出"，提示是否保存对当前地图文档的更改，为了不影响以后、他人的练习，应选"否"。

24.8 本 章 小 结

选址与配置(Location-Allocation，LA)的软件界面称为"位置分配"，选址：根据需求的空间分布为设施选择位置，配置：根据供给的位置为需求方配置设施，两者互为因果，需求方的空间分布已定，供给方的位置可变，靠特殊的计算方法实现供需关系最优。早期理论研究称为 p-median 问题，在很多行业、领域有应用。总距离最短或平均距离最近作为优化目标是选址与配置的基础，由此扩展出覆盖范围最大、设施数量最少、市场份额占有最大等其他优化目标，还可将设施容量、交通成本作为边界条件。

供需双方均是点状要素，靠交通网络联系起来。在解决供需关系时，需求方是既定的，供给方就是设施点，可以预设为候选点、必选点、竞争点。经计算，从候选点中得出入选点(也称已选)，和必选点一起，共同构成供给方。需求方可设权重，一般和每个点的需求量对应。借助网络分析功能，任何供需点之间的交通联系均符合最佳路径原则。

计算结果除了显示为专题地图，还可得到每个供给(设施)点分配到的需求点、需求量，每个需求点所配置的供给(设施)点，到达供给点的交通成本等其他指标。

除了交通距离最短、覆盖范围最大、设施数量最少，ArcGIS 还提供人流量、市场份额、满足目标市场份额等其他优化目标、制约条件，本教材未涉及。交通成本需考虑网络阻抗，本教材按线性方式计算，ArcGIS 还允许按非线性阻抗考虑交通成本(如时间或距离的幂函数、指数函数)，有兴趣的读者可自行尝试。

完成本章练习，会改变练习数据内容，将\gisex_dt10\DATA\路径下的原始文件覆盖至\gisex_dt10\ex24\，数据内容就恢复到练习之前的状态。

思 考 题

1. 对本章各次计算结果的差异作进一步比较，简单解释产生差异的原因。
2. 针对已经完成的练习，任选某个优化结果，打开"备选点"的图层属性表，如果将某条记录的 Ex_Faci 属性值从 0 改为 1，优化结果将有实质性的改变，能否凭经验预判结果趋势？
3. 如果能设置的小学为 6 所，用哪些其他限制条件，来优化选址和配置。
4. 根据自己的经验，选址与配置模型还可用于哪些领域？

第八篇　数据源、注记、制图综合

第 25 章　数据源、元数据

25.1　基本数据源

25.1.1　数据模型

本教材所涉及的、ArcGIS 可直接处理的数据源分为矢量、栅格、不规则三角网、属性表 4 大类：

(1) 矢量型(Vector)。可进一步分为 8 种要素类(Feature Class)：点(Point)、线(Line，也称 Polyline，折线)、面(Polygon，也称多边形)、注记(Annotation)、尺寸(Dimension)，多点 (Multipoint)、转弯(Turn)、多面体(Multipatch)。注记、尺寸不参与查询、分析。

(2) 栅格型(Raster)。可分为格网(Grid)和影像(Image)2 种，格网主要用于分析，影像主要用于显示，一个独立的格网、独立的影像当成一个要素类。

(3) 不规则三角网(Triangulated Irregular Network，TIN)。一个完整的 TIN 可当成一个要素类。

(4) 属性表(Table，Attribute Table)。和地理要素相对应的是要素属性表(Feature Attribute Table)，还有独立属性表，可以和要素属性表相连接。

上述 4 种基本模型还有若干扩展，本教材仅涉及一部分，如用于数据质量检验的拓扑关系、针对交通领域的网络数据集属矢量模型的扩展等。

25.1.2　数据源主要存储格式

(1) 矢量型 Shapefile。本教材部分章节用到，Shapefile 没有注记、尺寸要素类。

(2) 矢量为主的地理数据库(Geodatabase)。本教材的数据处理大都是文件地理数据库(File Geodatabase)，由专门的文件、文件夹(带.gdb 后缀)组成。还有两类：个人地理数据库(Personal Geodatabase)、ArcSDE Geodatabase。地理数据库虽然以矢量要素类和属性表为主，但也可以管理栅格。

(3) 关系型属性表。包括地理数据库中的属性表 Table、dBASE 格式的 DBF 表(和 Shapefile 对应)、偶然会遇到 INFO 数据库的属性表 Table。

(4) 格网数据也称栅格数据集，有 3 种格式：①特殊的文件集组成(常称 Grid)，②TIF 文件组，③存放在地理数据库。

(5) 不规则三角网(TIN)由特殊的文件集组成，一般不进入地理数据库。

(6) 遥感影像(Image)、扫描图像属特殊文件，有多种格式，本教材仅用到 TIFF 和 JPEG，其他格式未涉及。

(7) CAD(Computer Aided Design and Drafting)图形文件属矢量型，本教材仅涉及 DWG 格

式，未涉及 DXF、DGN。

25.1.3　空间参考

空间参考(也称空间参照)有多种途径，坐标系是最常用也是计算机处理地理信息的基础。软件操作中，ArcGIS 常会提示要求设置空间参考(Spatial Reference)，其含义就是设置坐标系。坐标系有地理坐标系和投影坐标系之分，前者是后者的基础。地理坐标系的内容有名称、基本单位、椭球体的参数，投影坐标系则有投影类型、名称、分类、相应的参数，第 9 章为专门练习。

25.1.4　辅助数据

(1) 图形(Graphic)由元素(Element)组成，常用在地图布局、地图注记。经软件处理产生的统计图、剖面图、图例也称图形或图表(Graph)，保存在地图文档内部。这两类图形主要用于表达或辅助分析。

(2) 应用中的定义性、描述性数据。主要有地图文档(Map Document)，场景文档(Scene Document)，图层定义文件(Layer File)等，以独立文件存储。

(3) 元数据(Metadata)是对数据源、地图文档、处理工具的说明、描述，为搜索、识别提供便捷途径，本章会有练习。

25.1.5　数据源、要素类、数据框、图层、属性表的相互关系

数据源(Data Source)是 ArcGIS 直接处理的空间、属性数据的统称，不包括辅助数据。数据源主要以要素类和属性表体现出来。一个数据框中，往往有多个图层，是要素类的表现形式。一个图层的数据源只能来自一个要素类(往往是该要素类的子集)，一个要素类(或其子集)可存在于多个图层，出现在同一个或不同数据框内，因此图层和要素类呈多对一的关系。

数据源(或地图文档文件、场景文档文件)的存储路径发生变化，可能引起图层和要素类不对应，打开地图文档后，图层无法正常显示，这时可进入"图层属性→源"选项，点击"设置数据源"按钮，设定数据源的路径。

矢量型要素类对应要素属性表(Feature Attribute Table)，到了数据框中，要素类加载为图层，要素属性表就改称为图层属性表(Layer Attribute Table)。整数型栅格(Grid)有值属性表(Value Attribute Table，VAT)，加载为图层后也可按图层属性表对待。

打开地图文档\gisex_dt10\ex25\ex25.mxd，只有一个数据框 Data frame1(图 25-1)，有 10 个图层、1 个独立属性表，打开图层属性设置对话框，进入"源"选项，可以了解数据源的存放路径、格式：遥感影像(TIFF 文件，cs_image.tif)、乡镇(Personal Geodatabase，Feature Class，Townshp，面)、湖泊水库(Personal Geodatabase，Feature Class，Lake，面)、河流(Personal Geodatabase，Feature Class，Stream，线)、铁路(CAD Polyline Feature Class，Railway.dwg，线)、城区街道(CAD Polyline Feature Class，Street.dwg，线)、公路(Personal Geodatabase，Feature Class，Highway，线)、县域边界(Shapefile，Feature Class，County.shp，线)、村镇(Personal Geodatabase Feature Class，Village，点)、集镇地名(Personal Geodatabase，Feature Class，Town_name，注记)。在内容列表窗口的上侧点击"按源列出"图标 ，除了可以看到人口经济(独立属性表，popu，dBASE/DBF 表)，还可显示各项数据的存放位置。

退出 ArcMap，使地图文档保持原来状态。

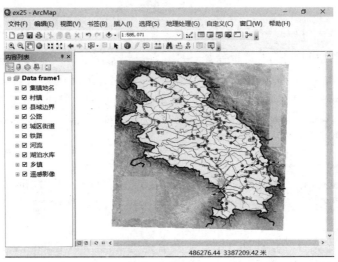

图 25-1　Data frame1 的显示

25.2　新建地理数据库

25.2.1　地理数据库、要素数据集的初始设置

启动 ArcCatalog，左侧为目录树窗口，如果"文件夹连接"中不出现\gisex_dt10\，点击标准工具条中的图标 ，弹出操作系统下的路径选择窗口，找到\gisex_dt10\，按"确定"键返回。在\gisex_dt10\文件夹内，鼠标右键点击 ex25，选择"新建→文件地理数据库"，在 ex25 路径下产生一个地理数据库(Geodatabase)图标，立刻更名为 DBex25.gdb，按回车键结束，一个新的、空的文件地理数据库(File Geodatabase)建立。

鼠标右键点击 DBex25.gdb，选择"新建→要素数据集…"，出现"新建要素数据集"对话框，在"名称"栏目中输入 Dataset1，按"下一页"键继续。新建的要素数据集(Feature Dataset)必须设定坐标系，展开选择"投影坐标系→Gauss Kruger→CGCS2000→CGCS2000 GK CM 117E"，意思是高斯-克吕格投影坐标系，2000 国家大地坐标系，6 度带东经 117 度，下部有当前坐标系的通用名称和默认参数(参见第 9 章)，按"下一页"键继续。再出现垂直坐标系的提示，可以按"无坐标系"对待，按"下一页"键，提示输入有关参数：

XY　　　容差　　　0.01 Meter

Z　　　容差　　　0.01

M　　　容差　　　0.01 未知单位

□ 接受默认分辨率和属性域范围　　　　取消勾选

容差(tolerance)发生在计算过程中，要素之间的距离小于容差值，可按零距离处理，选用的坐标系单位为米时，ArcGIS 默认 XY 容差值为 0.001 米(1 毫米)，本练习设置为 0.01 米(1 厘米)。输入、编辑要素，建立拓扑关系时，还要按应用的需要设置容差值，一般是大于数据集的设置；反过来，如果应用中对容差值的设置小于数据集的设置值，软件自然按数据项的容差值处理，应用中的临时设置失去意义。Z 为高程，M 的容差值暂不考虑。取消"接受默认分辨率和属性域范围"的勾选，按"下一页"键继续：

XY 分辨率：0.001 Meter

Z　分辨率：0.001

最小值　　−100000　　　　　　　最大值：(默认值)

M　分辨率：0.001 Unknown Units

最小值　−100000　　　　　　　最大值：(默认值)

　　"分辨率"一般用于栅格图像，对应基本单元(或像元)的大小。矢量模型的坐标分辨率可以靠计算机字长来控制，但是浮点运算的精度太高，不但使几何判断复杂化，而且不稳定。参考栅格模型，Geodatabase 对矢量数据也设定分辨率，要素进入数据库时，有关坐标值都被捕捉到以分辨率为单元的网格点上，在保证计算精度的同时，存储的坐标相对稳定。选米为坐标单位，ArcGIS 默认 XY 分辨率为 0.0001 米(0.1 毫米)，本练习设置为 0.001 米(1 毫米)。高程 Z、M 值暂不考虑。按经验，应用中的容差值大约是数据集(或要素类)容差值的 5~50 倍，数据集(或要素类)容差值大约是坐标分辨率的 5~50 倍。坐标最小值和最大值的意思是超出该范围的数据数据库不接受，防止坐标值异常的数据进入。按"完成"键，要素数据集(Feature Dataset)的初始设置结束。

　　鼠标右键点击 Dataset1，选择"属性"，出现"要素数据集属性"对话框，依次进入"常规""XY 坐标系""Z 坐标系""属性域""分辨率和容差"，可查看该数据集的初始设置。按"确定"键关闭对话框。

25.2.2　添加要素类

　　有了要素数据集(Feature Dataset)可添加要素类(Feature Class)，本练习预定在要素集 Dataset1 中新建 4 个不同的要素类：

　　County(乡镇行政区)：面要素类(Polygon)

　　Highway(公路)：线要素类(Line)

　　Town(集镇)：点要素类(Point)

　　Town_name(集镇名称)：注记要素类(Annotation)

　　在目录树中鼠标右键点击\DB_ex25.gdb\Dataset1，选择"新建→要素类…"，出现"新建要素类"对话框。在名称栏中输入要素类的名称 County，别名暂时不输入。在"类型"栏有 8 种要素类可下拉选择：

　　面　要素(Polygon)

　　线　要素(Line)

　　点　要素(Point)

　　多点　要素(Multipoint)

　　多面体　要素(Multipatch)

　　转弯　要素(Turn)

　　尺寸注记　要素(Dimension)

　　注记　要素(Annotation)

　　County 为多边形，下拉选择"面　要素"。还有"几何属性"可选择，本练习暂不考虑，取消勾选。按"下一页"键继续，软件提示配置关键字，本练习暂不考虑，点选"⊙ 默认"，按"下一页"键继续，出现要素属性表的默认字段，系统预定义的有：

字段名 (Field Name)	数据类型 (Data Type)	
OBJECTID	对象 ID	内部标识

SHAPE	几何	要素的几何类型

按"完成"键，多边形要素类 County 建立，要素没输入，内容是空的。用上述同样方法可以新建另外 2 个要素类 Highway(线要素)和 Town(点要素)，操作步骤同上。

要素属性表中的字段可分为系统预定义和用户自定义 2 种，OBJECTID 和 Shape 为预定义，OBJECTID 称对象标识，具有空间数据和属性记录之间的连接作用，长整数型，按输入先后顺序，从 1 开始，顺序编号，最大值等于要素的数量，在同一个要素类中自动保证了唯一性；Shape 代表几何类型，如点要素类称 Point(点)，线要素类称 Polyline(折线)，面要素类称 Polygon(面)。输入了具体的要素后，线要素类会有字段 Shape_Length，存储各要素的几何长度，面要素类除了 Shape_Length(多边形的几何周长)，还有 Shape_Area，为多边形的几何面积。预定义的字段名、数据类型、属性值均自动产生、自动更新，不可编辑。

注记要素类(Annotaion)、尺寸注记要素类(Dimension)的设置要求和一般要素类不同，本练习可将 Town_name 的比例尺设为 1：50000，其他选项均采用默认方式。

一个地理数据库中可以有多个要素数据集，每个要素数据集中可以有多个要素类。借助 ArcCatalog，可以进一步对地理数据库、要素数据集、要素类作复制(Copy)、粘贴(Paste)、删除(Delete)、重命名(Rename)以及数据加载、导入、导出等操作。要素(Feature)的交互式输入、编辑、查询、表达通过 ArcMap 操作，复杂的数据转换通过 ArcToolbox 实现。

25.2.3 地理数据库的存储格式

(1) ArcSDE 地理数据库，由 ESRI 提供的中间件和第三方数据库管理系统组合，硬件是服务器，形成管理平台，外部用户靠计算机网络访问数据库，适合大数据量、多用户并发操作。

(2) 文件地理数据库，适合中等数据量，允许一个用户写，几个用户同时读，但不支持多用户并发操作。管理平台为 ArcGIS 自身，单用户查询、显示、分析效率较高。

(3) 个人地理数据库，适合较小数据量，允许一个用户写，几个用户同时读，也不支持多用户并发，Microsoft Access 为核心管理平台，其他软件直接打开并读写属性表比较方便(如 MS Access、Excel)。

和文件系统 Shapefile 相比，地理数据库内部较复杂，但是功能多、承受的数据量大、数据管理的集成度高。

25.3　数据项的预览

在 Windows 操作系统下启动 ArcCatalog，它的操作界面和 Windows 的文件资源管理器(File Resource Manager)相似(图 25-2)，左侧窗口称"目录树"(Catalog Tree)，如果在 ArcMap 中点击图标，会在右侧出现"目录表(Catalog)"，和"目录树"相似，是 ArcCatalog 的简要形式。目录树窗口内有如下图标，可进一步展开：

文件夹连接。连接到本计算机或局域网上的操作系统目录、路径。

工具箱。展开后有"我的工具箱""系统工具箱"，后者相当于 ArcToolbox，前者为用户自己开发的程序。

如果目录树中文件夹连接太多，用鼠标右键点击已经发生连接的文件夹名，选择快捷菜单"断开文件夹连接"，可精简目录树中的内容。如果需要的文件夹未出现在目录树中，鼠标右键点击"文件夹连接"图标，选择快捷菜单"连接文件夹"(相当于点击标准工具条中的图

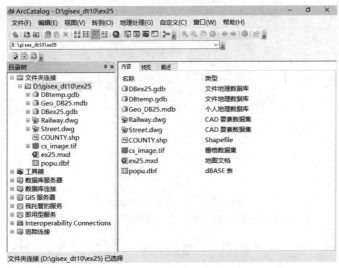

图 25-2 ArcCatalog 操作界面

标），弹出操作系统下的路径选择窗口，查找、点击所需路径，按"确定"键返回，该路径就添加为可连接的文件夹。读者可尝试断开多余的连接，然后连接到\gisex_dt10\ex25\，再精简目录树中的内容。

点击\gisex_dt10\ex25\，到 ArcCatalog 右侧窗口进入"内容"选项，在基本工具条上点击图标，有关数据项(item)的显示如图 25-2 所示。基本工具条上依次点击图标、、、，可以看到数据项以不同方式显示出来(图 25-3)。所谓数据项，除了数据源，还包括独立的辅助性数据文件，和 ArcGIS 无关的文件、文件集不是数据项，不会出现在右侧窗口中。地理数据库内的多项内容可以以缩略图形式集中显示(图 25-4)。左侧目录树中展开点击 Geo_DB25.mdb\ex_dataset\Townshp，在右侧数据项窗口上方点击"预览"选项，底部有"预览"下拉表，可分别选择"地理视图"和"表"(图 25-5)，实现预览。遥感影像数据 cs_image 有三个波段，可以组合预览或分波段预览。如果用 Windows 的文件资源管理器浏览数据项所在的文件夹，显示结果和 ArcCatalog 明显不同，例如：

图 25-3 以图标形式显示数据项

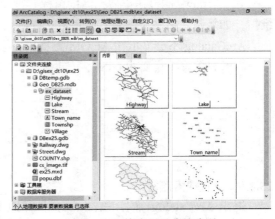

图 25-4 要素类显示为缩略图

Shapefile 由一组前缀名相同的文件组成，后缀名分别为 dbf，sbn，sbx，shp，shx，prj 等。

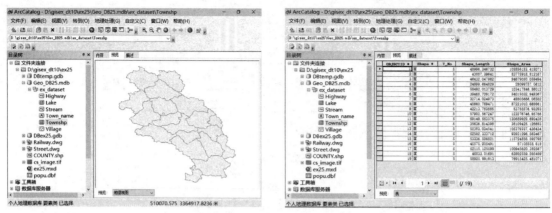

图 25-5　数据项 Townshp 的地理预览(左)，表预览(右)

Personal Geodatabase(个人地理数据库)是以 mdb 为后缀的文件，和 MS Access 数据库文件一致。

File Geodatabase(文件地理数据库)在专用文件夹下有一组特殊文件，文件夹的名称和数据库相同，后缀名为 gdb。因此，数据库、数据集、要素类的名称不一定和操作系统文件名完全一致，有的和文件夹名称对应，有的靠一组文件体现，相互之间有连带关系。用 ArcCatalog 处理某个数据项，可能对应一个文件(如影像图，独立的 DBF 表，DWG 文件，XLS 文件，地图文档)，也可能对应一组文件(如 Shapefile)，或者专用文件夹内的若干特殊文件(如 Grid, TIN, File Geodatabase)，还可能对应一个、一组文件内的若干记录(如 Geodatabase 中的要素类)。初学者不要轻易用 Windows 的文件资源管理器或其他工具对 ArcGIS 的数据项作更名、删除等维护性操作，尽量通过 ArcCatalog 完成。

在目录树窗口或数据项窗口内，鼠标右键点击某数据项的名称，选择快捷菜单"属性"，会弹出该数据项属性对话框，针对不同的数据项，有各种选项，获得比预览更详细的数据项特征、属性信息[注]，根据需要，进一步修改(包括坐标系的重新设置)。读者可自行尝试，点击若干要素类、属性表、遥感影像、AutoCAD DWG 文件，查看数据项属性，也可尝试性地修改某些设置。

和 Windows 的操作类似，借助鼠标右键，ArcCatalog 还可对文件夹、数据项进行管理、维护，如复制、粘贴、删除、重命名、新建，还可用左键拖动，改变数据项的存储位置。

ArcCatalog 不会显示和 ArcGIS 无直接关系的文件、文件集、数据库。

本教材侧重于桌面式 GIS，基于网络的数据库服务器、数据库连接、GIS 服务器等，尚未涉及。

25.4　数据项的搜索

25.4.1　设置搜索路径

退出 ArcCatalog，启用 ArcMap，打开地图文档\gisex_dt10\ex25\ex25.mxd。在标准工具条上点击搜索工具 (Search)，弹出搜索窗口，一般停靠在屏幕右侧(图 25-6)。在搜索窗口

[注] Attribute 和 Property 均被译为属性，前者对应数据源中的记录、字段，后者泛指数据框、图层、数据项的某些特征。

上方点击按钮 "转到桌面搜索主页"，右上角的下拉条中选择 "本地搜索"。再点击上部按钮 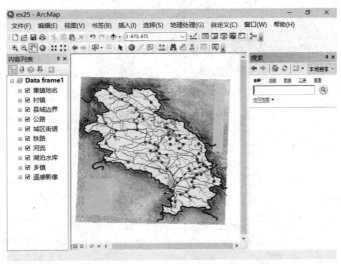，弹出 "搜索选项" 对话框，进入 "索引" 选项，"注册文件夹和服务器连接" 框内如果已存在连接地址，可以点击该地址，按右侧的 "移除" 键移除，再按 "添加" 键，弹出文件夹浏览窗口，找到并点击\gisex_dt10\ex25，按 "选择" 键返回(不要展开 ex25，若有必要可借助文件夹连接按钮)，使路径\gisex_dt10\ex25 为 "注册文件夹和服务器连接" 文本框内唯一内容。

图 25-6 搜索窗口停靠在右侧

25.4.2 更新索引

在 "索引建立选项" 框内，有若干默认设置，可不更新。如果本操作系统用户曾经做过搜索，一般就有默认的索引，按下方 "删除索引" 按钮，软件会警告，是否删除索引，选 "是"，再点击右下方按钮 "为新项目建立索引"，根据计算机硬件的性能，一般不会超过一分钟，"索引建立状态" 框就会出现如下提示：

已建立索引的项目：33(含 DBex25.gdb\Dataset1 中的 4 个要素类)

索引建立状态：活动

上次建立索引的起始时间：(操作系统的当前时间)

上次建立索引的持续时间：(本次建立索引的时耗)

下一次建立索引的起始时间：(大约 1 小时后，一般由默认设置决定，也可能不显示)

按 "确定" 键关闭 "索引选项" 对话框。虽然建立或更新索引需要消耗计算时间，但是有了索引，可以提高搜索的效率。改变注册的文件夹、数据库，搜索的对象就发生变化，应更新索引，防止差错。

25.4.3 按数据项的名称、类型搜索

在搜索窗口上侧点击 "数据" 选项，字体从蓝色变为加重黑色，出现可搜索的所有数据类型图标。在搜索文本条中输入 Street，点击右侧按钮，经搜索，提示："返回的搜索结果 6 项"，除了提示 "县城道路，线"，还显示该数据项的名称、类型、路径、缩略图(图 25-7)。

在搜索本文框内输入 County，按搜索按钮，得到 2 项结果，为 Shapefile 和地理数据库的要素类。在搜索本文框内输入 dwg，点击，得到 2 项结果：Railway 和 Street。本章练习

新建地理数据库中的要素类没有元数据，很可能搜索不到。

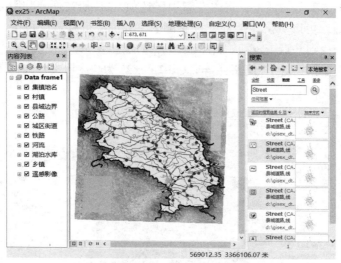

图 25-7　输入 Street 的搜索结果

25.4.4　按关键字搜索

搜索文本框内输入"经济"两字(不含引号)，按搜索按钮🔍，有 1 个数据项被搜索到，是 popu(dBASE 表)，点击"乡镇人口经济属性表"，弹出该数据项的元数据，除了数据项本身的名称，还有标签、摘要、详细描述，等等。

关闭搜索到的元数据显示窗口，在搜索文本框内输入"水系"两字(不含引号)，按搜索按钮🔍，得到 4 项结果。它们是个人地理数据库 Geo_DB25.mdb 中的 Lake 和 Stream，它们的元数据中用了词汇"水系"，被搜索到的除了元数据还有对应的数据源。

搜索文本框内输入"交通"两字，点击按钮🔍，有 21 项被搜索到，实际内容是 Railway(DWG，规划铁路走向)、Street(DWG，县域道路)、Highway(Geodatabase，县域公路)。

按关键字"练习"搜索，得到 22 项结果。在搜索窗口内，光标移动到右侧，点击缩略图，会弹出元数据描述窗口(图 25-8)。

25.4.5　搜索结果的显示

(1) 排序。点击搜索窗口右上角的"排序方式"下拉箭头，可以进一步按升序、降序、相关度、空间相关性、标题、类型、空间参考、采集日期排序。

(2) 过滤。按关键字"练习"搜索，得到了 22 项结果，点击搜索结果提示："返回的搜索结果 22 项"右侧的下拉箭头，弹出菜单，勾选"☑ CAD 折线要素类：2"，点击"应用过滤器"，搜索结果减少为 2 项。再下拉选择"移除过滤器"，则恢复到 22 项。注意：搜索文本框可以体会到，增加或取消过滤，等于收窄或放宽了搜索条件。

25.4.6　按地图显示范围搜索

调整地图的显示，使一段铁路大致充满显示窗口，在搜索窗口左上侧点击下拉箭头，将"任何范围"改为"在当前范围内"，也是输入"练习"，搜索到的结果从 22 项减少到 12 项(图 25-9)，为 DWG 文件"铁路走向""县城街道"的要素类。

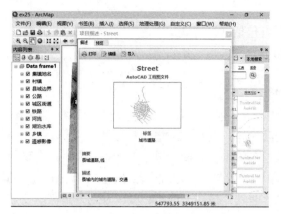

图 25-8　搜索后显示元数据

图 25-9　在当前显示范围内搜索数据项

25.5　查看、维护元数据

退出 ArcMap，不保存对地图文档的更改，启用 ArcCatalog，选用主菜单"自定义→ArcCatalog 选项"，进入"元数据"选项，在"元数据样式"框中下拉选择 Item Description，意思是对数据项的简单描述，按"确定"键返回。在目录树中，展开\gisex_dt10\ex25\，点击某个数据项，如 ex25→Railway→Polyline，在数据项窗口中部点击"描述"选项卡，出现该数据项元数据(Metadata)的内容(图 25-10)：

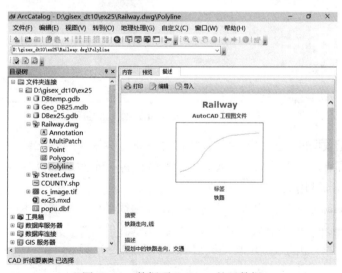

图 25-10　数据项 Railway 的元数据

(1) 名称。一般默认和数据项自身的名称一致，实际运用中，可以另取别名。

(2) 数据类型。即存储格式，如 Shapefile，AutoCAD 工程图文件，等等。

(3) 缩略图。在名称下方，可以添加、删除或更新。

(4) 标签。比名称更为简练、更容易理解的提示。

(5) 摘要。对数据项的简要陈述，在搜索结果中将完整显示。

(6) 描述。比摘要详细，或者有特别需要的补充说明，如属性表中的字段名、含义、计量单位(参见属性表 popu 的元数据)。

(7) 制作者名单。除了数据项的制作者，还可包括联系方式。

(8) 使用限制。限定数据项使用的说明，如不允许外传、出售。

(9) 范围。坐标范围。

(10) 比例范围。该项数据适合使用的比例尺上下限。

上述 10 项元数据中，除缩略图，其他 9 项均是文字描述，在"描述"选项对话框内上方，点击"编辑"按钮，可输入、修改元数据的内容，另有"保存""退出"按钮。

要向元数据添加缩略图并不复杂。退出元数据的编辑状态，点击"预览"选项，出现数据源的预览图形，如 Railway.dwg Polyline 是简单的线要素。在地理工具条(相当于 ArcMap 的基本工具条)中点击"创建缩略图"按钮 ，再返回到"描述"选项，可以看到，预览图变成了元数据的缩略图。读者可以尝试为 COUNTY，cs_image 的元数据添加缩略图(如果已经存在，可以进入元数据的编辑状态，删除缩略图，保存元数据，退出后再添加，图 25-11)。

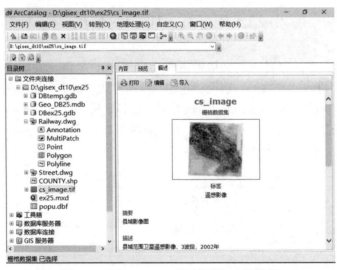

图 25-11　为 cs_image 的元数据加入缩略图

在现实中，元数据的存放位置往往和数据源分离，数据源的需求者先搜索、后阅读元数据，初步判断是否有用，再预览、查看数据项属性，进一步判断是否有用，然后和数据源发布者取得联系，局部试用或正式使用数据源。

通过对 ArcCatalog 选项的设置，本练习仅出现最简单的元数据描述格式，若选择了其他格式(如美国联邦地理数据委员会、国际标准化组织推荐的标准)，内容会变得详细，有兴趣的读者可自行尝试。文件型的数据项自动以 XML(eXtensible Markup Language)格式保存元数据，这是一种通用格式，适合通过互联网向外发布、传输、被搜索。地理数据库中数据项的元数据可保存在数据库内部，也可以按 XML 格式保存在外部，两者还可相互转换。

25.6　关于数据源、数据库、元数据的小结

本教材涉及的数据源(Data Source)有矢量、栅格、不规则三角网、属性表 4 大类，大类下还可以进一步细分，如按要素的几何类型分，按存储格式分。除了数据源，还有辅助数据，

往往以独立文件方式存储，或保存在地图文档中。数据源和独立的辅助数据合起来称为数据项(Data Item)。

数据库(Database)是存储、管理数据源的有效方式，本教材的具体操作主要涉及文件地理数据库(File Geodatabase)。进入地理数据库中的要素类均需设置坐标系、容差值、分辨率，坐标系设错了可修改，容差值、分辨率一旦设定，不能修改。应用中还需要临时设置容差值，应用中的临时容差值>数据库中要素类容差值>要素类坐标分辨率，每两个参数之间大约是5～50倍的关系。

一个地理数据库中往往有很多要素类，将不同的要素类集中保存为要素数据集(Feature Dataset)，就可统一设置坐标系、容差值、分辨率，不但减轻设置、维护工作量，也会给应用带来一些方便，如面向交通领域的网络数据集。

针对数据库中的要素类，还可设定子类型(Subtype)、属性域(Domain)，针对属性表，可设定关系类(Relationship)，本教材未涉及。

进入信息社会，数据越来越多，目不暇接，如何找到自己所需要的数据，如何让别人知道自己可提供的数据，元数据(Metadata)成为重要媒介，用它可以对数据项做概要说明，还可以标准化，被搜索，提高搜索的针对性、准确性，减少盲目性。随着数据项种类的增加、保存时间的延长、外界用户的增多，了解数据项、共享数据项会变得越来越频繁、越来越繁琐，建立、维护元数据也就越来越重要，如何说明对象，如何被搜索，是元数据两项最主要的用途。

本章所练习的搜索依靠元数据实现，主要针对数据源，也可进一步扩展到辅助数据(如Map Document)、软件工具(如Toolbox)。ArcGIS还提供近义词搜索，有兴趣的读者可自行尝试。

ArcCatalog是数据项的管理工具，和Windows文件资源管理器的操作有相似性，还有多种特殊的维护功能，如数据项的预览，数据项特征属性(Property)的查看、修改，数据源的初始设置，地理数据库的维护，基于元数据的搜索，元数据的输入、编辑，等等。ArcCatalog既可独立运行，也可将它的重要功能以目录窗口、搜索窗口的形式出现在ArcMap中。

完成本章练习，会改变练习数据内容，将\gisex_dt10\DATA\路径下的原始文件覆盖至\gisex_dt10\ex25\，数据内容就恢复到练习之前的状态。

思 考 题

1. 依靠ArcCatalog预览数据项和查看数据项属性(Property)有什么区别？

2. 观察自己的日常生活，在GIS领域之外，有无元数据(或元信息)，以什么形式出现，发挥什么作用？

3. 进入"自定义→ArcCatalog选项→元数据"选项，在"元数据样式"框中下拉选择ISO 19139 Metadata Implementation Specification，按"确定"键退出。再查看各项元数据的描述，展开详细内容，体验ISO 19139和Item Description的差异。

第 26 章　地　图　注　记

26.1　注　记　要　素

26.1.1　新建要素类

启用地图文档\gisex_dt10\ex26\ex26.mxd，激活 Data frame1，该数据框有"道路中心线""道路边线""设计建筑"三个图层(图 26-1)。基本工具条中点击按钮 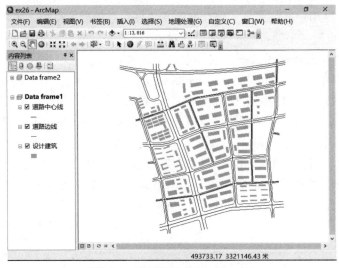，在随即出现的"目录"窗口中，展开\gisex_dt10\ex26\，鼠标右键点击地理数据库 DBtemp.gdb，快捷菜单中选择"新建→要素数据集"，输入名称 DTsetAnno，按"下一页"键，选择"投影坐标系→Gauss Kruger→CGCS2000 3 Degree GK CM 120E"，按"下一页"键，垂直坐标系不选，按"下一页"键继续：

图 26-1　尚无注记的 Data frame1

XY 容差：0.001 Meter	默认
Z 容差：	默认
M 容差：	默认
☑ 接受默认分辨率	勾选

按"确认"键。DBtemp.gdb 中出现了数据集 DTsetAnno，鼠标右键点击 DTsetAnno，选择"新建→要素类"，再设置：

名称：Anno01	键盘输入
别名：	保持空白
此类要素类中所存储的要素类型：注记要素	下拉选择

其他内容均保持空白，不选，按"下一页"按钮

参考比例: 1∶5000   键盘输入

地图单位: 米   下拉选择

☐ 需要从符号表中选择符号   取消勾选, 按 "下一页" 按钮

注记类: 注记类 1   默认(一个要素类中允许多个不同注记类)

文本符号: 宋体   20   下拉选择

⦿ 在任何比例范围内均显示注记   点选后按 "下一页" 按钮

配置关键字: ⦿ 默认   按 "下一页" 按钮

　　显示注记要素类的默认属性, 按 "完成" 键, DTsetAnno 数据集中出现了注记要素类 Anno01, 自动加载到当前的数据框 Data frame1, 成为一个独立图层。可关闭 "目录" 窗口。

26.1.2　输入注记要素

　　数据框 Data frame1 已激活, 如果注记要素类尚未加载, 通过工具 ✚, 添加 Anno01。基本工具条中点击按钮 ⚞, 出现编辑器工具条, 选择菜单 "编辑器→开始编辑", 根据弹出的窗口, 选择要编辑的图层 Anno01, 按 "确定" 键。如果 "创建要素" 窗口不出现, 在编辑工具条右侧点击 "创建要素" 按钮 ⚎。在创建要素窗口内点击 "注记类 1", 下方出现 "构造工具" 选项, 点击 "水平对齐" 选项。还会弹出一个 "注记构造" 小窗口, 其文本框内有 "文本" 二字, 为默认的输入内容, 可用键盘将其调整为 "城南路" (不带引号)。可以看到鼠标的光标带着 "城南路" 3 个字, 在地图上任何位置点击一下, 就在该位置输入了注记要素 "城南路"。点击第二次, 等于重复输入, 用同样方法到其他地方再点击第三次, 就输入了 3 个 "城南路" 注记要素, 点击任何别的操作性按钮, 就结束了当前的输入状态, "注记构造" 小窗口也消失。很多情况下, 地图坐标单位和字符单位相差很大, 如果输入的注记很小, 看不清, 可放大地图的显示, 直到能看清内容(注记要素太小的话, 默认不显示)。

　　放大或缩小地图的显示, 注记字符的大小会同步缩放。

26.1.3　改变注记的位置、角度

　　编辑器工具条中选择编辑注记工具 ⯅ᴬ, 点击已经输入、要编辑的注记要素, 该要素进入选择集, 在周边产生文本框, 可以拖动, 调整到合适的位置。用注记工具 ⯅ᴬ, 点击已输入的注记, 放大地图显示, 可以看到注记要素外框(即文本框)中上部有一个红色的小三角, 光标对准底边, 会变成朝上、朝下的两个箭头, 上下拖动, 注记字符会放大、缩小(地图不发生缩放)。在要素外框左下角、右下角还有 2 个小扇型, 鼠标光标接近任何一个, 出现圆弧状符号, 上下拖动, 可以调整注记的角度。如果光标在注记内部其他部位, 可以平移注记。

26.1.4　改变注记的符号、内容、间距

　　用注记选择工具 ⯅ᴬ, 点击某注记要素, 再点击右键, 在选择快捷菜单中选 "属性", 会出现注记要素的属性窗口, 一般和 "创建要素" 窗口重合, 在底部有切换键(图 26-2)。点击其中的 "注记" 选项, 窗口中部的文本框内显示注记要素的文字内容, 点击该文本框右下角的切换按钮 ⟳, 使右侧一个百分比下拉条出现或隐藏, 这个下拉条, 可选范围在 25%~400% 之间, 用于调节文本框内的字符大小(不影响地图上的字符大小)。

　　注记要素属性对话框下部还有字体、大小、颜色、加粗、斜体、下划线、排列对齐方式等按钮, 和一般文字处理类似, 左下角有一个下拉框, 调整文本的旋转角度。如果要让注记竖排, 在文本框内, 在每个字符的右侧按回车键, 使每个字换行, 按 "应用" 键生效。可利用数据要素自身文本框底部的两个小扇形, 调整注记的倾斜角度, 达到合适的程度(图 26-3)。

图 26-2　注记要素的属性记录对话框　　　图 26-3　注记要素内容、位置、排列方向、间距的调整

　　修改注记的文字内容，除了利用"注记构造"小窗口，也可在要素属性窗口的中部文本框内修改，然后按"应用"键，使编辑生效(可参考图 26-2 和图 26-3，将注记内容"城南路"改为"城南一路""城南二路")。

　　用注记选择工具 ，点击某注记要素"城南一路"，在注记属性窗口右下角点击"符号"按钮，出现"符号选择器"对话框，可以进一步详细调整注记的符号。点击中部的"编辑符号"按钮，弹出"编辑器"对话框，点击"格式化文本"选项卡，将"字符间距"调整为 150，可在左侧看到"城南一路"的字符间距明显变大，按"确定"键返回，再按"确定"键关闭"符号选择器"，可以看到地图上的"城南一路"间距也变大(图 26-3)。

26.1.5　注记要素的删除、复制

　　使用工具 或 ，点击注记要素，进入选择集，按键盘中 Delete 键，或鼠标右键点击要素后选择快捷菜单 Delete，就可删除注记要素。还可利用右键加快捷菜单，实现"复制""粘贴"。

26.1.6　参照曲线定位注记

　　切换到"创建要素"窗口，下半部"构造工具"窗口内，点击"弯曲"，会出现"注记构造"小窗口，将文字内容从"城南路"改为"连接公路匝道"，在地图窗口内，在需要输入的位置逐点输入定位曲线，要输入的内容会自动沿曲线排列，双击鼠标结束。如果事先已经按水平方式输入了注记要素(如在"构造工具"窗口中选择了"水平对齐")，用工具 选择该注记要素，鼠标右键点击该注记，快捷菜单中出现"曲率"，有三种方式可进一步选择："水平对齐""沿直线""弯曲"，改变当前的排列方式。

　　如果注记字符已经呈曲线状排列，但是凹凸方向、曲折程度不合适，鼠标右键点击需要调整的注记要素，选择快捷菜单"编辑基线草图"，出现由一条弧线、三条直线组成的参照线，共有六个端点，一个中点，用鼠标调整这七个点，可改变字符排列所依靠的曲线(图 26-4)，调整到合适的位置、方向。用鼠标右键可以进一步选择："删除折点""插入折点""完成基线草图"。

26.1.7　沿某条线注记

　　在大致的位置上先输入注记"新区城北路"，调整字型大小，用工具 选择该注记，鼠标右键点击某线要素(如道路边线)，选快捷菜单"随沿此要素"，该注记要素自动移动到该线

的旁边，如果合适的位置在线的另一侧，马上向另一个方向拖动一下，该注记将靠到另一个对称的位置上(图 26-5)，该方法也合适将注记随沿到多边形的边界。为了调整随沿方式有关参数，先选工具 ⬚，鼠标右键点击被选的注记要素，在弹出的快捷菜单中选择"随沿→随沿要素"选项，后续操作，读者可自练。

图 26-4　靠自定义曲线调整注记位置

图 26-5　随沿线要素注记

26.2　尺　寸　注　记

点击按钮 ⬚，调出"目录"窗口，展开\gisex_dt10\ex26\DBtemp.gdb，鼠标右键点击 DTsetAnno，选快捷菜单"新建→要素类"：

名称：Dim01	键盘输入
别名：	保持空白
类型：尺寸注记要素	下拉选择
其他内容均保持空白，不选	按"下一页"按钮
参考比例：1:2000	键盘输入
地图单位：米	下拉选择
默认样式	
⊙ 为我创建一个样式	点选，按"下一页"按钮
配置关键字：⊙ 默认	点选，按"下一页"按钮

显示尺寸注记要素类的属性，按"完成"键。DTsetAnno 数据集中出现了尺寸注记要素类 Dim01，自动加载到当前的数据框，成为一个独立图层。可关闭"目录"窗口。

数据框 Data frame1 处于激活状态，如果尺寸要素类未加载，通过工具 ⬚，选择 Dim01，按"添加"键。编辑器工具条已加载，进入"开始编辑"状态。如果"创建要素"窗口不出现，在编辑工具条内点击"创建要素"按钮 ⬚，可看到创建要素窗口有图层 Dim01，点击"默认"(样式)，创建要素窗口下方大约有 10 个"构造工具"选项，选择"简单对齐"，在地图上需要注记尺寸的起始位置(某建筑物的转角)点击鼠标，到终止点位置(附近另一个建筑物转角)点击鼠标，两点间的相对距离(即尺寸)自动注记到地图上("35.26"，图 26-6)。

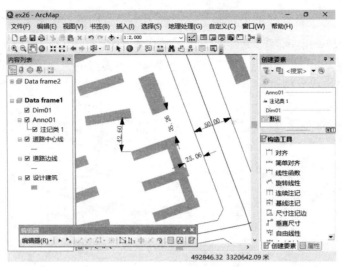

图 26-6 若干典型尺寸注记

在构造工具窗口中选择"对齐"，参照上述操作，先在一个建筑物的转角点击鼠标光标，输入起始点，到另一个建筑物转角点击第二点，输入终止点，再到横向的位置输入第三点，新的相对距离(即尺寸)标注到地图上，可以看到，第三点决定了标注字符的摆放位置("42.60"，图 26-6)。

在构造工具窗口中选择"对齐"，在靠近道路边线的建筑物某个转角点击第一点，沿着旁边的道路用鼠标右键点击边线，在弹出的快捷菜单中选择"垂直"，在道路边线上点击第二点，在合适的位置上点击第三点，实现该转角离开道路边线的垂直尺寸注记("25.06"，图 26-6)。

在构造工具窗口中选择"简单对齐"，在道路边线上输入第一点，沿着该道路另一侧边线点击鼠标右键，选择快捷菜单"垂直"，在适当的位置输入第二点，得到按边线计算的道路宽度注记(50.00，图 26-6)，为两条线之间的垂直间距。

尺寸注记是复杂要素，用常规方式选择要素，按键盘 Delete 键，就可整体删除。

本章开始，仅为尺寸注记定义了一种默认的样式，ArcGIS 还允许用户改变箭头、线条，以及相互组合形式，保存起来，反复使用。用户可在掌握常规操作的基础上，进一步自学、自练。

和一般要素编辑过程相同，在要素编辑器工具条中下拉选择"编辑器→停止编辑"，提示是否保存，选择"是"，数据将保留在地理数据库中，若选择"否"，则放弃。

和普通注记一样，尺寸注记和地图的放大、缩小保持同步。

26.3 属 性 标 注

26.3.1 单属性标注

激活数据框 Data frame2，鼠标右键打开"设计建筑"的图层属性对话框，进入"标注"选项，勾选"☑ 标注此图层中的要素"，"方法"下拉表中选"以相同方式标注所有要素"，在"标注字段"下拉表中，下拉选择 Shape_Area，按"确定"键返回。适度放大地图，可以看到每个建筑物都标注了建筑物基底多边形面积。一般情况下，可能有两个问题：字型太大，小数点位太多。进入"设计建筑→图层属性→字段"选项，点击字段名 Shape_Area，在右侧"外观"框内点击"数字格式"，在"数值"的右侧点击按钮"□"，弹出"数值格式"对话框，在"类别"框内，选"数值"，"取整"框内，点选"⊙ 小数位数"，下方数字框调整为"1"，再勾选下方"☑ 补零"，按"确定"键返回。再进入"标注"选项，在"文本符号"框右侧，将字型大小调整为"6"。点击左下侧按钮"放置属性"按钮，进入"放置"选项，"面设置"框内点选"⊙ 始终平直"，勾选"☑ 仅在面内部放置标注"，"同名标注"框内点选"⊙ 每个要素部分放置一个标注"，按"确定"键返回，再按"确定"键关闭图层属性对话框。可以看到，建筑基底面积标注的小数点只有 1 位，标注字型变小。

进入"设计高程点→图层属性→标注"选项，勾选"标注此图层中的要素"，"方法"下拉表中选"以相同方式标注所有要素"，在"标注字段"下拉表中，选择字段名 HGT，按"确定"键返回，可以看到每个设计高程点标注了高程值，如果字型大小不满意，再进入"图层属性"对话框的"标注"选项调整"文本符号"。

26.3.2 标注字型的缩放

属性标注的字型大小可以独立于地图的缩放，和屏幕的分辨率一致，也可以随着地图的缩放而变小、变大。一般操作过程是：将地图缩放到一个合适比例尺，认为是该图层和标注的显示比例是最常用的，再进入"图层属性→标注"选项，调整"文本符号"框内字型大小(对设计建筑图层可能 9 是合适的)，按"确定"键返回，再进入"图层属性→显示"选项，勾选"☑ 设置参考比例时缩放符号"，按"确定"键退出图层属性对话框。鼠标右键选"Data frame2→参考比例→设置参考比例"。和一般地图符号相似，有了针对图层、针对数据框的两项设置，缩放地图时，标注字型也同步缩放，取消其中任意一项，标注字型的大小和显示器的分辨率保持同步，不随地图的缩放而变化。

26.3.3 自动移位

一般情况下，多边形的标注大致定位在形心位置，对凹多边形，软件会自动调整到内部。在显示窗口内，凹多边形可能被分成多个部分，软件会在不同的部分上标注相同的内容(可比较图 26-7 和图 26-8 中建筑基底多边形)。

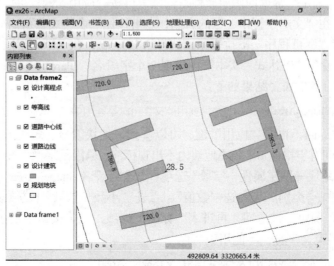

图 26-7 随地图缩放，软件自动调整标注位置

　　进入"等高线→图层属性→标注"选项，勾选"标注此图层中的要素"，"方法"下拉表中选"以相同方式标注所有要素"，在"标注字段"下拉表中，选择字段名 Hgt，按"应用"键，可以看到每条等高线都标注了高程值，间隔 0.5m，如果对字体、大小、颜色不满意，可在"文本符号"框内进一步调整。点击对话框左下侧按钮"放置属性…"，进入"放置"选项，在左上侧"方向"框内点选"⊙ 平行"，在右上侧"位置"框内，取消"□ 上方"的勾选，勾选"☑ 在线上"，在位置框，"沿线位置：最佳(下拉选择)"，同名标注框内，点选"⊙ 每个要素部分放置一个标注"，按"确定"键返回，再按"确定"键关闭图层属性对话框，可以看到每条等高线均有标注，也会随着地图的缩放、平移，自动摆放在合适的位置(图 26-9)(针对等高线，可在标注的位置留出空白，操作步骤较多，读者可以自练)。

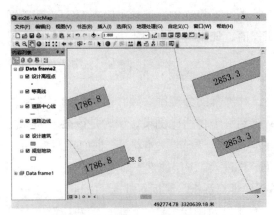
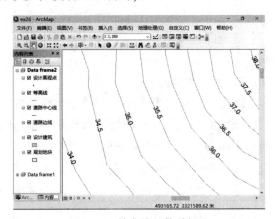

图 26-8　同一个建筑物，凹多边形会有多个标注　　　　图 26-9　等高线的简单标注

26.3.4　多重属性标注

　　进入 Data frame2 的"规划地块→图层属性→标注"选项，勾选"标注此图层中的要素"，"方法"下拉表中选"以相同方式标注所有要素"，在"标注字段"下拉表中选择 Parc_nu，适当加大字型。点击左下侧按钮"放置属性"，进入"放置"选项，"面设置"框内点选"⊙ 始终水平"，取消"□ 仅在面内部放置标注"的勾选，"同名标注"框内点选"⊙ 每个要素放置一个标注"，按"确定"键返回图层属性对话框，再按"应用"键。可以看到，每个地块均标注了地块编号。在"文本字符串"框的右侧，点击按钮"表达式…"，取消中部右侧的"□ 高级"勾选，下部"解析程序"下拉表中，选择 VBScript，在上部"字段"表中双击字段名 Shape_Area，可以看到"表达式"文本框内出现 2 个字段名：[Parc_no] [Shape_Area]，在两个字段中间输入空格：&" "&，结果如下：

　　[Parc_no] &" "& [Shape_Area]　　　　　　引号要用英文字符，不能用中文

　　按"确定"键返回，再按"应用"键，可以看到，地块编号、多边形面积都标注在多边形内，两项内容之间有空格，如果较小地块内不出现标注，原因是字型太大，可缩小后再尝试。

　　再进入"规划地块→图层属性→字段"选项，点击字段名 Shape_Area，点击"数字格式"，点击右侧按钮"□…"，"类别"表内选"数值"，点选"小数位数"，下方数字框调整为"1"，勾选"补零"，按"确定"键返回。再进入"标注"选项，点击按钮"表达式…"，输入如下表达式(引号应该是英文字符，不能用中文)：

　　"地块编号" & [Parc_no] & VbCrLf & "地块面积" & [Shape_Area]

按"确定"键返回,再按"应用"键,可以看到多边形内的标注多了中文注释,而且变成两行,这是在表达式中加入了回车换行字符常量 VbCrLf(按 Visual Basic 惯例)。如果对字符排列还不满意,可以在"图层属性→标注"对话框"文本符号"框内点击按钮"符号…",弹出"符号选择器",再点击按钮"编辑符号…",出现"编辑器"对话框,在右下侧"水平对齐"框内点选"左对齐",用"确定"键层层关闭"编辑器""符号选择器""图层属性"对话框,可以看到标注字符的排列是向左对齐(字型太大会引起显示不正常)。

缩放地图显示,可以看到,为了给每个地块多边形都标注多个属性,有些内容摆放到了地块之外(如图 26-10 中的 116 号),如果要求标注必须在地块多边形之内,再次进入"规划地块→图层属性→标注"选项,点击按钮"放置属性",进入"放置"选项,在"面设置"框内点选"始终水平",勾选"☑ 仅在面内部放置标注",按"确定"键关闭"放置属性"对话框,再按"确定"键返回,可以看到地块的标注一般都在自己的多边形内部。当屏幕只能显示地块的部分,标注会有超出,但是明显减少,当某些地块的标注超出太多,内容就不出现了。

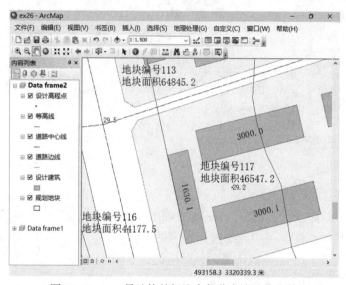

图 26-10　116 号地块的标注大部分在该地块之外

26.3.5　相互避让

地图上的注记、标注很密集的话,不同注记可能会相互压盖、占位、冲突或过于拥挤(本练习产生的注记、标注不多,选用的字型不大,如果计算机显示器分辨率较高,相互压盖、占位、冲突的可能性不大,为了练习,可适当加大标注字型,提高发生冲突的可能性),如图 26-11 所示,117 号地块属性的标注正好压在设计高程点上,该点的高程值就不出现了。如果要照顾设计高程值,可以进一步调整图层标注的优先级别。针对每个图层,分别进入各自的"图层属性→标注→放置属性→冲突检测"选项,用下拉菜单,调整相对的优先级如下:

图层名	标注权重	要素权重	缓冲区	放置压盖标注
设计高程点	高	高	0	☑
设计建筑	低	低	0	☑
规划地块	中	中	0	☑

按上述设置,优先考虑设计高程点,其次是规划地块,设计建筑的标注可能会摆放在不太合适的位置。如图 26-11 所示,112 号地块压盖了设计建筑的面积标注,其他建筑的面积标

注位置有避让。相互避让是靠软件实现的，缓冲区相当于避让的间距。各图层的优先级关系不同，缓冲区距离不同，避让的效果也不同。

同一要素类不同字段可按不同规则标注，本章未涉及，读者可进一步尝试。

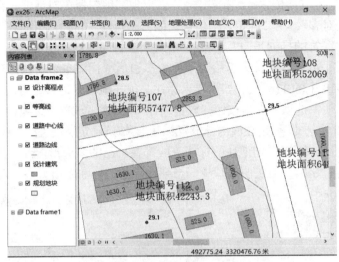

图 26-11　某些自动避让，某些压盖

26.4　文　档　注　记

26.4.1　文字输入

激活 Data frame1，可将练习输入的文字注记、尺寸注记移除，或关闭这两个图层，适当放大地图的显示。如果绘图工具条(Drawing Tool Bar)不出现，选用并勾选主菜单"自定义→工具条→绘图"。在绘图工具条中点击图标 A 旁的下拉箭头，出现菜单，选择"A 文本"，光标变成"+A"，在地图的左上方点击光标，默认的文字(如"文本"两字)被注记到地图上，可以立刻用键盘修改注记内容，按回车键确认。

26.4.2　修改注记的内容、位置、角度

一般情况下，初次输入的文字内容是"文本"。在绘图工具条用"选择元素"工具，单击需要编辑的文档注记，该元素的外框改变颜色，进入选择集，再次双击，弹出文字属性设置对话框，进入"文本"选项，在"文本"框内，可将默认的字符"文本"改成"至银州"(不需要引号)，按"确认"键返回，可以看到，地图上的注记文字改变了内容(图 26-12 左上侧)。

利用元素选择工具，可以拖动文档注记，平移到合适的位置。点击工具条中的旋转工具，可围绕左下角旋转当前正在编辑的注记。

26.4.3　调整注记的符号、排列方向

点击工具，鼠标右键点击注记(元素)，选择快捷菜单"属性"(或双击该注记)，进入该元素的属性设置对话框，再进入"文本"选项。点击右下角按钮"更改符号"，进入"符号选择器"对话框，右侧为"当前符号"栏，在"颜色"下拉条内可调整字符的颜色，字体下拉框内可调整字体(如宋体、黑体、楷体)；在"大小"下拉条内调整字型大小；在"样式"的右侧有加粗、斜体、下划线、删除线的图标式按钮。

图 26-12 文档注记

勾选"☑ CJK 字符方向",表示文字从横排变为竖排,按"确定"键返回到上一级属性设置对话框,再按"确认"键关闭。借助旋转工具 ⊙,实现竖排(不旋转没意义,图 26-12)。在符号选择器对话框内,取消勾选"□ CJK 字符方向",按"确定"键返回后,还要通过旋转工具 ⊙,使竖排注记恢复到横排。如果字型太小,可以直接在大小栏中调整。

26.4.4 删除、复制

删除元素,先用工具 ▶ 选择元素,按键盘 Delete 键,或鼠标右键点击元素后选择快捷菜单"删除"。鼠标右键点击元素,选择快捷菜单"复制",再到另一个位置,右键点击、选择"粘贴",实现复制粘贴,再进一步将粘贴后的元素拖动到合适的位置。

26.4.5 字符的大小随地图的比例缩放

放大、缩小地图的显示,可以看到,注记字符的大小可能不随地图一起缩放。鼠标右键再点击数据框名称,在快捷菜单中选择"参考比例→设置参考比例",再放大、缩小地图的显示,可以看出注记字的大小随比例缩放。鼠标右键再点击数据框名称,快捷菜单中选择"参考比例→清除参考比例",再缩放地图显示,可以看出注记字符的大小不随地图而同步缩放,和显示器分辨率保持一致。

26.4.6 牵引式注记

在绘图工具条中,点击 **A** 旁的下拉箭头,在 7 种文字注记方式中选择"☐注释",在需要标注的对象(如某条道路的边线)点击鼠标,出现默认字符。再用选择元素工具 ▶,将其拖动到适合摆放的位置,再双击该注记,弹出"属性"对话框,可将注记内容调整为"此处正在施工",再点击"更改符号"按钮,弹出"符号选择器",进一步调整字体、大小、颜色等,按"确定"键退出、返回。可进一步拖动注记本身和指向的位置(图 26-13)。

通过绘图工具条输入注记均是图形元素(Element),不是要素(Feature),数据保存在地图文档中,不进入数据源。

练习结束,选用主菜单"文件→退出",提示是否保存对当前地图文档的更改,为了不影响以后、他人的练习,应选"否"。

图 26-13　牵引式注记

26.5　本章小结

地图注记在实践中会有很大的工作量，特别是基础地图，除了内容正确，清晰、美观也很重要。ArcGIS 提供的注记功能还有很多，本章练习仅仅是初步。

注记要素属要素类的一种，使用要素编辑工具条输入、修改位置，通过属性框编辑要素内容、属性，存储于地理数据库，加载到不同的数据框、地图文档中，成为独立图层。注记要素的位置、角度、大小、排列、间距比较精确，适合量大、精细、内容稳定的注记，可反复使用，实现多用途共享。注记要素的属性除了控制表达形式，也可选择、过滤。

尺寸注记表示一般要素之间的相互距离，也是要素类，存储在地理数据库中，城市规划、土地管理、市政设施管理领域经常使用。

属性标注有三个特点：一是内容来自地理要素(点、线、面)的属性，前者和后者自动保持一致；二是不能在地图窗口中编辑标注，只能通过对话框调整有关规则；三是能自动定位、相互避让。属性标注适合量大、内容变化快，和要素属性保持同步的注记。如果属性标注和注记要素、尺寸注记相互冲突、发生占位，一般情况下前者会自动避让后者。本章仅练习了初步的避让功能，有兴趣的读者可进一步学习、深入了解。

文档注记也称图形注记，属图形的一种，用图形工具条编辑，字符可以和其他图形元素组合在一起处理，因存储在地图文档中，针对某个数据框，较难被其他文档、其他数据框利用。文档注记操作简便，适合量少、内容简单、针对性强的注记。

在地图布局中也可输入文字，也会有注记效果，但多数情况下是摆放在主体地图之外，一般称为地图说明。

普通注记、尺寸注记默认和地图的缩放保持同步，因此在定义要素类时，应设定合适的参考比例。属性标注如果要和地图的缩放保持同步，既要针对图层，也要针对数据框设定，调整字型大小通过"图层属性→标注"对话框。文档注记只要针对数据框设定，就可以和地图缩放保持(或不保持)同步。

ArcGIS 还有比较复杂的要素关联注记(Feature-Linked Annotation)，将注记要素和点、线、面要素建立关联，本教材未涉及。

完成本章练习，会改变练习数据内容，将\gisex_dt10\DATA\路径下的原始文件覆盖至 \gisex_dt10\ex26\，数据内容就恢复到练习之前的状态。

思 考 题

本章练习为图层加标注时，选用"以相同方式为所有要素加标注"，如果选用"定义要素类并且为每个类加不同的标注"，可获得更丰富的标注效果，可尝试。

第 27 章　制 图 综 合

27.1　多边形简化

　　启用\gisex_dt10\ex27\ex27.mxd，激活 Data frame1，有一个图层：某县的乡镇辖区(图 27-1)，该图层的多边形边界输入较细致，而对某些应用，简略更合适，可以靠软件做简化。主菜单中选用"地理处理→环境…"，进一步设置：

工作空间→当前工作空间：\gisex_dt10\ex27\DBtemp.gdb	借助文件夹按钮添加
工作空间→临时工作空间：\gisex_dt10\ex27\DBtemp.gdb	借助文件夹按钮添加
输出坐标系：与输入相同	下拉选择
处理范围：默认	下拉选择

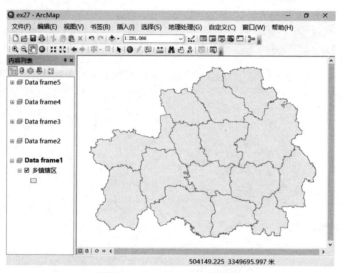

图 27-1　Data frame1 的显示

　　按"确定"键返回。在标准工具条中点击 ▦，加载 ArcToolbox，选用"ArcToolbox→制图工具→制图综合→简化面"，继续设置：

输入要素：乡镇辖区	下拉选择
输出要素类：\gisex_dt10\ex27\DBtemp.gdb\town01	鼠标定位路径，键盘输入数据名
简化算法：POINT_REMOVE	下拉选择
简化容差：300 米	键盘输入，计量单位默认
最小面积(可选)：0　平方米	默认
处理拓扑错误(可选)：RESOLVE_ERRORS	默认
□ 保留提取点(可选)	取消勾选
输入障碍图层	保持空白

按"确定"键，软件作简化处理，生成 town01，自动加载，该要素类均保留了简化前每个多边形的所有属性。读者可自行调整图层的显示符号(如将多边形填充调整为空白，适当加粗边界)，局部放大地图显示，可以看出，多边形边界得到简化，线的走向比较尖锐、生硬(图 27-2 左中、右上)，相邻多边形的边界不一定完全重合(图 27-3，下侧)。

图 27-2 用简单算法简化边界的局部显示
浅色为简化前，深色为简化后

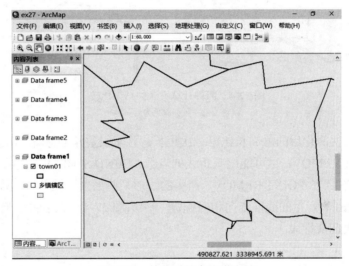

图 27-3 简化后的多边形边界

打开 town01 的图层属性表，该表的字段 TID、S_IND、T_IND 均来自"乡镇辖区"的图层属性表。利用属性表的"统计"功能，对简化前，简化后多边形的面积、周长总和作比较：

	Shape_Length 总和(周长)	Shape_Area 总和(面积)
简化前	722442.8	801706111.5
简化后	554198.8	802344036.7

可以看出，总周长下降了大约 23.3%，总面积却增加了 0.08%。关闭属性表，再选用"ArcToolbox→制图工具→制图综合→简化面"，继续输入：

输入要素：乡镇辖区　　　　　　　　　　　　　　下拉选择
输出要素类：\gisex_dt10\ex27\DBtemp.gdb\town02　　数据项路径、名称，扩展名默认
简化算法：BEND_SIMPLIFY　　　　　　　　　　下拉选择，改变计算方法
简化容差：300 米　　　　　　　　　　　　　　键盘输入允许偏移值，计量单位默认
最小面积(可选)：0 平方米　　　　　　　　　　默认

处理拓扑错误(可选): RESOLVE_ERRORS   默认

☐ 保留提取点(可选)   取消勾选

输入障碍图层   保持空白

按"确定"键, 再次作简化处理, 生成 town02, 自动加载。设置有关图层的显示符号, 可看出, 简化后的多边形边界走向和前一种计算方法不同(图 27-4)。再利用"统计"功能, 对图层 town02 简化前、简化后的多边形的面积、周长总和作比较:

	Shape_Length 总和(周长)	Shape_Area 总和(面积)
简化前	722442.8	801706111.5
简化后	593162.2	802214660.5

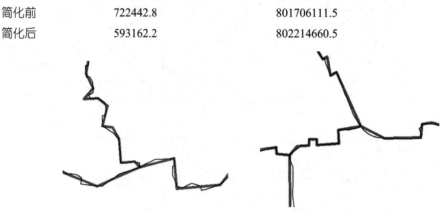

图 27-4　两种计算方法的结果比较

浅色为前一种, 深色为后一种

可看出, 第二次简化后的总周长比第一次稍长, 总面积差异可忽略。两次计算参数相同, 方法不同, POINT REMOVE 尽可能缩减折线的点数, BEND SIMPLIFY 主要将过分弯曲的部分去除, 从制图效果看, POINT REMOVE 产生的线形某些部位比较平直、另一些部位比较尖锐, BEND SIMPLIFY 产生的线形走向相对蜿蜒、平缓(图 27-4)。两者并没有保证多边形公共边界完全重合。关闭属性表。

27.2　建筑物简化

激活数据框 Data frame2, 有一个多边形图层"建筑基底"(图 27-5), 要求将建筑基底变得简略。展开并选用"ArcToolbox→制图工具→制图综合→简化建筑物", 继续设置:

输入要素: 建筑基底   下拉选择

输出要素类: \gisex_dt10\ex27\DBtemp.gdb\bldg01   数据项路径、名称

简化容差: 2　米   键盘输入距离值, 计量单位默认

最小面积(可选): 10　平方米   键盘输入面积值, 计量单位默认

☑ 检查空间冲突   勾选

按"确定"键, 生成 bldg01, 自动加载(图 27-6)。可以看出, 建筑物的边界变得稍平直, 有一处面积很小的多边形没保留, 但是达不到预定要求。再启用"ArcToolbox→制图工具→制图综合→简化建筑物", 继续设置:

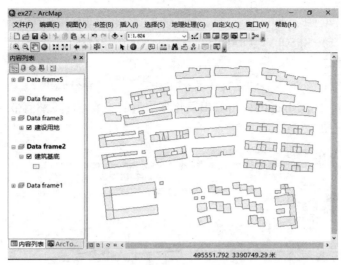

图 27-5 Data frame2 的显示

输入要素：建筑基底	原始数据不变
输出要素类：\gisex_dt10\ex27\DBtemp.gdb\bldg02	数据项路径、名称
简化容差：5 米	容差值加大
最小面积(可选)：20 平方米	面积值加大
☑ 检查空间冲突	勾选

按"确定"键，生成 bldg02。有 7 个面积较小的面被省略，其中 6 个是独立多边形，有 1 个是相邻的。容差值较大，建筑物的边界变得更加平直(图 27-7)。

还可以和简化多边形的一般方法做比较，启用"ArcToolbox→制图工具→制图综合→简化面"，继续设置：

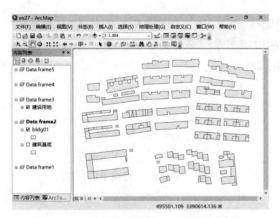

图 27-6 用简化建筑物方法处理的结果

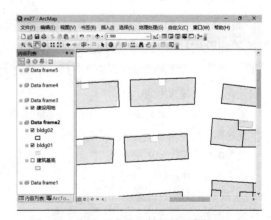

图 27-7 两次处理结果的局部显示
用浅色填充的是第一次，用深色线框的是第二次

输入要素：建筑基底	下拉选择
输出要素类：\gisex_dt10\ex27\DBtemp.gdb\blgd03	数据项路径、名称
简化算法：POINT_REMOVE	下拉选择
简化容差：2 米	取值和第一次相同

最小面积(可选)：20　平方米　　　　　　　　　取值和第二次相同

处理拓扑错误(可选)：RESOLVE_ERRORS　　　　默认

☐ 保留提取点(可选)　　　　　　　　　　　　　取消勾选

输入障碍图层　　　　　　　　　　　　　　　　保持空白

　　按"确定"键，生成 bldg03，可看出简化多边形的一般方法虽然有效果，但不如简化建筑物的专用方法好(图 27-8)。

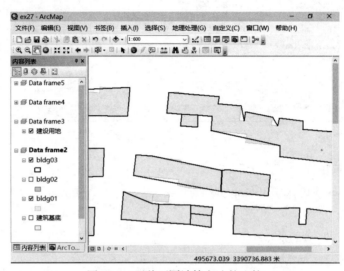

图 27-8　两种不同计算方法的比较

用浅色填充的是第一次，深色线框是一般面简化方法处理结果

27.3　多边形聚合

　　激活数据框 Data frame3，有一个多边形图层"建设用地"(图 27-9)，为某大城市郊区小城镇的建设用地调查，另有道路专题未纳入。按应用要求，合并较小的地块，得到建设用地概貌。选用"ArcToolbox→制图工具→制图综合→聚合面"，继续设置：

输入要素：建设用地　　　　　　　　　　　　　下拉选择

输出要素类：\gisex_dt10\ex27\DBtemp.gdb\land01　数据项路径、名称

聚合距离：5 米　　　　　　　　　　　　　　　键盘输入距离值，计量单位默认

最小面积(可选)：10 平方米　　　　　　　　　键盘输入面积值，计量单位默认

最小孔洞大小(可选)：20　平方米　　　　　　　键盘输入面积值，计量单位默认

☐ 保留正交形状(可选)　　　　　　　　　　　取消勾选

障碍要素(可选)　　　　　　　　　　　　　　　不设定

输出表(可选)：\gisex_dt10\ex27\DBtemp.gdb\land01_Tbl　默认

　　按"确定"键，生成要素类 land01，自动加载(图 27-10)，还会出现一个多边形合并对照表 land01_Tb1，记录了聚合后、聚合前多边形内部标识号一对多的对应关系。本次处理主要合并了相邻多边形、相距较近的多边形，一次处理尚未达到要求，继续选用"ArcToolbox→制图工具→制图综合→聚合面"，进一步设置：

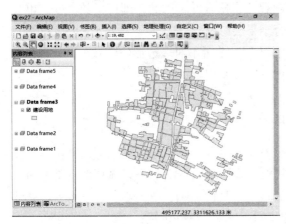

图 27-9　某小城镇建设用地地块　　　　　　图 27-10　相邻多边形被合并

输入要素：land01　　　　　　　　　　　　下拉选择，在前次处理基础上继续

输出要素类：\gisex_dt10\ex27\DBtemp.gdb\land02　　数据项路径、名称

聚合距离：20 米　　　　　　　　　　　　键盘输入距离值，计量单位默认

最小面积(可选)：20 平方米　　　　　　　键盘输入面积值，计量单位默认

最小孔洞大小(可选)：100 平方米　　　　键盘输入面积值，计量单位默认

□ 保留正交形状(可选)　　　　　　　　　取消勾选

障碍要素(可选)　　　　　　　　　　　　不设定

输出表(可选)：\gisex_dt10\ex27\DBtemp.gdb\land02_Tbl　　默认

　　按"确定"键，生成要素类 land02，自动加载。在前次处理的基础上，相距 20 米以内的多边形被合并，小于 20 平方米的小地块被删除，多边形内部出现小于 100 平方米的孔洞被忽略，得到城镇建设用地的基本概貌(图 27-11)。

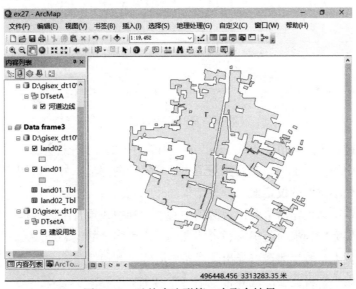

图 27-11　地块多边形第二次聚合结果

　　多边形聚合的主要作用是合并，外轮廓线不会有明显改变。如果满足聚合条件的要素较

多，只处理一次，不会自动对合并后的多边形再作第二次合并，因此，即使参数不变，也会有再次处理的必要。当然，选取参数不同，聚合结果会有差异。

　　"聚合面"和"简化面"、"简化建筑物"功能不同，前者不对多边形轮廓做平直处理，后两者不对相邻多边形做合并，若有需要两类方法可组合使用。

27.4　提取中心线

　　激活数据框 Data frame4，有一个图层："河道边线"(图 27-12)，是某城镇的内部河道，已经过人工修整。本练习要求提取河道中心线，既为了地图缩编，也为水利管理服务。展开并选用"ArcToolbox→制图工具→制图综合→提取中心线"，继续设置：

输入要素：河道边线　　　　　　　　　　　　下拉选择

输出要素类：\gisex_dt10\ex27\DBtemp.gdb\ctln　　数据项路径、名称，扩展名默认

最大宽度：60 米　　　　　　　　　　　　　　键盘输入宽度值，计量单位默认

最小宽度(可选)：5 米　　　　　　　　　　　键盘输入宽度值，计量单位默认

图 27-12　Data frame4 的显示

　　按"确定"键，生成河道中心线 ctln，自动加载(图 27-13)，打开该图层属性表，每个线要素的属性字段中均记录了左、右两侧河道边线要素的内部标识号，可用于进一步的分析。

　　最大宽度、最小宽度的设定值对计算结果的影响：

　　最大宽度值偏小，较宽河道会出现两条中心线，和边线重合(图 27-14 左)。

　　最大宽度值偏大，如果河道很密，可能在陆域产生多余的中心线。

　　最小宽度值偏大，较窄河道可能出现两条中心线，和边线重合。

　　最小宽度值偏小，可能会出现异常线(图 27-14 右)。

　　读者可参照简化多边形的方法，再对河道的中心线做简化。

图 27-13 按河道边线提取中心线

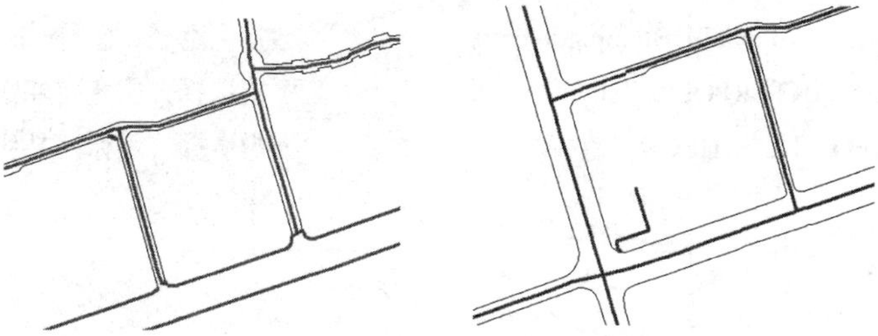

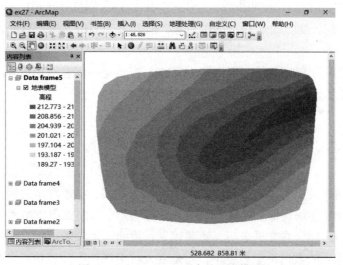

图 27-14 部分结果和边线重合(左)，局部出现异常(右)

27.5 线 的 平 滑

激活 Data frame5，有一个 TIN 图层"地表模型"(图 27-15)，需产生等高线。在主菜单中选用"自定义→扩展模块"，勾选 3D Analyst，按"关闭"键返回。选用"ArcToolbox→3D Analyst 工具→表面三角化→表面等值线"，进一步设置：

图 27-15 Data frame5 中的地表模型

输入表面：地表模型	下拉选择
输出要素类：\gisex_dt10\ex27\DBtemp.gdb\cnt01	数据项路径、名称，扩展名默认
等值线间距：1	键盘输入
起始等值线(可选)：0	默认
等值线字段(可选)：Contour	默认
等值线字段精度(可选)：0	默认
计曲线间距(可选)：	保持空白
计曲线间距字段(可选)：	改为空白
Z 因子(可选)：1	默认

　　按"确定"键继续，软件产生等高线数据 cnt01，自动加载。暂时关闭图层"地表模型"的显示，可以看出，直接从 TIN 产生的等高线走向有些生硬(图 27-16 左)，可做平滑处理。选用"ArcToolbox→制图工具→制图综合→平滑线"，继续设置：

输入要素：cnt01	下拉选择需要平滑的等高线
输出要素类：\gisex_dt10\ex27\DBtemp.gdb\cnt02	数据项路径、名称，扩展名默认
平滑算法：BEZIER_INTERPOLATION	下拉选择，贝塞尔曲线插入算法
处理拓扑错误(可选)：NO_CHECK	下拉选择，不作拓扑纠错处理

图 27-16　等高线作平滑处理的前后差异

　　按"确定"键执行，cnt01 经处理后变为相对平滑的 cnt02，自动加载。计算过程使用了贝塞尔函数，实际存储是用较短的折线拟合(图 27-16 右)。分别打开 cnt01、cnt02 的要素属性表，统计两种等值线几何长度(Shape_Length)的总和，前者为 212162.4 米，后者为 212960.2 米，后者的总和比前者稍长。

　　练习结束，选用菜单"文件→退出"，ArcMap 提示是否保存对当前地图文档的更改，为了不影响以后、他人的练习，应选"否"。

27.6　本 章 小 结

　　图形概括、简化是制图综合的核心，线的简化是基础。本章对多边形边界的简化处理可看成是线要素简化功能的延伸、扩展(如合并相邻多边形、取消面积较小者)。提取中心线除了用于河道，也适合道路，在交通分析、道路规划、地图缩编领域可用。线的平滑是例外，为了美观，平滑处理后的数据量不是变小，而是变大。实现各项处理功能均要和若干参数打交道，掌握原理，积累经验，才能适度把握，使计算机制图综合发挥出合理的作用。ArcToolbox 中还有其他制图综合功能，读者可自行尝试。

思　考　题

1. 根据自己的经验，除了缩编地图的美观、清晰，制图综合还能在其他什么场合发挥作用？

2. 根据自己的经验，原始地理信息输入计算机之前，有无概括，举例说明如何概括。

第九篇　综合应用

第 28 章　模型构建器

28.1　模型构建器的初步知识

模型构建器(Model Builder)是创建、编辑和管理模型(Model)的专用模块，是 ArcGIS 的一种二次开发途径。模型将一系列地理处理工具串联起来，使前一个工具的输出成为后一个工具的输入，可以实现批处理，反复使用，提高工作效率。

模型构建器的界面有自己的菜单、工具条，中部空白区域称为画布(Canvas，图 28-1)。模型有 3 个主要元素(Element)：变量(Variable)、工具(Tool)、连接符(Connector)，用不同符号显示。变量的符号为椭圆形的框，分为数据变量和值变量两种，数据变量包括 ArcGIS 能处理的各种数据源，包括数据集、数据项；值变量是指数值、字符串等。工具指 ArcGIS 的地理处理工具，符号为方形框，连接符起到变量和工具的连接作用，其符号为带箭头的线，其方向就是数据处理的顺序(图 28-1)。一个工具可能同时有多个输入、输出变量，相互之间都用连接符表示。若干工具、变量相互连接起来，表示为模型图(Model Diagram)，可以编辑、保存，还可嵌入其他应用。模型构建器还有迭代工具，符号为六边形，本教材尚未涉及。模型构建器既可在 ArcMap 中使用，也可在 ArcCatalog 中使用。

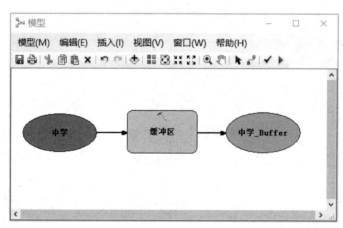

图 28-1　模型构建器和模型中的变量、工具、连接符

28.2　中学选址评价方法、过程

本章将创建并运行一个模型，为新建中学的选址提供依据。距现有中学的距离、人口分布密度、土地使用类型为评价因素，将三个因素综合起来，实现选址评价，原理、方法和第

12 章一致。本练习所用的基础数据有 2 种，都是矢量型：

(1) 现有中学，点要素类。新建中学不应与现有中学太近，为此建立距现有中学的距离栅格。

(2) 规划地块，面要素类。含人口数量、土地使用两项属性。

人口数量为地块的居住人口，将其折算为人口密度。规划土地使用属性中某些用地不应该建中学，如工业用地，某些用地不太适合建中学，如商业用地，居住用地最适合。需将矢量多边形将转换成人口密度栅格、土地使用栅格。

按既定规则，对上述 3 项栅格数据集重分类，转变为单项评价栅格，再做标准化处理。利用单项评价结果，可将明显不符合选址要求的位置选出：离现有中学太近、人口密度太低、土地使用为工业、绿地，三个条件中只要符合其中之一，栅格单元取值就为 0，其他单元取值为 1，得到明显不符合选址要求栅格。标准化的单项评价指标按加权后相加，得到初步评价栅格，与明显不符合要求栅格相乘，得到综合评价结果。

和 12 章相比，本练习用批处理代替人机交互式操作，也将单项评价指标做标准化处理，采用较常见的线性比例转换法，使得每个栅格单元的取值都在 0～1：

$$x_i' = \frac{x_i - x_{\min}}{x_{\max} - x_{\min}} \tag{28-1}$$

式中，x_i 为第 i 个栅格单元标准化之前的数值；$x_{\min}$、$x_{\max}$ 分别为该栅格数据集中出现的最小值、最大值；x_i' 为转换后的数值。

如果对评价的过程尚不熟悉，应先练习或阅读本书第 12 章。

28.3　初　始　设　置

启动 ArcMap，新建一个空白地图文档。在 ArcMap 的"目录"窗口中展开\gisex_dt10\ex28\DBex28.gdb\DTsetA，lduse_B 为多边形要素类，相当于第 12 章的"土地使用"，其中有土地使用、居住人口两项属性；road_B 为线要素类，相当于第 12 章的"道路"，用于地图显示，限定计算范围；scho_B 为点要素类，相当于第 12 章的"现有中学"。

选用主菜单"自定义→扩展模块…"，加载 Spatial Analyst 的许可证，按"关闭"键返回。主菜单中选择"地理处理→环境…"，作初始设置：

工作空间→当前工作空间：\gisex_dt10\ex28\DBtemp.gdb　　　　　下拉选择，添加

工作空间→临时工作空间：\gisex_dt10\ex28\DBtemp.gdb　　　　　下拉选择，添加

输出坐标系：与输入相同　　　　　　　　　　　　　　　　　　　下拉选择

处理范围：与数据集 road_B 相同　　　　　　　　　　　　　　　点击文件夹按钮，选择、打开

栅格分析→像元大小→如下面的指定：50　　　　　　　　　　　　下拉选择，键盘输入

其他内容不设置，按"确定"键返回。

28.4　距现有中学的距离、人口密度、土地使用栅格的生成

28.4.1　建立距现有中学的距离模型

在标准工具条中点击模型构建器按钮（或选用主菜单"地理处理→模型构建器"），调

出模型构建器窗口。在"目录"窗口中，将要素类 scho_B 拖放到模型构建器窗口中(画布上)，显示为蓝色椭圆，用鼠标右键，配合快捷菜单"重命名…"，输入该元素新的名称："现有中学"(不含引号)，按"确定"键返回(图 28-2)。

启用 ArcToolbox，展开"Spatial Analyst 工具→距离"，将工具"欧氏距离"拖放到模型构建器的画布中，"现有中学"的右侧。该工具显示为 4 个元素。方形框是处理工具，3 个椭圆是该工具的输出变量，4 个元素之间有连接符(带箭头的直线)。该工具的输入数据尚未设置，4 个元素均显示为无色透明(图 28-2)。

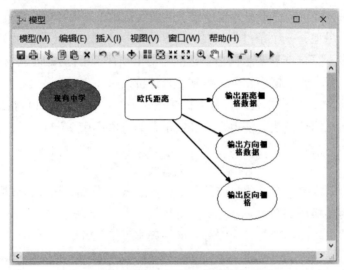

图 28-2　数据、工具拖放到画布中

模型构建器窗口上方点击工具条的连接符工具 ，在变量"现有中学"椭圆内点击起点，再到"欧氏距离"方框内点击终点，在弹出的快捷菜单中选择"输入栅格数据或要素源数据"，可看到"欧氏距离"变为黄色，输出的数据项变为绿色，本操作的意思是点要素类"现有中学"作为工具"欧氏距离"的输入数据。鼠标双击 "欧氏距离"方型框，进一步设置：

输入栅格数据或要素源数据：现有中学　　　　　　　　　下拉选择
输出距离栅格数据：\gisex_dt10\ex28\DBtemp.gdb\school　　　路径和数据名
输出像元大小(可选)：50　　　　　　　　　　　　　　　和初始设置一致
距离法(可选)：PLANAR　　　　　　　　　　　　　　下拉选择
其他 4 项均保持空白，不设置

按"确定"键，完成工具"欧氏距离"的设置，绿色椭圆"输出距离栅格数据"名称自动变为 school。本练习不考虑方向距离，"输出方向栅格数据""输出反向栅格"依然是透明色。

28.4.2　建立人口分布密度栅格模型

在左侧"目录"窗口中，将要素类 lduse_B 拖放到画布上，"现有中学"下方，显示为蓝色椭圆，用鼠标右键，配合快捷菜单"重命名"，将该项数据更名为"人口数量"(不含引号)，按"确定"键返回。

展开"ArcToolbox→数据管理工具→字段"，将工具"添加字段"拖放到画布中，"人口数量"右侧。该工具显示为两个元素，方形框是处理工具，椭圆是工具的输出变量。

使用连接符工具 ，在变量"人口数量"和工具"添加字段"之间加入一条连接符，在弹出的快捷菜单中选择"输入表"，本项操作的意思是对"人口数量"要素属性表添加字段。双击方框"添加字段"，进一步设置：

输入表：人口数量	自动生成
字段名：density	键盘输入字段名
类型：FLOAT	下拉选择，数据类型为浮点型
字段精度：8	键盘输入字段精度
字段小数位数：6	键盘输入字段小数位数
其他各项均保持空白或默认	

按"确定"键返回。此时，工具"添加字段"方形框自动填充为黄色，输出变量 lduse_B 自动填充为绿色。使用鼠标右键，配合快捷菜单"重命名"，将输出变量 lduse_B 更名为"人口数量(2)"。

在"ArcToolbox→数据管理工具→字段"中，将工具"计算字段"拖放到画布中，"人口数量(2)"的右侧。使用连接符工具 ，在变量"人口数量(2)"和工具"计算字段"之间加入一条连接符，在弹出的快捷菜单中选择"输入表"，双击工具"计算字段"方形框，进一步设置：

输入表：人口数量 (2)	自动生成
字段名：density	下拉选择
表达式：[popu] / [Shape_Area]	按右侧图标 输入
表达式类型(可选)：VB	下拉选择

按"确定"键返回。工具"计算字段"方形框自动填充为黄色，输出变量自动填充为绿色。用鼠标右键，配合快捷菜单"重命名"，将输出该变量 lduse_B 更名为"人口密度"。

展开"ArcToolbox→转换工具→转为栅格"，将工具"面转栅格"拖放到画布，"人口密度"右侧。该工具也显示为两个元素。方形框是处理工具本身，椭圆是该工具的输出变量。

使用连接符工具 ，在变量"人口密度"椭圆和工具"面转栅格"方框之间输入一条连接符，在弹出的快捷菜单中选择"输入要素"，"面转栅格"变为黄色，输出的数据变为绿色。

双击工具"面转栅格"方形框，进一步设置：

输入要素：人口密度	默认
值字段：density	下拉选择
输出栅格数据集：\gisex_dt10\ex28\DBtemp.gdb\popu_den	路径和数据名
像元分配类型(可选)：CELL_CENTER	默认
优先级字段(可选)：NONE	默认
像元大小(可选)：50	默认，初始设置

按"确定"键返回，"输出栅格"自动更名为 popu_den(图 28-3)。

28.4.3　土地使用多边形转换为栅格

在"目录"窗口中，再次将要素类 lduse_B 拖放到画布上，"人口数量"下侧，显示为蓝色椭圆，用鼠标右键，配合快捷菜单"重命名"，将该数据项更名为"土地使用"(不含引号)。展开"ArcToolbox→转换工具→转为栅格"，将工具"面转栅格"拖放到画布，"土地使用"右侧，也显示为两个元素，方形框是处理工具，自动取名为"面转栅格(2)"，椭圆是输出变量。

用连接符工具 ，在变量"土地使用"椭圆和工具"面转栅格(2)"方框之间输入一条连接符，在弹出的快捷菜单中选择"输入要素"，多边形要素类"土地使用"成为工具"面转栅

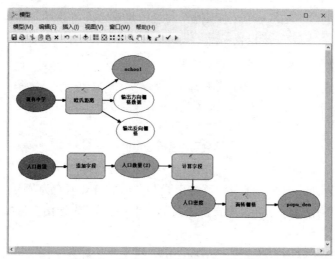

图 28-3　完成人口密度栅格生成的设置

格(2)"的输入变量。"面转栅格(2)"方框自动填充为黄色，输出变量椭圆为绿色。双击工具"面转栅格(2)"方形框，进一步设置：

输入要素：土地使用	默认
值字段：LANDUSE	下拉选择
输出栅格数据集：\gisex_dt10\ex28\DBtemp.gdb\ld_use	路径和数据名
像元分配类型(可选)：CELL_CENTER	默认
优先级字段(可选)：NONE	默认
像元大小(可选)：50	默认，按初始设置

按"确定"键返回，输出变量椭圆自动更名为 ld_use。

28.4.4　模型图可编辑

模型构建器窗口的工具条中，有图标元素选择工具 ，可用编辑元素图形。如觉得元素摆放的位置不合适，可借助元素选择工具 ，移动、缩放元素，调整相对位置。将该工具 移动至任何方框内，不点击鼠标，可以查看、核实该工具的各项设置是否正确。双击工具方形框，可调整已经输入的各项设置。单击元素，用工具 ✖ 或 Delete 键，可将其删除。工具条中其他图标，和 ArcGIS 的一般功能类似，如放大、缩小、平移模型图。

28.4.5　模型可保存

选用菜单"模型→保存"，弹出"保存"对话框，选择路径\gisex_dt10\ex28，点击对话框右上角的"新建工具箱"按钮，系统默认为"工具箱.tbx"，建议立刻改名为"ex_box.tbx"，然后双击展开工具箱 ex_box.tbx，下方"名称"栏中输入 ex28_01，保存类型默认为"基础工具"，按右侧"保存"键，新建立的模型命名为 ex28_01，保存在 ex_box 工具箱中，关闭"保存"对话框。在"目录"窗口中展开文件夹 ex28，可显示出工具箱的图标。如果构建的模型暂时不显示，可以鼠标右键点击 ex28，选快捷菜单"刷新"。

28.5　各项指标标准化

28.5.1　距现有中学距离标准化

指标标准化，需要知道最小值、最大值，遇到这一情况，可先运行前置工具。右键点击前置工具"欧氏距离"，选用快捷菜单"运行"，运行结束，关闭提示窗口。画布上工具"欧氏距离"和输出变量 school 的显示均产生阴影，可在"目录"中，展开 DBtemp.gdb，鼠标右键点击栅格数据集 school，选择快捷键"属性…"，出现"栅格数据集属性"显示框，可看到该数据集的最小值为 0，最大值为 2102.3796。

　　将"ArcToolbox→Spatial Analyst 工具→地图代数"中的"栅格计算器"工具拖放到画布，"school"右侧。借助鼠标右键，将该工具重命名为"距离标准化"。运用连接符工具，在变量 school 椭圆和工具"距离标准化"方框之间输入连接符，在弹出的快捷菜单中选择"地图代数表达式"，带箭头的连接符暂时不显示，双击工具"距离标准化"方框，进一步输入如下公式：

"%school%" / 2150　　　　　　　　　　　　　　　因最小值为 0，计算公式可简化

输出栅格：\gisex_dt10\ex28\DBtemp.gdb\school_sd　　数据集路径、名称

　　按"确定"键返回，"距离标准化"变为黄色，"输出栅格"变为绿色，可重命名为 school_sd。

28.5.2　人口密度标准化

　　右键点击前置工具"添加字段"，选用快捷菜单"运行"。画布上工具"添加字段"和"人口数量(2)"均产生阴影，该字段 density 添加在多边形 lduse_B 的要素属性表中。鼠标右键点击前置工具"计算字段"，选用快捷菜单"运行"。画布上工具"计算字段"和"人口密度"均产生阴影，字段 density 有了属性值。右键继续点击前置工具"面转栅格"，选用快捷菜单"运行"。画布上工具"面转栅格"和 popu_den 均产生阴影，栅格数据集存储在 DBtemp.gdb 中。

　　在"目录"窗口中，展开 DBtemp.gdb，右键点击栅格数据集 popu_den，快捷选择"属性…"，在"栅格数据集属性"显示框内可看到该数据集的最小值为 0，最大值为 0.0291097，按"确定"键返回。将"ArcToolbox→Spatial Analyst 工具→地图代数"中的"栅格计算器"工具拖放到画布，"popu_den"下侧，借助鼠标右键，将该工具更名为"密度标准化"。在变量 popu_den 椭圆和工具"密度标准化"方框之间输入连接符，在弹出的快捷菜单中选择"地图代数表达式"，带箭头的连接符暂时不显示，双击工具"密度标准化"方形框，在"地图代数表达式"对话框中输入如下公式：

"%popu_den%" / 0.02911　　　　　　　　　　　　因最小值为 0，计算公式可简化

输出栅格：\gisex_dt10\ex28\DBtemp.gdb\popu_den_sd　　数据集路径、名称

　　按"确定"键，将工具"密度标准化"的"输出栅格"更名为 popu_den_sd。

28.5.3　土地使用指标标准化

　　土地使用栅格单元是字符型，先要转换为整数型，再经过处理，转换为浮点型。鼠标右键点击前置工具"面转栅格(2)"，选用快捷菜单"运行"，画布上工具"面转栅格(2)"和输出栅格 ld_use 均产生阴影。

　　将"ArcToolbox→Spatial Analyst 工具→重分类"中的"重分类"工具拖放到画布中，ld_use 右侧(或下侧)，将该工具更名为"重分类_土地"。在数据集 ld_use 椭圆和工具"重分类_土地"方框之间添加连接符，在弹出的对话框中选择"输入栅格"，该方框自动变为黄色，变量"输出栅格"自动变为绿色，栅格数据 ld_use 成为工具"重分类_土地"的输入变量，双击"重分类_土地"工具，进一步设置：

输入栅格：ld_use　　　　　　　　　　　　　　　默认

重分类字段：LANDUSE　　　　　　　　　　　　　　　下拉选择

输入新值，只能用整型值：

旧值	新值
M	0
B	1
R2	2
R1	2
G	0
NoData	NoData

输出栅格:\gisex_dt10\ex28\DBtemp.gdb\r_ld_use　　　　路径、名称

　　按"确定"键，完成土地使用的重分类设置，借助右键，将"输出栅格"重命名为 r_ld_use。

　　将"ArcToolbox→Spatial Analyst 工具→地图代数"中的"栅格计算器"工具拖放到画布，"r_ld_use"右侧，借助鼠标右键，将该工具更名为"用地标准化"。在变量 r_ld_use 椭圆和工具"用地标准化"方框之间输入连接符，在弹出的快捷菜单中选择"地图代数表达式"，带箭头的连接符暂时不显示，双击工具"用地标准化"方形框，在"地图代数表达式"对话框中输入如下公式：

　　"%r_ld_use%" / 2.0　　　　　　　　　　　　　　为保证计算结果为浮点，加小数点和 0

　　输出栅格:\gisex_dt10\ex28\DBtemp.gdb\ld_use_sd　　　　路径、名称

　　按"确定"键，再将工具"用地标准化"的输出栅格更名为 ld_use_sd(图 28-4)。

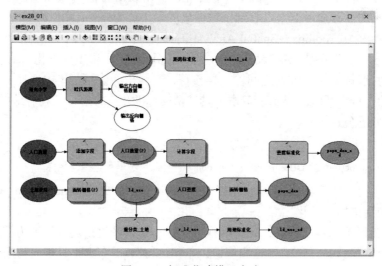

图 28-4　标准化建模已完成

28.6　确定明显不符合要求位置

28.6.1　距中学距离重分类

　　展开"ArcToolbox→Spatial Analyst 工具→重分类"，将"重分类"工具拖放到画布中，

"school"右下侧。用右键将工具"重分类"更名为 "重分类_中学"。在 school 椭圆和"重分类_中学"方框之间输入连接符，在弹出的快捷菜单中选择"输入栅格"，工具方框自动填充为黄色，变量"输出栅格"自动填充为绿色。

"目录"窗口中，右键点击栅格数据集 school，选择"属性…"，在"栅格数据集属性"显示框内可看到该数据集的最小值为 0，最大值为 2102.3796。双击工具"重分类_中学"方框，进一步设置：

　　输入栅格：school　　　　　　　　默认
　　重分类字段：Value　　　　　　　默认

点击右上侧按钮"分类…"，在随后的对话框中，在"类别"项键盘输入 2，按"确定"键返回，修改分类为：

旧值	新值
0 - 500	0
500 - 2150	1
NoData	Nodata

输出栅格：\gisex_dt10\ex28\DBtemp.gdb\school_01　　　　路径和数据名

按"确定"键，完成距现有中学距离的重分类设置。借助右键，将"输出栅格"重命名为 school_01。

28.6.2　人口密度重分类

将"ArcToolbox→Spatial Analyst 工具→重分类→重分类"工具拖放到画布中，"popu_den"右上侧，利用右键将该工具更名为"重分类_人口"。在 popu_den 椭圆和"重分类_人口"方框之间加一条连接符，在弹出的对话框中选择"输入栅格"，该工具方框自动填充为黄色，"输出栅格"椭圆也自动填充为绿色。

在"目录"窗口中，右键点击栅格数据集 popu_den，选择"属性…"，在"栅格数据集属性"显示框内可看到该数据集的最小值为 0，最大值为 0.029109。双击"重分类_人口"工具，进一步设置：

　　输入栅格：popu_den　　　　　　默认
　　重分类字段：Value　　　　　　　默认

点击按钮"分类…"，在随后的对话框中的"类别"项，键盘输入 2，按"确定"键返回，修改分类为：

旧值	新值
0 - 0.005	0
0.005 - 0.03	1
NoData	Nodata

输出栅格：\gisex_dt10\ex28\DBtemp.gdb\popu_01　　　　路径和数据名

按"确定"键，完成设置，将"输出栅格"更名为 popu_01。

28.6.3　土地使用重分类

将"ArcToolbox→Spatial Analyst 工具→重分类→重分类"工具拖放到画布中，"ld_use"下侧，将该工具更名为"重分类_土地(2)"。在 ld_use 椭圆和"重分类_土地(2)"方框之间添加连接符，在弹出的对话框中选择"输入栅格"，该方框变为黄色，变量"输出栅格"变为绿色。双击工具"重分类_土地(2)"，进一步设置：

　　输入栅格：ld_use　　　　　　　　　默认

　　重分类字段：LANDUSE　　　　　　　下拉选择

　　直接修改分类值：

旧值	新值
M	0
B	1
R2	1
R1	1
G	0
NoData	NoData

　　输出栅格：\gisex_dt10\ex28\DBtemp.gdb\ld_use_01　　　　路径和数据名

按"确定"键，完成土地使用的重分类设置，借助右键，将"输出栅格"重命名为 ld_use_01。

28.6.4　不符合选址要求的条件综合

将"ArcToolbox→Spatial Analyst 工具→地图代数→栅格计算器"工具拖放进入画布，"popu_01"右侧。借助鼠标右键，将该工具更名为"乘法叠合"。在 school_01，popu_01 和 ld_use_01 椭圆和工具"乘法叠合"方框之间输入 3 条连接符，在弹出的快捷菜单中选择"地图代数表达式"，这些连接线可以穿越不同的工具、变量，可以和其他连接线交叉，带箭头的连接符可能暂时不显示，双击工具"乘法叠合"方框，在"地图代数表达式"对话框中输入如下计算公式：

　　"%school_01%" * "%popu_01%" * "%ld_use_01%"

　　输出栅格：\gisex_dt10\ex28\DBtemp.gdb\calc_01　　　　路径和数据名

按"确定"键，将工具"乘法叠合"的"输出栅格"更名为 calc_01。

28.6.5　加权叠合、排除明显不符合要求的位置

将工具"ArcToolbox→Spatial Analyst 工具→地图代数→栅格计算器"拖放到画布中，"密度标准化"下侧，重命名为"加权叠合"。在 4 个椭圆 school_sd，popu_den_sd，ld_use_sd，calc_01 和工具"加权叠合"方框之间输入 4 条连接符，在每次弹出快捷菜单时都选择"地图代数表达式"，带箭头的连接符可能暂时不显示。双击工具"加权叠合"方框，在"地图代数表达式"对话框中输入如下公式：

　　("%school_sd%"*0.35 + "%popu_den_sd%"*0.4 + "%ld_use_sd%"*0.25) * "%calc_01%"

　　输出栅格：\gisex_dt10\ex28\DBtemp.gdb\calc_sd　　　　　路径和数据名

按"确定"键，完成工具"加权叠合"设置，将输出栅格更名为 calc_sd。

模型构建完毕。在菜单"视图"中，下拉选择"自动布局"，软件会自动调整椭圆、方框、连接线等各种元素的相互位置，变得清晰、流畅，如果占用屏幕过宽、过长，可以选择工具 调整不同元素的相对位置(图 28-5)。选用菜单"模型→保存"。

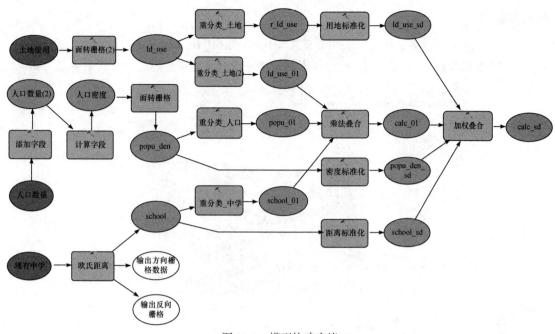

图 28-5 模型构建完毕

28.7 模型的运行和维护

28.7.1 验证、运行模型

如果模型构建器已关闭，到\gisex_dt10\ex28\文件夹内展开工具箱 ex_box，鼠标右键点击 ex28_01，选择"编辑"，就打开了模型构建器和已经保存的模型图 ex28_01。

在模型构建器上方的菜单中，选用"模型→验证整个模型"。如果验证正确，ArcGIS 将已运行过的模型变为准备运行状态。school、人口数量(2)、人口密度、popu_den、ld_use 等多个数据集椭圆以及对应的工具方框的阴影会消失。此时，模型可以再次运行。

如果"人口数量"开始的一系列工具、变量的颜色消失，变成无色透明，表明验证有问题。原因是前置运行中已经为多边形 lduse_B 的要素属性表添加了字段 density，工具"添加字段"无法正常运行，也引起后续一系列工具都不正常。有两种解决途径：一是在多边形 lduse_B 要素属性表中的删除字段 density，二是"人口数量"变量连接到"计算字段"工具，删除"添加字段"工具、"人口数量(2)"变量及无用的连接。然后再次选用菜单"模型→验证整个模型"，和人口有关的一系列工具、变量的颜色恢复正常，提示模型可以运行。

在"目录"窗口中，将 DBtemp.gdb 中前置计算产生的数据项都要删除，才能选用菜单"模型→运行"，执行整个计算过程，中间结果和最终结果 calc_sd 均按预先的设置，保存在地理数据库 DBtemp.gdb 中。

在"目录"窗口中，右键点击 calc_sd，选用快捷菜单"属性..."，在"栅格数据集属性"显示框内可看到该数据集的基本统计结果：

最小值：0

最大值：0.6920

平均值：0.2221

标准差：0.2632

在 ArcMap 中将栅格 calc_sd，矢量要素类 scho_B，road_B，lduse_B 加载到当前的数据框，用由浅到深的渐变色显示 calc_sd，颜色越深的位置评价分值越高，越适合新建中学(图 28-6)。

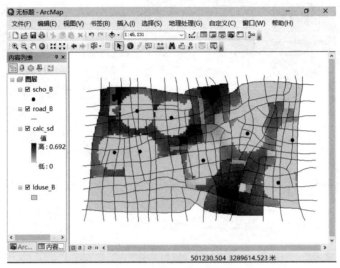

图 28-6　中学选址标准化加权评价专题图

28.7.2　模型维护

点击"模型构建器"工具条上的图标 ■，或者选用菜单"模型→保存"，整个模型会保存到\gisex_dt10\ex28\ex_box.tbx 中，关闭模型构建器窗口。

在 ArcMap 的"目录"窗口中路展开工具箱\gisex_dt10\ex28\ex_box.tbx，右键点击 ex28_01，快捷菜单中选择"编辑"，该模型再次打开、编辑、修改、验证、再运行。ArcGIS 中，以.tbx 为后缀表示工具箱文件，一个工具箱内允许多个模型，文件可以复制到不同的计算机，运行、维护、共享。

在模型构建器菜单中，如果选用"模型→导出→至图形"，则将该模型转换成图像、图形文件(如 png，jpg，bmp，pdf 等格式)，可作为图片插入到文字报告或其他电子文档中，还可导出为 Python 脚本语言程序代码，供进一步编程使用。

28.8　本 章 小 结

ArcGIS 有多种再开发途径，模型构建器(Model Builder)是简单、易学、易用的一种。它将 ArcToolbox 的各种工具组合起来，使冗长的交互式操作流程化，传统的批处理可视化，使用户将注意力侧重于数据、工具的逻辑关系，模型可保存、修改、调试，反复运行，在不同用户之间共享。模型构建器既可在 ArcMap 下也可在 ArcCatalog 下组建、运行，操作方式相同。

模型在计算过程中会产生中间数据，如果已经存在、名称相同，再次运行前，要删除，还要验证输入数据是否存在，变量、工具、参数的设置、连接是否匹配、有效，经验证后，进入可运行状态，运行或再次运行。

评价指标标准化，要知道最小值、最大值，字符型栅格转换为数值，要用重分类工具，输入数据必须存在，否则无法正常设置对照表，为此不得不先运行前置的部分。其他工具的输入数据，不知道具体内容，就可完成设置、构建。

完成本章练习，会改变练习数据内容，将\gisex_dt10\DATA\路径下的原始文件覆盖至\gisex_dt10\ex28\，数据内容就恢复到练习之前的状态。

思　考　题

1. 将本练习建立的工具箱和数据源复制给他人，再运行。

2. 本章练习按标准化加权方法来实现，如果要实现第 12 章中非标准化的前半部分，可利用已经建立、保存的模型，编辑、修改、验证、运行、另存。

第 29 章　基于网络的设施服务水平

29.1　概　　述

服务区(Service Area)是一个较常用的空间概念, 缓冲区(Buffer Zone)是产生服务区的简单方法, 基于网络的服务区比圆形缓冲区精确, 可考虑交通走向、速度等因素。第 22 章已比较了两者的差异, 本章练习基于道路网络, 产生距公园 800 米的服务区, 估计服务区范围内大致有多少居民, 再按公园的服务容量, 计算人均服务水平, 用专题地图显示。还可进一步获得其他指标:

(1) 服务区人均服务量(公园总服务量/服务区总人口)。

(2) 公园服务人口比例(服务区总人口/规划区总人口)。

(3) 公园服务面积比例(服务区总面积/规划区总面积)。

为练习准备好的空间、属性数据有 3 项:

(1) 公园: 点要素类。空间位置定在主入口, 有公园名称(Park_Name), 服务容量(Capacity, 对应该公园有效活动面积)等属性。

(2) 道路: 线要素类。可计量每路段长度, 计算沿路步行距离。

(3) 人口统计区: 多边形要素类。每个多边形有居住人口属性(Popu), 表示公园的需求。人口统计范围也是规划区范围。

29.2　建立网络数据集

启动 ArcCatalog, 选用主菜单"自定义→扩展模块...", 勾选 Network Analyst, 按"关闭"键。窗口左侧目录树中展开\gisex_dt10\ex29\DBex29.gdb(如果 ex29 无法出现, 可借助文件夹连接按钮), 鼠标右键点击 DTsetA, 选择快捷菜单"新建→网络数据集...", 出现提示:

输入网络数据集的名称: roadnet	键盘输入
选择网络数据集的版本: 10.1	下拉选择

按"下一页"键, 提示: "参与到网络数据集的要素类", 仅勾选"☑ road", 按"下一页"键, 提示: "是否要在此网络中构建转弯模型?", 选择"⊙ 否", 按"下一页"键, 点击按钮"连通性...", 显示:

连通性组

源	连通性策略	1
Road	端点	☑

按"确定"键返回, 再按"下一页"键, 提示: "如何对网络要素的高程进行建模?", 选择"⊙ 无", 按"下一页"键, 有如下提示:

为网络数据集指定属性：

名称	用法	单位	数据类型
长度	成本	米	双精度

　按"下一页"键，出现关于"出行模式"的对话框，本练习不考虑，按"下一页"键，再提示："是否要为此网络数据集建立行驶方向设置？"，默认为"⊙ 否"，按"下一页"键，提示："□ 构建服务区索引"，不选，按"下一页"键，出现"摘要"显示框，按"完成"(或回车)键，再提示："新网络数据集已创建。是否立即构建？"，选择"是"，网络数据集完成初始构建。可以看到 DTsetA 中增加了 roadnet 和 roadnet_Junctions 两个要素类。关闭 ArcCatalog。

29.3　生成公园服务区

29.3.1　设置处理环境

　启用地图文档\gisex_dt10\ex29\ex29.mxd，当前数据框内，有"公园""人口统计区"两个图层。选用主菜单"自定义→扩展模块…"，勾选 Network Analyst，关闭对话框。点击添加数据工具✥，在\gisex_dt10\ex29\DBex29\DTsetA\路径下，选择网络边数据 roadnet，点击"添加"键，提示："是否还要将参与到 roadnet 中的所有要素类添加到地图？"，选择"否"，roadnet 网络边被加载(图 29-1)。

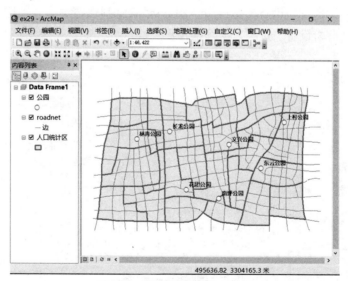

图 29-1　加载网络数据 roadnet

　选用主菜单"地理处理→环境…"，进一步设置：

工作空间→当前工作空间：\gisex_dt10\ex29\DBtemp.gdb	借助文件夹按钮添加
工作空间→临时工作空间：\gisex_dt10\ex29\DBtemp.gdb	借助文件夹按钮添加
输出坐标系：与输入相同	下拉选择
处理范围：与图层 roadnet 相同	下拉选择

　按"确定"键返回。

29.3.2　产生基于网络的服务区

主菜单中选用"自定义→工具条→Network Analyst"，调出网络分析工具条，在网络分析工具条中，点击按钮 ，出现 Network Analyst 窗口。在工具条的左侧，下拉选择"Network Analyst→新建服务区"，网络分析窗口中出现"设施点、面、线、点障碍、线障碍、面障碍"等目录，在内容列表中出现一个新的图层组"服务区"。在 Network Analyst 窗口中，鼠标右键点击"设施点(0)"，选择快捷菜单"加载位置…"，继续操作：

加载自：公园		下拉选择
☑ 仅显示点图层		勾选
位置分析属性		
属性	字段	默认值
Name	Park_Name 表中下拉选择	<空白>
CurbApproach	<空白>	车辆的任意一侧(默认)
Atrr_长度	<空白>	0
Breaks_长度	<空白>	<空白>
位置定位：⦿ 使用几何		点选
搜索容差　　100　　米		键盘输入，下拉选择

后续内容均为默认，按"确定"键返回。网络分析窗口中"设施点(0)"变成"设施点(7)"，地图上也出现 7 个设施点，位置和"公园"重合。

在内容列表中，鼠标右键点击图层组"服务区"，选择快捷菜单"属性…"，弹出图层属性对话框，进入"分析设置"选项，继续操作：

阻抗：长度(米)	下拉选择
默认中断：800	键盘输入服务区的最大距离
☐ 使用时间	取消勾选
方向：⦿ 离开设施点	点选
交汇点的 U 形转弯：允许	下拉选择，允许任何位置调头
☑ 忽略无效位置	勾选

进入"面生成"选项：

☑ 生成面	勾选
面类型	
⦿ 详细	点选，产生详细的多边形
☐ 修剪面	取消勾选
排除的源	
☐ road	空白，不勾选
多个设施点选项	
⦿ 不叠置	点选
叠置类型	
⦿ 环	点选，服务区呈环状

进入"线生成"选项：

☑ 生成线	勾选
☐ 生成测量值	取消勾选
☑ 在中断处分割线	勾选
☐ 包括网络源字段	取消勾选

叠置选项

⦿ 不叠置	点选

进入"累积"选项:

☑ 长度　　米	勾选

按"确定"键,关闭"服务区"的图层属性对话框。点击网络分析工具条上的求解按钮▦,产生服务区。可看到每个公园有自己的服务区,林青公园和长龙公园,花团公园和南坪公园之间有分界线,另有小部分超出了人口统计区(图 29-2)。

在两个相邻服务区的交界处,放大地图显示,利用要素"识别"工具❶,点击边界左侧一段路径(图 29-3 中左侧颜色较浅那段),可显示:

FacilityID	3	自动产生的公园用户标识
FromCumul_长度	376.2806	从设施到本段路径起始点的累计长度
ToCumul_长度	584.1066	从设施到本段路径终止点的累计长度

到边界另一侧,点击查询相交汇的右侧那段路径(图 29-3 右,浅色),可以看出字段"ToCumul_长度"的取值和左侧那段相同,这就说明,分别从两个公园出发,到达分界线的距离相同。在服务区外侧边界,点击任何一段路径,均可以验证字段"ToCumul_长度"的取值都是 800。

内容列表中,展开组合图层"服务区",打开"面"的图层属性表,字段 Name 为每个服务区的名称,属性值为公园名称加起始、终止距离,前半段是加载设施点时选定 Park_Name,后半段在网络分析过程中自动添加。

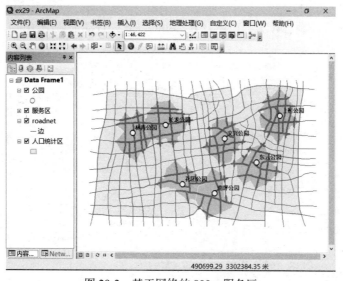

图 29-2　基于网络的 800m 服务区

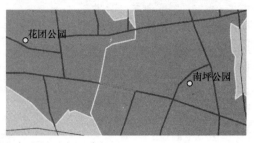

图 29-3　两个服务区的相邻边界、交汇路径

29.4　估算服务区人口

29.4.1　计算统计区的人口密度

内容列表中打开"人口统计区"的图层属性表，字段 Shape_Area 为人口统计区每个多边形的面积，Popu 为每个统计区的人口数。点击左上角表选项菜单"▤▾→添加字段…"，输入字段名称为 Pop_den，数据类型为"浮点型"，按"确定"键返回。鼠标右键点击字段名 Pop_den，选择快捷菜单"字段计算器…"，在窗口下方"Pop_den ="的提示下，用鼠标点击、选择输入：[Popu] / [Shape_Area]，按"确定"键，字段 Pop_den 赋值为人口密度。属性表可关闭。

29.4.2　服务区和人口统计区相叠合

选用"ArcToolbox→分析工具→叠加分析→相交"，进一步操作：

输入要素：	两次下拉选择
服务区\面	展开后选择"面"
人口统计区	下拉选择
输出要素类：\gisex_dt10\ex29\DBtemp.gdb\Intersect	保存在 Geodatabase
连接属性(可选)：ALL	下拉选择
XY 容差(可选)：	不设定，按默认值处理
输出类型(可选)INPUT	默认或下拉选择

按"确定"键，经叠合计算，产生要素类 Intersect，自动加载(图 29-4)。

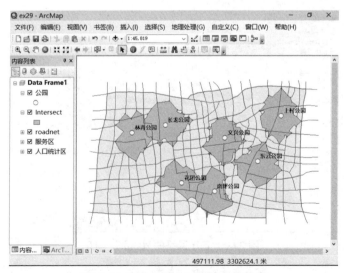

图 29-4　服务区和人口统计区的叠合

29.4.3　归并服务区、汇总人口数

要素类 Intersect 排除了人口统计区以外的位置，打开该图层的属性表，字段 Name，来自"服务区"的"面"要素类，还有人口(Popu)、人口密度(Pop_den)来自"人口统计区"，多边形面积(Shape_Area)自动产生。鼠标右键点击字段名 Popu，打开"字段计算器…"，窗口下方提示"Popu ="，用鼠标点击、选择输入：[Pop_den] * [Shape_Area]，按"确定"键，字段 Popu 被重新赋值，从叠合前的统计区人口数，变为叠合后每个多边形内的估计人口数。属性表可关闭。

选用"ArcToolbox→数据管理工具→制图综合→融合"，继续设置：

输入要素：Intersect	下拉选择
输出要素类：\gisex_dt10\ex29\DBtemp.gdb\Dissolve	保存在 Geodatabase
融合_字段(可选)	
☑ Name	按服务区名称归并
统计字段(可选)	下拉选择 Popu，估计人口数
字段　　　　统计类型	
Popu　　　　SUM	表中下拉选择，人口数累加
□ 创建多部件要素(可选)	取消勾选
□ 取消线分割(可选)	取消勾选

按"确定"键，计算产生 Dissolve，再现 7 个独立多边形，为 7 个公园的服务区，打开图层属性表，可看出每个服务区的估计人口数：

Name(服务区名称)	SUM_Popu(估计人口)
东云公园: 0 - 800	9741.724
花团公园: 0 - 800	6886.390
林青公园: 0 - 800	18744.325
南坪公园: 0 - 800	6296.863
上村公园: 0 - 800	13159.100
文兴公园: 0 - 800	18903.304
长龙公园: 0 - 800	29741.311

29.5　计算服务水平

在 Dissolve 图层属性表中，鼠标点击表选项菜单"▤▾→添加字段…"，输入字段名 Capa_Popu，数据类型"浮点型"，按"确定"键返回，属性表增加了一个新字段。鼠标右键点击字段名 Name，选择快捷菜单"字段计算器…"，窗口下方提示："Name ="，继续操作：

⊙ 字符串	在窗口右半部"类型"列下点选
Left([Name], 4)	鼠标选函数、字段，键盘补充输入，获得左侧 4 个字符

按"确定"键执行，字段 Name 中，表示服务区起始、终止距离的部分(: 0 - 800)消失，留下公园原始名称，便于和"公园"的图层属性表连接。点击"▤▾→连接和关联→连接…"，继续操作：

要将哪些内容连接到该图层：某一表的属性	下拉选择
1. 选择该图层中连接将基于的字段：Name	下拉选择
2. 选择要连接到此图层的表，或者从磁盘加载表：公园	下拉选择

3. 选择此表中要作为连接基础的字段：Park_Name　　　　　　下拉选择

◉ 仅保留匹配记录　　　　　　　　　　　　　　　　　　　点选

按"确定"键，图层"公园"的属性表被连接到 Dissolve 的要素属性表中，使后者增加字段 Capacity(每个公园的服务容量)。标准工具条中点击按钮，调出编辑器工具条，选择下拉菜单"编辑器→开始编辑"，随后选择要编辑的要素类 Dissolve，按"确定"键返回。鼠标右键点击字段名 Capa_Popu，选择快捷菜单"字段计算器…"，窗口下方提示："Dissolve.Capa_Popu ="，鼠标点击、选择：[Park.Capacity] / [Dissolve.SUM_Popu]，按"确定"键执行，字段 Capa_Popu 被赋值，表示每个服务区人均公园服务量(即服务水平)：

Name 公园名称	SUM_Popu 估计人口数	Capa_Popu 人均公园服务量	Capacity 公园服务容量
东云公园	9741.724	6.87763	67000
花团公园	6886.390	13.35968	92000
林青公园	18744.325	4.00121	75000
南坪公园	6296.863	4.44666	28000
上村公园	13159.100	4.02763	53000
文兴公园	18903.304	2.16893	41000
长龙公园	29741.311	1.98377	59000

到编辑器工具条选择"编辑器→停止编辑"，保存编辑结果，关闭属性表。进入"Dissolve→图层属性→符号系统"选项，左上侧"显示"框内选择"类别→唯一值"，中间"值字段"下拉表中选择 Capa_Popu，下侧点击"添加所有值"键，"色带"下拉表中重选一种渐变色带，取消<其他所有值>前的勾选，按"确定"键关闭对话框，得到公园服务水平专题图(图 29-5)。

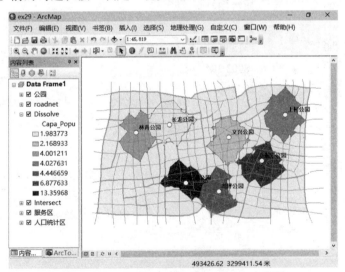

图 29-5　"公园服务容量/服务人口"专题图

29.6　计算有关指标

本章开始，曾建议用若干指标评价公园的服务水平，现在可按需要打开对应的属性表，鼠标右键点击需要计算的字段，选择快捷菜单"统计"，得到评价所需的基础数据，对应的属性表及其字段名为：

"公园"的 Capacity 总和为公园总服务量(415000)

"人口统计区"的 Popu 总和为规划区总人口(278917)

"人口统计区"的 Shape_Area 总和为规划区总面积(20693726.2)

"Dissolve"的 SUM_Popu 总和为服务区总人口(103473.0)

"Dissolve"的 Shape_Area 总和为服务区总面积(6825682.9)

根据上述计算结果，用其他计算工具，可进一步得到(因软件版本、初始设置不同，计算结果可能会有少量差异)：

服务区人均服务量=公园总服务量/服务区总人口(4.0107)

公园服务人口比例=服务区总人口/规划区总人口(0.3710)

公园服务面积比例=服务区总面积/规划区总面积(0.3298)

练习结束，选用菜单"文件→退出"，提示是否保存对地图文档做过的改动，如果希望本练习完成后，不影响以后、他人的练习，应选"否(No)"。

29.7　本 章 小 结

本练习涉及多种方法，过程较长，可分为 4 个阶段、11 个步骤：

(1) 产生服务区 2 个步骤：①建立网络数据集；②产生服务区。

(2) 估算每个服务区人口数 4 个步骤：①计算统计区人口密度；②服务区和统计区叠合；③计算服务范围内人口分布；④按服务区归并多边形、汇总人口数。

(3) 计算每个服务区服务水平 3 个步骤：①服务区和公园属性表连接；②按独立服务区计算人均公园服务量；③定义服务水平专题图。

(4) 计算有关指标 2 个步骤：①利用属性统计功能获得评价基础数据；②用基础数据进一步组合计算。

产生服务区前，设施点名称选为 Park_Name，属性值被带到"服务区"的"面"要素类中，用于多边形归并，再用于公园属性表连接。如果没有这一步，归并多边形可借助用户标识字段 FacilityID，通过空间连接、属性连接获得公园服务容量。

初次练习可能过于关注单步操作的正确性，完成练习后，除了要回顾单步骤的含义，还要知道各项功能、要素、属性之间的相互关系。

完成本章练习，会改变练习数据内容，将\gisex_dt10\DATA\路径下的原始文件覆盖至\gisex_dt10\ex29\，数据内容就恢复到练习之前的状态。

思 考 题

1. 每个服务区如何获得 800 米范围内的居住人口。

2. 如果"公园"图层属性表中没有字段 Park_Name，如何靠其他途径使服务区获得公园服务容量，读者自己尝试。

3. 尝试用模型构建器(Model Builder)完成本练习的某部分。

第30章 复杂地形中的选址

30.1 概　　述

30.1.1 基本背景

　　某区域需选址建设一处火电厂，区域面积约6000平方千米(图30-1)。区域内有一处煤矿，为火电厂的煤炭来源。东侧有湖泊，为火电厂水源。有三条铁路主线，需修建一条专用铁路支线，用于煤炭运输。区域内还有三个城镇，一处森林公园。火电厂的建设要考虑很多因素，某些和地理位置无关，如发电设备、厂房、对排放烟气的净化处理等。与地理位置有关的因素中影响较大的有两类：

　　(1) 环境因素。城镇、森林公园对电厂位置有限制，明显不符合要求的位置将排除在外。

　　(2) 经济因素。水源供应、铁路支线、煤炭运输都对电厂的建设、运营费用有影响。

　　本练习使用的基本数据有以下5种：

　　(1) 区域范围，多边形。分为城镇、湖泊、森林公园、范围内、范围外5类。

　　(2) 研究边界，多边形。由区域范围的"范围外"界定。

　　(3) 铁路主线，线。区域内已有铁路主线。

　　(4) 煤矿，点。区域内的煤矿。

　　(5) 地形高程，点。测量得到的地形高程点。

30.1.2 选址评价方法

　　(1) 环境。新建电厂应和现有城镇、森林公园保持一定距离，也不能选在预定的研究边界之外。

　　(2) 水源。发电用水取自东侧的湖泊，费用与输水距离、地形起伏有关，前者为输水管道的建设成本，后者包括泵站建设和运营费用。

　　(3) 铁路支线。新建铁路支线从现有铁路主线引出，延伸到电厂。铁路支线的修建费用除了和现有铁路的距离有关，也和地形变化有关，当地形坡度较大时，就要增加土石方工程量，还可能修建隧道、桥梁。

　　(4) 煤炭运输。煤矿到火电厂的运输费用主要由距离决定，包括铁路主线运距和支线运距两部分。

　　(5) 多因子综合。取水费用、铁路支线修建费用、煤炭运输费用可以叠加计算，得到综合总费用，同时也受环境因素的限制，汇总后得到电厂选址的综合评价结论。

　　本练习的分析方法大都基于栅格。

30.2 环境限制分析

30.2.1 栅格分析的初始设置

　　启用地图文档\gisex_dt10\ex30\ex30.mxd，数据框仅有 Data frame1(图30-1)，进入"数据

框属性→常规"选项,确认"地图"和"显示"单位为"米",按"确定"键返回。主菜单中选择"地理处理→环境...",进一步设置:

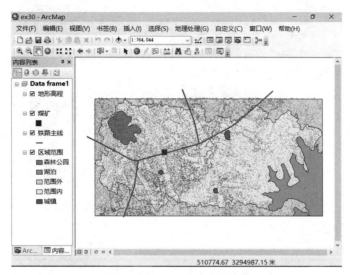

图 30-1　Data frame1 的显示

工作空间→当前工作空间: \gisex_dt10\ex30\DBtemp.gdb　　　借助文件夹按钮添加

工作空间→临时工作空间: \gisex_dt10\ex30\DBtemp.gdb　　　借助文件夹按钮添加

输出坐标系: 与输入相同　　　　　　　　　　　　　　　　下拉选择

处理范围: 与图层 区域范围 相同　　　　　　　　　　　　下拉选择

栅格分析→像元大小→如下面的指定: 1000　　　　　　　下拉选择,键盘输入

其他设置均按默认

　　按"确定"键。选用主菜单"自定义→扩展模块...",加载 Spatial Analyst 许可证,返回。

　　按前期研究,不能选为电厂的位置有 4 个条件:①湖泊;②现有城镇及其周边 3 千米范围;③森林公园及其周边 5 千米范围;④研究边界之外。

30.2.2　确定城镇周边 3km 范围

　　选用主菜单"选择→按属性选择...",进一步设置:

图层: 区域范围　　　　　　　　　下拉选择

方法: 创建新选择内容　　　　　　　下拉选择

　　在下方文本框借助鼠标选择输入:

"CLASS" LIKE 'town'

　　按"应用"键,可看到地图上 3 个城镇多边形进入选择集,按"关闭"键返回。选用"ArcToolbox→Spatial Analyst 工具→距离→欧氏距离",继续设置:

输入栅格数据或要素源数据: 区域范围　　　　　　　　　下拉选择

输出距离栅格数据: \gisex_dt10\ex30\DBtemp.gdb\D_town　　　处理结果的路径和名称

输出像元大小(可选): 1000　　　　　　　　　　　　　按处理环境设置

距离法(可选): PLANAR　　　　　　　　　　　　　　下拉选择

其他设置保持空白或默认

按"确定"键,产生距现有城镇的距离栅格 D_town,自动加载(图 30-2)。选用"ArcToolbox→Spatial Analyst 工具→重分类→重分类",进一步设置:

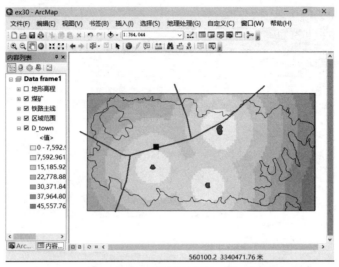

图 30-2 离开现有城镇的距离栅格

输入栅格: D_town　　　　　　　　下拉选择

重分类字段: Value　　　　　　　　默认

点击右侧"分类"按钮,进入"分类"对话框:

分类>方法: 相等间隔　　　　　　　下拉选择

分类>类别: 2　　　　　　　　　　下拉选择

按"确定"键返回,键盘输入重分类对照表:

旧值	新值	
0 – 3000	NoData	(距现有城镇的距离必须大于 3000 米)
3000 – 53200	1	(距离超过 53200 米肯定在区域范围之外)
NoData	NoData	

输出栅格: \gisex_dt10\ex30\DBtemp.gdb\R_town

按"确定"键,产生新的分类栅格 R_town,自动加载,该栅格的单元离开城镇的距离大于 3000 米,在区域范围内。图层 D_town 对以后计算不再起作用,鼠标右键点击图层名 D_town,选择快捷菜单"移除",数据框得到精简。

30.2.3　确定森林公园周边 5 千米范围

用要素选择工具,使多边形"森林公园"进入选择集,选用"ArcToolbox→Spatial Analyst 工具→距离→欧氏距离",进一步设置:

输入栅格数据或要素源数据: 区域范围　　　　　　　　下拉选择

输出距离栅格数据: \gisex_dt10\ex30\DBtemp.gdb\D_forest

输出像元大小: 1000　　　　　　　　　　　　　　按初始设置

距离法: PLANAR　　　　　　　　　　　　　　默认

其他设置保持空白或默认

按"确定"键,产生离开森林公园的距离栅格 D_forest,自动加载(图 30-3)。选用"ArcToolbox→Spatial Analyst 工具→重分类→重分类",进一步设置:

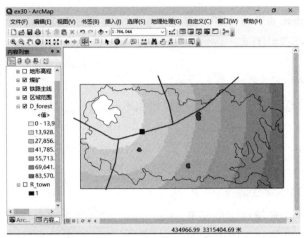

图 30-3　离开森林公园的距离栅格

输入栅格：D_forest　　　　　　　　下拉选择

重分类字段：Value　　　　　　　　默认

点击右侧"分类"按钮，进入"分类"对话框：

分类>方法：相等间隔　　　　　　　下拉选择

分类>类别：2　　　　　　　　　　下拉选择

按"确定"键返回，键盘修改重分类对照表：

旧值	新值	
0 − 5000	NoData	(距森林公园的距离必须大于 5000 米)
5000 − 97500	1	(距离超过 97500 米肯定在区域范围之外)
NoData	NoData	

输出栅格：\gisex_dt10\ex30\DBtemp.gdb\R_forest

按"确定"键，产生新的分类栅格 R_forest，自动加载，该栅格只有距森林公园的距离大于 5000 米的单元。鼠标右键点击图层名 D_forest，选择菜单"移除"，数据框得到精简。

30.2.4　产生只包括"范围内"的栅格

打开图层"区域范围"的要素属性表，点击左上角表选项菜单"▤▾→添加字段…"，继续操作：

名称：Value

类型：短整型

按"确定"键返回。如果属性表内有记录进入选择集，点击按钮☒，清空选择集，鼠标右键点击表中字段名 Value，选择菜单"字段计算器…"，在"Value ="的提示下，在下部的文本框内输入：1，按"确定"键返回。可观察到每条记录的字段 Value 都取值为 1，核实后关闭属性表，返回 Data frame1。

用要素选择工具▧，使图层"区域范围"中的多边形"范围内"进入选择集，选用"ArcToolbox→转换工具→转为栅格→面转栅格"，进一步设置：

输入要素：区域范围　　　　　　　　　　　　　　下拉选择

值字段：Value　　　　　　　　　　　　　　　　下拉选择

输出栅格数据集：\gisex_dt10\ex30\DBtemp.gdb\Site　　　　键盘输入

像元分配类型：CELL_CENTER　　　　　　　　　　　　　下拉选择

优先级字段：NONE　　　　　　　　　　　　　　　　　　下拉选择

输出像元大小：1000　　　　　　　　　　　　　　　　　按初始设置

按"确定"键，"范围内"多边形转换成栅格 Site，自动加载。

30.2.5　环境因子综合

选用"ArcToolbox→Spatial Analyst 工具→地图代数→栅格计算器"，进一步操作：

"R_town" * "R_forest" * "Site"

输出栅格：\gisex_dt10\ex30\DBtemp.gdb\R_site

按"确定"键，产生环境评定栅格 R_site，自动加载(图 30-4)。显然可建设电厂的栅格应取值 1，不可建设电厂的栅格应取值为 NoData(空值)。打开图层 R_site 属性表 ，显示如下：

Value(单元取值)　　　　　Count(单元累计)

　　1　　　　　　　　　　　　3493

栅格单元大小为 1000 米×1000 米，可建设范围 3493 平方千米。清空选择集，关闭属性表。

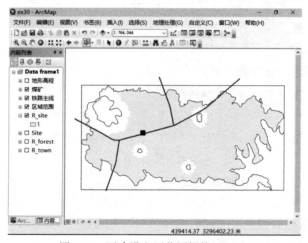

图 30-4　可建设电厂范围栅格(R_site)

30.3　计算取水费用

发电用水费用和取水距离、地形高程有关，从湖泊沿岸取水、提升、加压，靠专用管道输往电厂。由于取水口的一级泵站加压能力有限，在输水过程中，当地面高差大于 50 米，要建设升压泵站，这就增加了输水费用。因此用水费用受输水管长度、地形高差 2 个因素的影响，这是一个典型的成本距离问题。

选用主菜单"插入→数据框"，产生"新建数据框"，将名称改为 Data frame2。借助键盘 Ctrl 键，分别用鼠标在 Data frame1 中点击图层名称"地形高程"、"区域范围"和"R_site"，再用鼠标右键，选择"复制"，鼠标右键点击图层名 Data frame2，选择快捷菜单"粘贴图层"，将上述 3 个图层复制到 Data frame2。

30.3.1　建立"成本"栅格

选用主菜单"自定义→扩展模块…"，加载 3D Analyst 许可证，返回。用按钮清空选择集，选用"ArcToolbox→3D Analyst 工具→数据管理→TIN→创建 TIN"，进一步设置：

输出 TIN：\gisex_dt10\ex30\tin1　　　　　　　　　结果的路径及名称

坐标系(可选)：CGCS2000_GK_CM_117E　　　　　　下拉展开"图层"，选择"地形高程"

输入要素类(可选)：地形高程　　　　　　　　　下拉选择图层名

输入要素	高度字段	类型	Tag Field
地形高程	ELEVATION (下拉选择)	Mass_Points(默认)	<None> (默认)

□ 约束型 Delaunay(可选)　　　　　　　　　　　　　　不勾选

按"确定"键，产生不规则三角网 tin1，自动加载(图 30-5)。再将 TIN 转换成高程栅格，选用"ArcToolbox→3D Analyst 工具→转换→由 TIN 转出→TIN 转栅格"，进一步设置：

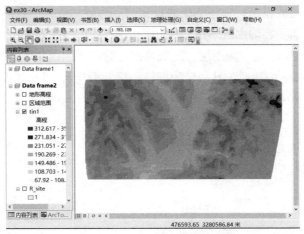

图 30-5　三角网地形高程模型

输入 TIN：tin1　　　　　　　　　　　　　　　　下拉选择或键盘输入

输出栅格：\gisex_dt10\ex30\DBtemp.gdb\Site_elev1　路径和数据项名称

输出数据类型(可选)：FLOAT　　　　　　　　　　下拉选择

方法(可选)：LINEAR

采样距离(可选)：CELLSIZE 1000　　　　　　　　先下拉选择，再修改栅格单元大小

Z 因子(可选)：1　　　　　　　　　　　　　　　默认

按"确定"键，TIN 转换成按高程分类的栅格 Site_elev1。高程栅格还不能直接反映水的输送费用，需再分类。规则为：地面高程<100 米，不计高程变化带来的额外费用，按栅格单元的大小，每个栅格只计算 1000 米的管道长度，成本计为 2(相对值)，地面高程>100 米，高程每上升 50 米，增加 1 个单位的成本，以此类推。选用"ArcToolbox→Spatial Analyst 工具→重分类→重分类"，进一步设置：

输入栅格：Site_elev1　　　　　　下拉选择

重分类字段：Value　　　　　　　默认

点击右侧"分类"按钮，进入"分类"对话框：

分类→方法：相等间隔　　　　　　下拉选择

分类→类别：5　　　　　　　　　下拉选择

按"确定"键返回，键盘修改重分类对照表：

旧值	新值	
100—150	3	(实际计算没有小于 100 的单元)
150—200	4	
200—250	5	
250—300	6	
300—350	7	
NoData	NoData	

输出栅格：\gisex_dt10\ex30\DBtemp.gdb\R_site_elev　　　处理结果路径和名称

　　按"确定"键，产生新的分类栅格，自动加载(图 30-6)。即使在 R_site_elev 范围内，森林公园、城镇依然不能敷设水管，还不能敷设到研究边界之外，但是水管可以沿着森林、城镇的边缘绕行，为此需要在输水成本图层中扣除不能敷设水管的部分，但要保留湖泊。用要素选择工具 ，配合 Shift 键，使图层"区域范围"的"范围内""湖泊"两个多边形进入选择集，选用"ArcToolbox→转换工具→转为栅格→面转栅格"，进一步设置：

输入要素：区域范围　　　　　　　　　　　　　　　　下拉选择

值字段：Value　　　　　　　　　　　　　　　　　　下拉选择

输出栅格数据集：\gisex_dt10\ex30\DBtemp.gdb\S_water

像元分配类型：CELL_CENTER　　　　　　　　　　　下拉选择

优先级字段：NONE　　　　　　　　　　　　　　　　下拉选择

输出像元大小：1000　　　　　　　　　　　　　　　　按初始设置

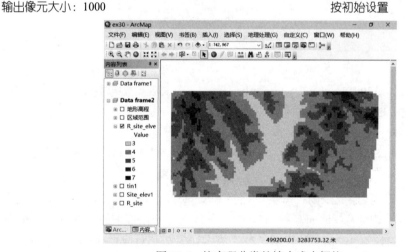

图 30-6　按高程分类的输水成本栅格

　　按"确定"键，"范围内"和"湖泊"多边形转换成栅格 S_water，自动加载。区域范围要素属性表中，Value 的取值为 1，该栅格图层的有效单元取值也都是 1。点击按钮 ，清空选择集，选用"ArcToolbox→Spatial Analyst 工具→地图代数→栅格计算器"，进一步操作：

"R_site_elev" * "S_water"

输出栅格：\gisex_dt10\ex30\DBtemp.gdb\Elev_cost

　　按"确定"键，产生输水单位成本栅格 Elev_cost，自动加载(图 30-7)。因 S_water 有效单元取值为 1，对成本没有影响，排除了"森林公园"和"城镇"的位置。

30.3.2 产生取水费用栅格

对区域范围图层，用要素选择工具 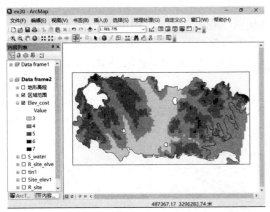 ，使图层"区域范围"的多边形"湖泊"进入选择集，为"源图层"。选用"ArcToolbox→Spatial Analyst 工具→距离→成本距离"，进一步设置：

输入栅格数据或要素数据源：区域范围	下拉选择，水源所在地
输入成本栅格数据：Elev_cost	下拉选择，成本栅格
输出距离栅格数据：\gisex_dt10\ex30\DBtemp.gdb\Calculation1	结果的路径和名称
最大距离(可选)：	不设置，保持空白
输出回溯链接栅格数据(可选)：	不设置，保持空白

按"确定"键，产生栅格 Calculation1，自动加载(图 30-8)。在 Calculation1 的范围内能敷设输水管，若要布置电厂，应扣除城镇和森林公园的周边。点击按钮 🔲，清空选择集，选用"ArcToolbox→Spatial Analyst 工具→地图代数→栅格计算器"，进一步操作：

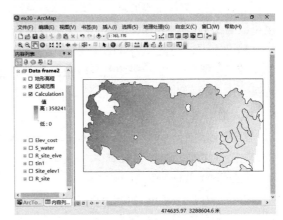

图 30-7 输水单位成本图层(颜色浅的位置单位成本较低)　　图 30-8 取水费用 Calculation1 计算结果(颜色越深、费用越高)

"Calculation1" * "R_site"

输出栅格：\gisex_dt10\ex30\DBtemp.gdb\Water_cost

按"确定"键，产生取水费用栅格 Water_cost，自动加载(图 30-9)。

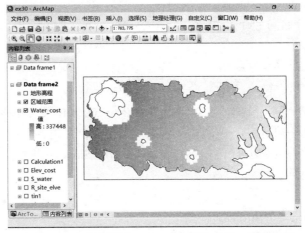

图 30-9 取水费用图层 Water_cost(颜色越深、费用越高)

30.4　计算铁路支线修建费用

铁路支线的修建费用，与取水费用的评价类似，靠成本距离计算，不仅和铁路的修建长度有关，也和地形坡度有关。

选用主菜单"插入→数据框"，产生"新建数据框"，借助鼠标右键，进入"新建数据框→属性...→常规"，将名称改为 Data frame3。借助键盘 Ctrl 键，分别用鼠标在 Data frame1 中点击图层名称"铁路主线""区域范围""R_site"，在 Date frame2 中点击"tin1"，借助鼠标右键，选择"复制"，鼠标右键点击图层名 Data frame3，选择快捷菜单"粘贴图层"，将上述 4 个图层复制到 Data frame3。

30.4.1　建立"成本"栅格

修建铁路成本和地形坡度密切相关。ArcToolbox 不提供 TIN 直接转坡度栅格的功能，直接将已有的高程栅格 Site_elev1 转换成坡度栅格，计算过程简单，但是栅格单元太大(1000 米)，计算精度不高，对此先将 TIN 转换成单元较小的高程栅格，然后转换成坡度栅格，再聚合成单元较大的平均坡度栅格。点击按钮▣，清空选择集，选用"ArcToolbox→3D Analyst 工具→转换→由 TIN 转出→TIN 转栅格"，进一步设置：

输入 TIN：tin1	下拉选择或键盘输入
输出栅格：\gisex_dt10\ex30\DBtemp.gdb\Site_elev2	
输出数据类型(可选)：FLOAT	下拉选择，浮点型
方法(可选)：LINEAR	下拉选择，线性计算
采样距离(可选)：CELLSIZE 100	下拉选择，再修改单元大小
Z 因子(可选)：1	默认

按"确定"键，产生单元大小为 100 米 × 100 米的高程栅格，继续转换为坡度栅格。

选用"ArcToolbox→Spatial Analyst 工具→表面分析→坡度"，进入对话框后，先点击右下侧按钮"环境..."，展开"栅格分析"，将像元大小的下拉表选择为"与图层 Site_elev2 相同"，显示栅格单元大小为 100，按"确定"键返回，继续设置：

输入栅格：Site_elev2	下拉选择
输出栅格：\gisex_dt10\ex30\DBtemp.gdb\Slope1	
输出测量单位(可选)：PERCENT_RISE	百分比为坡度单位
方法(可选)：PLANAR	下拉选择，线性计算
Z 因子(可选)：1	纵向比例不夸张
Z 单位(可选)：METER	默认

按"确定"键，产生一个基本单元大小为 100 米 × 100 米的坡度栅格。选用"ArcToolbox→Spatial Analyst 工具→栅格综合→聚合"，进入对话框后，要先点击右下侧按钮"环境..."，展开"栅格分析"，将像元大小的下拉表选择为"与图层 Slope1 相同"，显示栅格单元大小为 100，按"确定"键返回，继续设置：

输入栅格：Slope1	
输出栅格：\gisex_dt10\ex30\DBtemp.gdb\Slope2	
像元系数：10	经聚合，栅格单元大小从 100 变为 1000

聚合技术(可选)：MEAN　　　　　　　　　　　　下拉选择，取平均值

☑ 需要时扩展范围(可选)　　　　　　　　　　　　默认

☑ 在计算中忽略 NoData(可选)　　　　　　　　　　默认

按"确定"键，基本单元较小的坡度栅格 Slpoe1 聚合为单元较大的坡度栅格 Slope2。

因坡度带来的铁路修建相对的工程成本为：

坡度百分比	相对成本
0－2%	1
2%－5%	2
5%－10%	3
10%－15%	4
>15%	不合适
>20%	排除

选用"ArcToolbox→Spatial Analyst 工具→重分类→重分类"，进一步设置：

输入栅格：Slope2　　　　　　　　　　　　下拉选择

重分类字段：Value　　　　　　　　　　　　默认

点击右侧"分类"按钮，进入"分类"对话框，

分类→方法：相等间隔　　　　　　　　　　　下拉选择

分类→类别：4　　　　　　　　　　　　　下拉选择

按"确定"键返回，进一步修改重分类对照表：

旧值	新值	
0－2	1	
2－5	2	
5－10	3	
10－15	4	(实际计算时，可能没有大于 10 的单元)
NoData	NoData	

输出栅格：\gisex_dt10\DBtemp.gdb\Rec_slope

按"确定"键，产生坡度成本分类栅格，自动加载，坡度大于 10%的单元没出现。铁路和森林公园的距离不能小于 5000 米，和城镇的距离不能小于 3000 米，不能穿越湖泊，不能在"范围外"，对此将坡度成本分类栅格 Rec_slope 和 R_site 叠合。选用"ArcToolbox→Spatial Analyst 工具→地图代数→栅格计算器"，进一步操作：

"Rec_slope" * "R_site"

输出栅格：\gisex_dt10\ex30\DBtemp.gdb\R_slope

按"确定"键，产生支线铁路修建成本计算栅格 R_slope，自动加载(图 30-10)。

30.4.2　计算铁路支线修建费用

有了"源图层"和"成本图层"，就可以计算成本距离。选用"ArcToolbox→Spatial Analyst 工具→距离→成本距离"，进一步设置：

输入栅格数据或要素源数据：铁路主线　　　　　　下拉选择源图层

输入成本栅格数据：R_slope　　　　　　　　　　下拉选择成本栅格

输出距离栅格数据: \gisex_dt10\ex30\DBtemp.gdb\Rail_cost

最大距离(可选):　　　　　　　　　　　　　　　不设置，保持空白

输出回溯链接栅格数据(可选):　　　　　　　　　不设置，保持空白

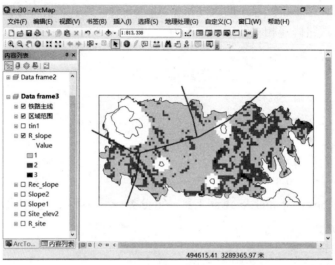

图 30-10　修建铁路支线的成本栅格

按"确定"键，产生铁路支线修建费用栅格 Rail_cost，自动加载(图 30-11)。

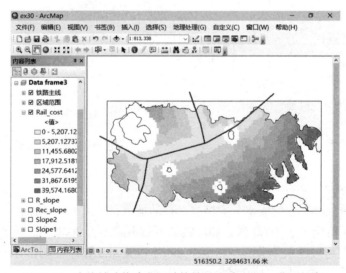

图 30-11　支线铁路修建费用计算结果(颜色越深、费用越高)

30.5　计算煤炭运输费用

　　煤炭从区域内的煤矿运到火电厂，运费是距离的函数。煤矿自身在铁路主线附近，运输费用由铁路主线运距、支线运距两部分组成。参照已经完成的练习，新建数据框 Data frame4，将 Data frame1 中的图层"煤矿""铁路主线""区域范围""R_site"复制到 Data frame4。

30.5.1　建立铁路主线运输成本栅格

　　点击按钮 ⊠，清空选择集。鼠标右键打开图层"铁路主线"的属性表，可看到所有记录

的 Rail_trn 字段取值都是 1，选用"ArcToolbox→转换工具→转为栅格→要素转栅格"，进一步设置：

  输入要素：铁路主线   下拉选择

  字段：Rail_trn   下拉选择

  输出栅格数据集：\gisex_dt10\ex30\DBtemp.gdb\Rail_grid

  输出像元大小：1000   键盘输入

  按"确定"键，线要素"铁路主线"换成栅格数据 Rail_grid，自动加载。

30.5.2 煤炭在铁路主线上的运距

  煤炭在铁路主线上的运距是从煤矿出发沿铁路主线的运输距离。沿铁路线计算运距，要用成本距离计算方法。用鼠标右键打开图层 Rail_grid 的属性表，可以看到栅格数据的所有单元取值都是 1，这样经过每个单元，引起的单位运输成本也是 1，Rail_grid 为"成本栅格"，煤矿位置是"源"。选用"ArcToolbox→Spatial Analyst 工具→距离→成本距离"，进一步设置：

  输入栅格数据或要素源数据：煤矿   下拉选择

  输入成本栅格数据：Rail_grid   下拉选择

  输出距离栅格数据：\gisex_dt10\ex30\DBtemp.gdb\Calculation2

  最大距离(可选)：   不设置，保持空白

  输出回溯链接栅格数据(可选)：   不设置，保持空白

  按"确定"键，产生沿铁路主线的运输距离栅格 Calculation2。

30.5.3 邻近分配

  Calcultion2 中的每个单元取值是煤炭在铁路主线上的运输距离，还要将这一运距的数值分配给区域内其他栅格，使每个栅格都知道将煤炭运到该位置在主线上花了多少运距(支线运距另外计算)。为此，使用栅格型的邻近分配方法(第 13 章曾有练习，为每个消防站分配服务单元，读者可回顾)。邻近分配的计算结果是使新的栅格单元取值等于离它最近的被分配的栅格单元值，根据 Spatial Analyst，被分配单元应该是整数型，但是，用成本距离法产生的铁路主线运距栅格 Calculation2 是浮点型，选用"ArcToolbox→Spatial Analyst 工具→地图代数→栅格计算器"，进一步操作：

  Int("Calculation2")

  输出栅格：\gisex_dt10\ex30\DBtemp.gdb\Calculation3

  按"确定"键，浮点型 Calculation2 转换为整数型 Calculation3，打开它的属性表，可以看到 Value 字段均为整数。选用"ArcToolbox→Spatial Analyst 工具→距离→欧氏分配"，进一步继续设置：

  输入栅格数据或要素数据：Calculation3   下拉选择

  源字段(可选)：Value   下拉选择，煤炭运距

  输出分配栅格数据：\gisex_dt10\ex30\DBtemp.gdb\Main_dist 路径和名称

  输出像元大小(可选)：1000   默认，处理环境设置

  距离法(可选)：PLANAR   下拉选择

  其他选项、设置均为空白或默认

  按"确定"键，生成栅格数据 Main_dist，自动加载，铁路主线运距被分配到了每一个栅格(图 30-12)。

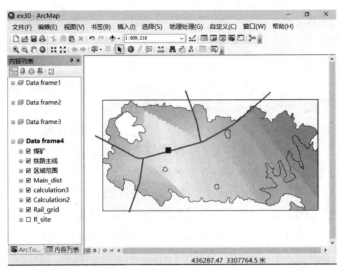

图 30-12　煤炭到达每个栅格单元在铁路主线产生的运距

30.5.4　计算煤炭在支线上的运距

煤炭在铁路支线上的运距等于支线铁路的长度，和上一节铁路支线的修建费用不同，可忽略地形高程和坡度的变化。成本栅格可直接用 R_site(该栅格每个单元均取值为 1，不适合修建支线的位置被排除)，"源"图层为铁路主线栅格 Rail_grid，选用"ArcToolbox→Spatial Analyst 工具→距离→成本距离"，进一步设置：

输入栅格数据或要素源数据：铁路主线　　　　　　　　　　下拉选择

输入成本栅格数据：R_site　　　　　　　　　　　　　　下拉选择，运输的范围

输出距离栅格数据：\gisex_dt10\ex30\DBtemp.gdb\Sub_dist　　结果路径和名称

最大距离(可选)：　　　　　　　　　　　　　　　　　不设置，保持空白

输出回溯链接栅格数据(可选)：　　　　　　　　　　　不设置，保持空白

按"确定"键，产生栅格数据 Sub_dist，煤炭在铁路支线上的运距见图 30-13。

图 30-13　煤炭到达每个栅格单元在铁路支线上的运距

30.5.5　计算煤炭运输费用

煤炭运输费用是总运距和单位距离运输成本的乘积。总运距是铁路主线运距和铁路支线运距之和，可以对 Main_dist 和 Sub_dist 作相加叠合得到，本练习的栅格单元大小为 1000 米 × 1000 米，假设每千米运距的成本为 0.2 个单位。选用 "ArcToolbox→Spatial Analyst 工具→地图代数→栅格计算器"，进一步操作：

("Main_dist"+"Sub_dist") * 0.2

输出栅格：\gisex_dt10\ex30\DBtemp.gdb\Trans_cost

按 "确定" 键，得到煤炭运输费用栅格 Trans_cost，自动加载(图 30-14)。

图 30-14　煤炭运输费用计算结果

30.6　评价指标的标准化、综合化

以上处理得到了取水费用、铁路支线修建费用、煤炭运输费用 3 个单项分析结果图层。这 3 个图层的各自计量单位不同，相互之间的数值差异很大，量纲也不一致，难以相互比较，必须对这三个单项结果作数值的标准化处理。

所谓标准化，是将每个图层中所有栅格的数值，转化成统一的、相对的比值，常用的办法是将每个栅格单元值都转化为 0~1。处理方法有许多种，本练习使用线性比例转换法：

$$x_i' = 1 - \frac{x_i - x_{\min}}{x_{\max} - x_{\min}} \tag{30-1}$$

式中，x_i' 为第 i 个栅格标准化处理后的得分数值；x_i 为第 i 个栅格标准化处理前的初始得分；$x_{\min}$、$x_{\max}$ 分别为所有栅格初始得分中的最低值、最高值。

在本例中，三个费用分析结果的数值都是越小越佳，经以上的标准化处理后，所有数值都转化在 0~1，注意：费用值越小的栅格单元，标准化处理后的数值越大，得分越高。

新建 Data frame5，将 Data frame2 的图层 Water_cost(取水成本)，Data frame3 的图层 Rail_cost(铁路支线修建成本)，Data frame4 的图层 Trans_cost(煤炭运输成本)，复制到 Data frame5 中(为了显示效果，还可从 Data frame1 加入 "煤矿" "铁路主线" "区域范围")。

30.6.1　取水费用的标准化处理

借助鼠标右键，进入 "Water_cost→图层属性→源"，在该选项的属性窗口底部可看到栅

格单元的统计信息:

> 统计值
>
> ...
>
> 最小值　　　　　　　0
>
> 最大值　　　　　　　337448.28125
>
> ...

该栅格数据集中单元取值最大的为 337448.28125，按"确定"键关闭对话框。选用"ArcToolbox→Spatial Analyst 工具→地图代数→栅格计算器"，进一步操作:

> 1 – ("Water_cost" / 337448.28125)　　　　（因最小值为零，计算可简化）
>
> 输出栅格：\gisex_dt10\ex30\DBtemp.gdb\Water_std

按"确定"键，得到标准化以后的取水费用栅格 Water_std(图 30-15)。

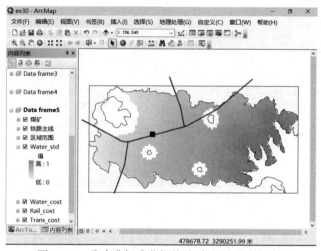

图 30-15　取水费标准化栅格(颜色越浅费用越高)

30.6.2　铁路支线修建费用的标准化处理

借助鼠标右键，进入"Rail_cost→图层属性→源"，在该选项的属性窗口底部可看到栅格单元的统计信息:

> 统计值
>
> ...
>
> 最小值　　　　　　　0
>
> 最大值　　　　　　　53112.69921875
>
> ...

按"确定"键关闭对话框。选用"ArcToolbox→Spatial Analyst 工具→地图代数→栅格计算器"，进一步操作:

> 1 – "Rail_cost"/ 53112.69921875　　　　（因最小值为零，计算可简化）
>
> 输出栅格：\gisex_dt10\ex30\DBtemp.gdb\Rail_std

按"确定"键，得到标准化以后的铁路支线修建费用栅格 Rail_std(图 30-16)。

30.6.3　煤炭运输费用的标准化处理

借助鼠标右键，进入"Trans_cost→图层属性→源"，在该选项的属性窗口底部可看到栅

第 30 章　复杂地形中的选址 ·339·

格单元的统计信息：

　　统计值

　　...

　　最小值　　　　　　　200

　　最大值　　　　　　　19347.95703125

　　...

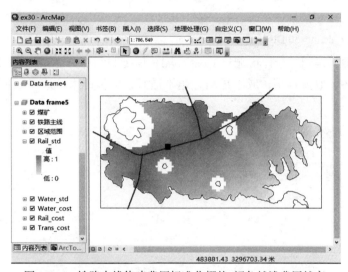

图 30-16　铁路支线修建费用标准化栅格(颜色越浅费用越高)

　　按"确定"键关闭对话框。选用"ArcToolbox→Spatial Analyst 工具→地图代数→栅格计算器"，进一步操作：

　　1 –("Trans_cost"- 200)/(19347.95703125 - 200)

　　输出栅格：\gisex_dt10\ex30\DBtemp.gdb\Trans_std

　　按"确定"键，得到标准化以后煤炭运输费用栅格 Trans_std(图 30-17)。

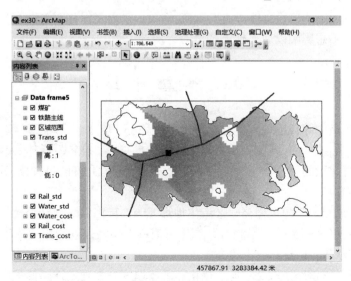

图 30-17　煤炭运输费用标准化栅格(颜色越浅费用越高)

30.6.4　选址评价的指标综合

经过以上多个步骤，已经完成了环境允许、取水费用、铁路支线修建费用、煤炭运输费用 4 个单项因子的评价。在计算取水费用、铁路修建支线费用、煤炭运输费用中已经考虑了环境允许，下一步的综合评价只要针对后 3 个费用因子。已知 3 个费用评价因子有不同的重要性：取水费用的权重为 0.35，铁路支线修建费用权重为 0.2，煤炭运输费用权重为 0.45。选用"ArcToolbox→Spatial Analyst 工具→地图代数→栅格计算器"，进一步操作：

"Water_std" * 0.35 + "Rail_std" * 0.2 + "Trans_std" * 0.45

输出栅格：\gisex_dt10\ex30\DBtemp.gdb\Cost_eval

按"确定"键，得到综合评价栅格 Cost_eval。环境制约部分已扣除，栅格单元的评价值为 0.2768~0.7990，取值越小，成本越高，越不适宜；取值越大，成本越低，越适宜建设电厂(图 30-18)。

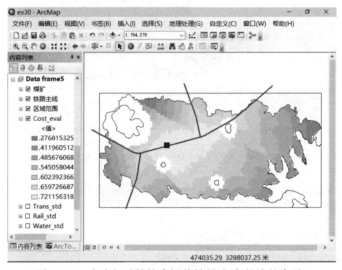

图 30-18　考虑权重的综合评价结果(颜色越浅越合适)

练习结束，选用主菜单"文件→退出"，软件提示是否要保存对地图文档做过的改动，如果本练习完成后，不想影响以后、他人的练习，应选"否"。

30.7　本 章 小 结

本章是基于栅格的综合选址评价分析，可分为环境、取水、铁路、运输、综合 5 个阶段：

(1) 环境。①建立距现有城镇 3 千米以上距离的栅格；②建立距森林公园 5 千米以上距离的栅格；③选出可建设的位置；④3 个栅格叠合，产生环境允许的位置栅格(取名为 R_site，逻辑关系见图 30-19)。

(2) 取水。①湖泊为"源"栅格；②产生地形 TIN，转化成高程分类栅格；③产生可敷设输水管的栅格；④将②和③的结果叠合，产生"成本"栅格；⑤用距离成本计算方法产生取水费用栅格(取名为 Water_cost，图 30-20)。

(3) 铁路修建。①铁路主线为"源"栅格；②按坡度分类确定铁路修建的相对成本；③利用可建设位置栅格排除不可建设位置，产生"成本"栅格；④用距离成本计算方法产生支线铁路修建费用栅格(取名为 Rail_cost，图 30-21)。

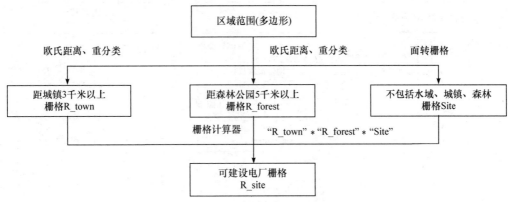

图 30-19　产生环境允许可建设电厂位置栅格

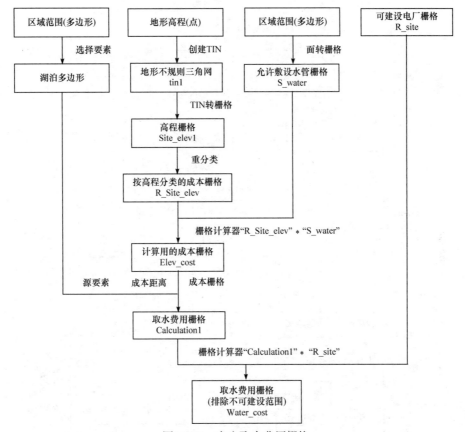

图 30-20　产生取水费用栅格

(4) 煤炭运输。①煤矿为"源"栅格，铁路主线为"成本"栅格，产生沿主线的运距栅格；②用邻近分配法将主线运距值分配给周围每个栅格单元；③铁路主线为"源"栅格，允许建设电厂的位置为"成本"栅格，用距离成本方法产生从主线到各栅格单元的支线运距栅格；④主线运距和支线运距相加，再乘系数，产生煤炭运输费用栅格(取名为 Trans_cost，图 30-22)。

(5) 指标综合。对供水费用(Water_cost)、铁路支线修建费用(Rail_cost)、煤炭运输费用(Trans_cost) 3 个栅格的数值作标准化处理，得到 3 个标准化的栅格：Water_std、Rail_std、

Trans_std。对标准化栅格，按各因子的权重相加，产生选址综合评价栅格(图 30-23)。

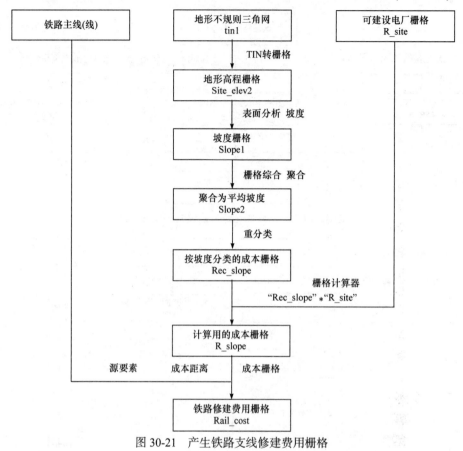

图 30-21　产生铁路支线修建费用栅格

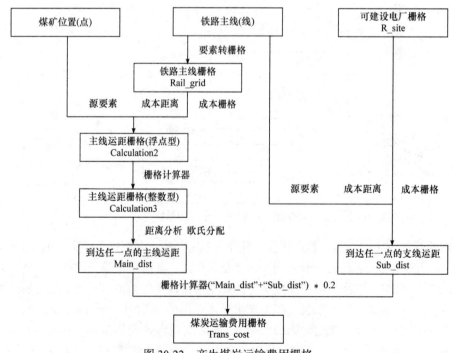

图 30-22　产生煤炭运输费用栅格

　　不可建设位置没有栅格数据，取水成本、铁路修建、煤炭运输分析中都用到，这 3 个栅格数据中均不包括不可建设位置，后续的计算结果中也被排除，因此环境因子不必参加最后的综合。

　　本练习过程长、步骤多，初学者可能会将主要精力用于计算机操作，完成操作后，应回顾、理解练习的含义，这比单纯得到正确的计算结果更重要。对栅格分析方法尚不熟悉的读者可回顾本教材第四篇。若对选址的基本原理尚不熟悉，可参考《地理信息系统及其在城市规划与管理中的应用》第七章，第 74~80 页(宋小冬、叶嘉安，科学出版社，北京，1995 年版)。练习使用的数据、指标、权重均是作者假设。

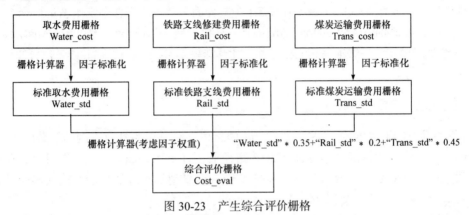

图 30-23　产生综合评价栅格

思　考　题

　　1. 复述煤炭在铁路主线上、支线上运距的计算方法原理。

　　2. 复述输水成本、铁路支线修建成本的计算方法原理。

　　3. 尝试用模型构建器(Model Builder)完成本练习。单个模型太大，可参考逻辑关系图，拆分成相对独立的几段。

附录一　软件平台、练习数据、参考读物

1. 关于软件平台

本教材以美国环境系统研究所公司(Environmental Systems Research Institute，Inc.，ESRI)开发的地理信息系统软件 ArcGIS Desktop 10.8.1 中文界面为蓝本，操作系统用 Windows 10。完成所有练习，除了 ArcMap、ArcCatalog、ArcScene，还要安装 3D Analyst、Network Analyst、Spatial Analyst 三个扩展模块。虽然本书的操作过程、计算结果是 Desktop 10.8.1，读者也可使用10.5～10.7 完成各章练习。

2. 关于练习数据

练习数据集成在压缩文件 GISex_dt10. rar 中，可在科学出版社官方网站下载(获取方式见第四版前言注)。解开压缩后，在\gisex_dt10\路径下，有 ex01，ex02，…，等目录，存放对应的练习数据；DATA 目录下存放练习数据的备份，可复制到对应的目录，使数据恢复到初始状态；MXD 目录下是地图文档(Map Document)的备份文件。

本书假定练习数据安装路径为\gisex_dt10\，实际练习时应按真实路径操作。练习中的小范围地理数据(包括坐标系、坐标值、属性、权重)均为假设。

本书附带的数据仅供练习，不得用于其他业务。

3. 进一步学习的参考读物

ArcGIS Desktop 软件庞大、内容很多，本教材为初学者而编写，若要继续深入了解、掌握软件，应按自己的需要，进一步学习。以下列出基于 ArcGIS，和本教材关系较密切的参考读物。

若将 GIS 一般原理和 ArcGIS 功能相对应，可参考《地理信息系统导论(第 9 版)》，((美)Kang-tsung Chang 著，陈健飞、胡嘉骢、陈颖彪译，科学出版社，2019 年)。

若对 ArcToolbox 作更详细了解，可参考《ArcGIS 学习指南——ArcToolbox》(邢超、李斌，科学出版社，2010 年)。

若要进一步了解 GIS 空间分析一般原理，可参考《GIS 空间分析指南》(张旸译，测绘出版社，北京，2011 年)。原著为 *The ESRI Guide to GIS Analysis，Volume* 1: *Geographic Patterns and Relationships*(Mitchell A，ESRI Press，1999 年)。

若要进一步了解地理数据库的概念以及 Geodatabase 的技术原理，可参考《为我们的世界建模——ESRI 地理数据库设计指南》(张晓祥、张峰、姚静译，人民邮电出版社，北京，2004 年)。原著第二版: *Modeling Our World，The ESRI Guide to Geodatabase Concepts，Second Edition*(Zeiler M，ESRI Press，2011 年)。

《地理信息系统 ArcGIS 从基础到实战》(闫磊、张海龙，中国水利水电出版社，2021 年)较详细介绍了 ArcGIS Desktop 的基础功能。

《ArcGIS 地理信息系统空间分析实验教程(第三版)》(汤国安、杨昕、张海平等，科学出版社，2021 年)对 ArcGIS 空间分析有较详细的介绍。

附录二 拓扑规则说明

地理要素之间存在几何、逻辑关系,可以用拓扑学来表述,称为拓扑关系。拓扑关系是描述地理事物空间关系的基础方法,也可用于数据管理、查询、分析。拓扑关系可进一步定义为拓扑规则,常用于空间数据输入、维护时,判断数据质量,例如,汽车站应该在公交线路上,行政管辖范围不能相互重叠。

本附录依据 ESRI 提供的文档 ArcGIS Geodatabase Topology Rules(电子文件名为 topology_rules_poster.pdf),英语表述和软件对用户的提示、选项一致,利用软件的中文界面,实现中英文对照(参见第 7 章)。同时,按作者的理解,将图示中的英文说明翻译成中文。另外,调整规则的排列顺序,和软件出现的提示、选项顺序一致。

若干专用词汇的简要解释如下:

Be covered by:A 被 B 覆盖,A 的全体和 B 的部分有重叠(或重合)。

Overlap:重叠,A 和 B 有部分重叠,也可能完全重叠(或重合)。

Intersect:交叉,A 和 B 除了交叉,也可能部分重叠(或重合)。

Touch interior:某条线的端点和另一条线的非端点位置有接触。

Geodatabase 可将 Feature Class 的子集定义为 Subtype,本教材未涉及,本附录将两者同等对待。

以下说明所配的插图中,左半部分是符合规则的例子,右半部分是局部不符合规则的例子(颜色偏深)。在现实中有可能是逆向的,将不符合规则作为应用目的。

1. 点拓扑规则

1.1 必须被其他要素的边界覆盖,Must be covered by boundary of

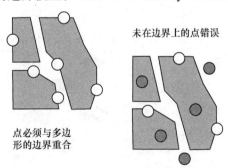

未在边界上的点错误

点必须与多边形的边界重合

1.2 必须被其他要素的端点覆盖,Must be covered by endpoint of

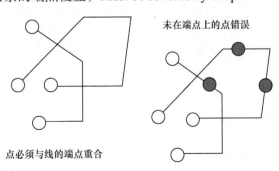

未在端点上的点错误

点必须与线的端点重合

1.3 点必须被线覆盖，Point must be covered by line

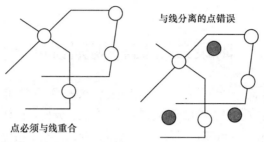

点必须与线重合

1.4 必须完全位于内部，Must be properly inside

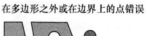

点必须在多边形内部

1.5 必须与其他要素重合，Must coincide with

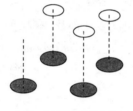
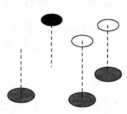

与另一个要素类中的部分点重合

1.6 必须不相交，Must be disjoint

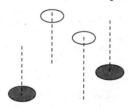
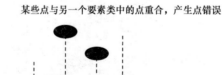

与另一个要素类中的点无重合

2. 线拓扑规则

2.1 不能重叠，Must not overlap

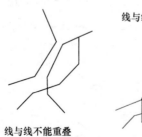

线与线不能重叠

2.2　不能相交，Must not intersect

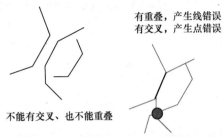

有重叠，产生线错误
有交叉，产生点错误

不能有交叉、也不能重叠

2.3　必须被其他要素的要素类覆盖，Must be covered by feature class of

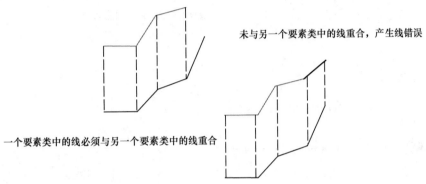

未与另一个要素类中的线重合，产生线错误

一个要素类中的线必须与另一个要素类中的线重合

2.4　不能与其他要素重叠，Must not overlap with

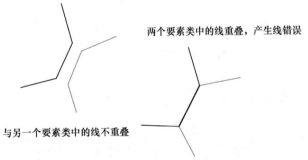

两个要素类中的线重叠，产生线错误

与另一个要素类中的线不重叠

2.5　必须被其他要素的边界覆盖，Must be covered by boundary of

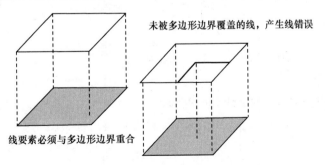

未被多边形边界覆盖的线，产生线错误

线要素必须与多边形边界重合

2.6　不能有悬挂点，Must not have dangles

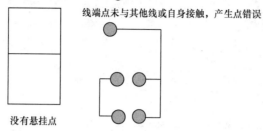

线端点未与其他线或自身接触，产生点错误

没有悬挂点

2.7　不能有伪结点，Must not have pseudo nodes

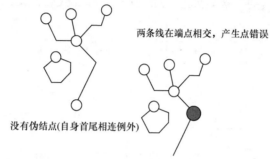

两条线在端点相交，产生点错误

没有伪结点(自身首尾相连例外)

2.8　不能自重叠，Must not self-overlap

自身重叠，产生线错误

自身不重叠，但允许接触、交叉

2.9　不能自相交，Must not self-intersect

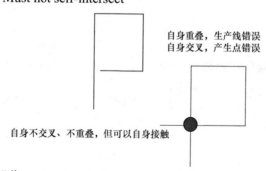

自身重叠，生产线错误
自身交叉，产生点错误

自身不交叉、不重叠，但可以自身接触

2.10　必须为单一部分，Must be single part

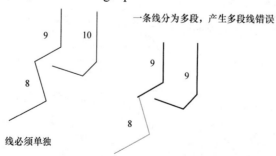

一条线分为多段，产生多段线错误

线必须单独

2.11 不能相交或内部接触，Must not intersect or touch interior

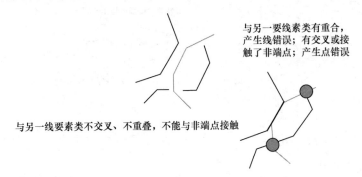

与另一要线素类有重合，
产生线错误；有交叉或接
触了非端点；产生点错误

与另一线要素类不交叉、不重叠，不能与非端点接触

2.12 端点必须被其他要素覆盖，Endpoint must be covered by

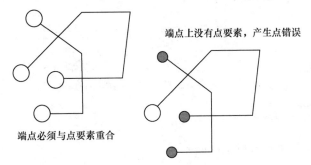

端点上没有点要素，产生点错误

端点必须与点要素重合

2.13 不能与其他要素相交，Must not intersect with

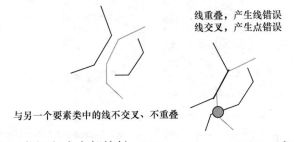

线重叠，产生线错误
线交叉，产生点错误

与另一个要素类中的线不交叉、不重叠

2.14 不能与其他要素相交或内部接触，Must not intersect or touch interior with

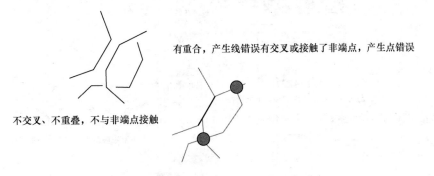

有重合，产生线错误有交叉或接触了非端点，产生点错误

不交叉、不重叠，不与非端点接触

2.15　必须位于内部，Must be inside

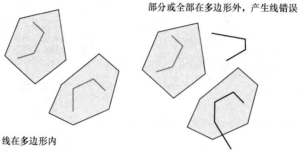

部分或全部在多边形外，产生线错误

线在多边形内

3. 多边形拓扑规则

3.1　不能重叠，Must not overlap

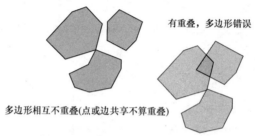

有重叠，多边形错误

多边形相互不重叠(点或边共享不算重叠)

3.2　不能有空隙，Must not have gaps

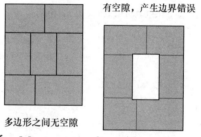

有空隙，产生边界错误

多边形之间无空隙

3.3　不能与其他要素重叠，Must not overlap with

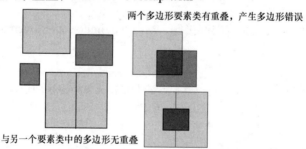

两个多边形要素类有重叠，产生多边形错误

与另一个要素类中的多边形无重叠

3.4　必须被其他要素的要素类覆盖，Must be covered by feature class of

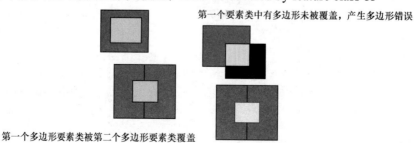

第一个要素类中有多边形未被覆盖，产生多边形错误

第一个多边形要素类被第二个多边形要素类覆盖

3.5 必须互相覆盖，Must cover each other

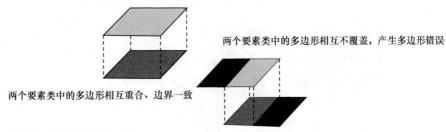

两个要素类中的多边形相互不覆盖，产生多边形错误

两个要素类中的多边形相互重合、边界一致

3.6 必须被其他要素覆盖，Must be covered by

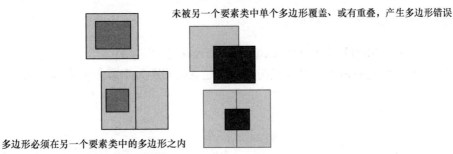

未被另一个要素类中单个多边形覆盖、或有重叠，产生多边形错误

多边形必须在另一个要素类中的多边形之内

3.7 边界必须被其他要素覆盖，Boundary must be covered by

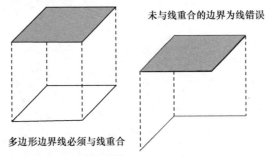

未与线重合的边界为线错误

多边形边界线必须与线重合

3.8 面边界必须被其他要素的边界覆盖，Area boundary must be covered by boundary of

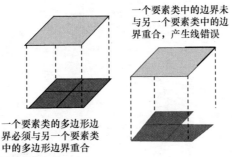

一个要素类中的边界未与另一个要素类中的边界重合，产生线错误

一个要素类的多边形边界必须与另一个要素类中的多边形边界重合

3.9 包含点，Contains point

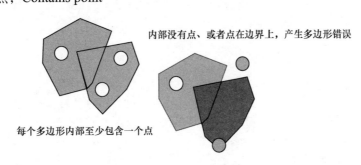

内部没有点、或者点在边界上，产生多边形错误

每个多边形内部至少包含一个点

3.10　包含一个点，Contains one point

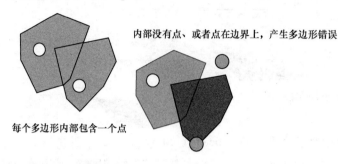

4. 线要素和多边形的共用规则

必须大于容差，Must be larger than cluster tolerance(插图省略)

线要素、多边形边界由若干坐标点构成，这些点的间距大于容差值才有效。

词 汇 索 引